理工数学シリーズ

線形代数

村上雅人
鈴木絢子
小林忍

飛翔舎

はじめに

大学1年で習う「線形代数」"linear algebra" が、とても苦手であったという話をよく聞く。

多くの大学では、「微分積分」と「線形代数」を大学数学の必修科目として習う。これら学問が、理工系分野の基礎として重要ということを意味しているのだが、そこで、つまづいたのではもったいない。

ところで、線形代数がわかりにくい理由のひとつに、その効用がいまひとつ理解できないことがあるらしい。たとえば、連立1次方程式の解法についても、わざわざ行列とベクトルを使わなくとも、高校で習った方法で解けるというのである。

線形代数の効用は、方程式の数が増えた場合にも、形式を変えずに同じ解法が適用できるという汎用性にある。そして、逆行列という考えを導入すれば、大きく世界が拡がるのである。行列式を利用して連立方程式の解を与えるクラメルの公式は、まさに芸術品といえる。本書を読めば、それが理解してもらえるはずだ。

また、行列の対角化という手法は、量子力学の礎にもなっている。このとき登場する行列の固有値や固有ベクトルという概念も重要である。本書では、その導出方法をわかりやすく説明している。誰でもが理解できるはずだ。

さらに、線形代数は多くの理工分野で利用されている。最近、大きな注目を集めている人工知能 AI のディープラーニングにも、行列演算が駆使されている。本書を通して、多くのひとが線形代数の意義と、その効用を理解いただければ幸いである。

2024年　春

著者　村上雅人、鈴木絢子、小林忍

もくじ

第 1 章　行列とベクトル

線形代数 (linear algebra) の骨格をなすのは、**ベクトル** (vector) 、**行列** (matrix) および**行列式** (determinant) である。ただし、ベクトルは行列の一種とみなすこともできる[1]。

ベクトルというと矢印の記号や、図形との関連を思い浮かべるひとも多いであろうが、より一般的には、ベクトルとは 2 個以上の情報を一緒にまとめて整理して取り扱うものである。本章では、まずベクトルの基本的な性質を紹介したあとで、行列とは何かを説明する。

1. 1.　ベクトルとは

10 円硬貨 3 枚に 10 円硬貨 4 枚を足せば、合わせて 7 枚で合計 70 円になる。この場合、足し合わせるものが同じ 10 円硬貨なので問題ないが、これが、10 円硬貨 3 枚と 100 円硬貨 4 枚の場合はどうであろうか。そのまま足して、硬貨の数が 7 枚とすることもできるが、これで済ますひとはいないであろう。

実は、この問題を解決するのがベクトルなのである。数学的な対応は簡単で、それぞれを区別して表示すればよい。つまり、2 個の数字を使って

$$(\text{10 円硬貨}\quad \text{100 円硬貨}) \rightarrow (3 \quad 4)$$

と表示する。このように数字を横に並べる表示方法を**行ベクトル** (row vector) と呼んでいる。横ベクトルと呼ぶこともある。もちろん、数字を縦に並べて

$$\begin{pmatrix} \text{10 円硬貨} \\ \text{100 円硬貨} \end{pmatrix} \rightarrow \begin{pmatrix} 3 \\ 4 \end{pmatrix}$$

のように整理することもできる。このような表記を**列ベクトル** (column vector) と呼ぶ。あるいは、縦ベクトルと呼ぶこともある。実際に整理する場合には列べ

[1] 1 行あるいは 1 列からなる行列をベクトルとみなすことができる。

クトルの方が見やすいが、紙面をむだに使うという欠点もある。

いま、10円硬貨3枚と100円硬貨4枚に、さらに10円硬貨2枚と100円硬貨3枚が増えたとしよう。ベクトル表示を使ってこれを表現すると

$$\begin{pmatrix}3\\4\end{pmatrix}+\begin{pmatrix}2\\3\end{pmatrix}=\begin{pmatrix}3+2\\4+3\end{pmatrix}=\begin{pmatrix}5\\7\end{pmatrix} \qquad \begin{pmatrix}10\text{円硬貨}\\100\text{円硬貨}\end{pmatrix}$$

のように、硬貨の種類ごとに計算して、10円硬貨は5枚、100円硬貨は7枚と計算できる。

要は、ベクトルというのは異質なものの集まりを無理矢理ひとつの数字にまるめこむのではなく、同じグループごとにまとめて整理するものである。

10円硬貨と100円硬貨の例のように、変数が2個で整理するベクトルを専門的には2**次元ベクトル** (two dimensional vector) と呼んでいる。さらに、成分がもうひとつ増えて、たとえば、50円硬貨が仲間にはいってきた場合には、3個の数で整理することができる。これが3**次元ベクトル** (three dimensional vector) である。たとえば、財布の中に10円硬貨、100円硬貨、50円硬貨がそれぞれ3枚、4枚、1枚あったときに、10円硬貨が2枚、100円硬貨が1枚、50円硬貨が4枚増えたという場合

$$\begin{pmatrix}3\\4\\1\end{pmatrix}+\begin{pmatrix}2\\1\\4\end{pmatrix}=\begin{pmatrix}3+2\\4+1\\1+4\end{pmatrix}=\begin{pmatrix}5\\5\\5\end{pmatrix} \qquad \begin{pmatrix}10\text{円硬貨}\\100\text{円硬貨}\\50\text{円硬貨}\end{pmatrix}$$

として、3次元ベクトルの足し算で表現できる。この方が、はるかに整理されていてわかりやすい。

このように、変数の種類が増えれば、原理的には何次元にもベクトルの次数を増やせることになる。たとえば、1円硬貨、5円硬貨が成分として加われば5次元ベクトルとなる。

つまり、ベクトルは数多くの種類の異なる成分が混在している場合に、それをひとまとめにせず、同じ種類ごとに整理して、わかりやすく表示したものなのである。

いまの例では、硬貨の数は増えていくばかりであるが、当然、減る場合もある。たとえば、50円硬貨は4枚増えたが、10円硬貨と100円硬貨は1枚ずつ使ってしまったとしたら、どうすればよいだろうか。この場合は

$$\begin{pmatrix}3\\4\\1\end{pmatrix}+\begin{pmatrix}-1\\-1\\4\end{pmatrix}=\begin{pmatrix}3-1\\4-1\\1+4\end{pmatrix}=\begin{pmatrix}2\\3\\5\end{pmatrix}\qquad\begin{pmatrix}10\text{円硬貨}\\100\text{円硬貨}\\50\text{円硬貨}\end{pmatrix}$$

のように、ベクトルの成分として負の数を導入すればよい。あるいは、引き算をすればよい。

演習 1-1　つぎのベクトルの足し算を計算せよ。

① $\begin{pmatrix}1\\8\end{pmatrix}+\begin{pmatrix}7\\6\end{pmatrix}$　② $\begin{pmatrix}2\\0\end{pmatrix}+\begin{pmatrix}-1\\3\end{pmatrix}$　③ $\begin{pmatrix}100\\98\end{pmatrix}+\begin{pmatrix}78\\52\end{pmatrix}$　④ $\begin{pmatrix}-2\\-3\end{pmatrix}+\begin{pmatrix}-5\\-7\end{pmatrix}$

⑤ $\begin{pmatrix}2\\1\\4\end{pmatrix}+\begin{pmatrix}1\\2\\3\end{pmatrix}$　⑥ $(2\quad 4\quad 8)+(1\quad 5\quad -1)$　⑦ $\begin{pmatrix}8\\1\\7\end{pmatrix}+\begin{pmatrix}5\\-9\\1\end{pmatrix}+\begin{pmatrix}-10\\8\\-8\end{pmatrix}$

解）　ベクトルは成分ごとに足せばよい。よって

① $\begin{pmatrix}1\\8\end{pmatrix}+\begin{pmatrix}7\\6\end{pmatrix}=\begin{pmatrix}8\\14\end{pmatrix}$　② $\begin{pmatrix}2\\0\end{pmatrix}+\begin{pmatrix}-1\\3\end{pmatrix}=\begin{pmatrix}1\\3\end{pmatrix}$　③ $\begin{pmatrix}100\\98\end{pmatrix}+\begin{pmatrix}78\\52\end{pmatrix}=\begin{pmatrix}178\\150\end{pmatrix}$

④ $\begin{pmatrix}-2\\-3\end{pmatrix}+\begin{pmatrix}-5\\-7\end{pmatrix}=\begin{pmatrix}-7\\-10\end{pmatrix}$　⑤ $\begin{pmatrix}2\\1\\4\end{pmatrix}+\begin{pmatrix}1\\2\\3\end{pmatrix}=\begin{pmatrix}3\\3\\7\end{pmatrix}$

⑥ $(2\quad 4\quad 8)+(1\quad 5\quad -1)=(3\quad 9\quad 7)$

⑦ $\begin{pmatrix}8\\1\\7\end{pmatrix}+\begin{pmatrix}5\\-9\\1\end{pmatrix}+\begin{pmatrix}-10\\8\\-8\end{pmatrix}=\begin{pmatrix}3\\0\\0\end{pmatrix}$

ベクトルは、2 個以上の数字からなるため、その一般的表記は、普通の変数との誤解を避けるため、太字にしたり、変数の上に矢印をつけたりする。本書では、太字と矢印で示す。また、単なる 1 個の数字をベクトルに対して、**スカラー** (scalar) と呼んでいる[2]。

[2] 正式には、長さ、質量、温度、時間など大きさのみを持つ数量のことである。

1.2. ベクトルの加減演算

前節で示したように、ベクトルの場合でも、ある規則に従えば、**足し算** (addition) と**引き算** (subtraction) を自由に行うことが可能である。

その規則とは、ベクトルの足し算や引き算は、対応する成分どうしを足したり引いたりするというものである。たとえば、ベクトル

$$\vec{a}=\begin{pmatrix}1\\2\end{pmatrix} \qquad \vec{b}=\begin{pmatrix}3\\1\end{pmatrix}$$

の足し算と引き算は

$$\vec{a}+\vec{b}=\begin{pmatrix}1\\2\end{pmatrix}+\begin{pmatrix}3\\1\end{pmatrix}=\begin{pmatrix}4\\3\end{pmatrix} \qquad \vec{a}-\vec{b}=\begin{pmatrix}1\\2\end{pmatrix}-\begin{pmatrix}3\\1\end{pmatrix}=\begin{pmatrix}-2\\1\end{pmatrix}$$

となる。

このとき、同じベクトルどうしの引き算は

$$\vec{a}-\vec{a}=\begin{pmatrix}1\\2\end{pmatrix}-\begin{pmatrix}1\\2\end{pmatrix}=\begin{pmatrix}0\\0\end{pmatrix}$$

となり、成分が 0 のベクトルとなる。

このように、ベクトルにおいても成分がすべて 0 のベクトルが存在し、これを**ゼロベクトル** (zero vector) と呼ぶ。英語では "null vector" と呼ぶこともある。ゼロベクトルの表示方法はいろいろあるが、本書では 0 を太字にして頭に→を付して $\vec{\mathbf{0}}$ とする。このとき

$$\vec{a}+\vec{\mathbf{0}}=\vec{a} \qquad \vec{a}-\vec{\mathbf{0}}=\vec{a}$$

となる。

ベクトルの足し算においては、順序を変えても全く同じ結果が得られる。

$$\vec{a}+\vec{b}=\vec{b}+\vec{a}$$

つまり、**交換法則** (commutative law) が成り立つ。ただし、当り前ではあるが、引き算では交換法則は成り立たない。

つぎに

$$\vec{a}+\vec{a}=\begin{pmatrix}1\\2\end{pmatrix}+\begin{pmatrix}1\\2\end{pmatrix}=\begin{pmatrix}2\\4\end{pmatrix} \qquad \vec{a}+\vec{a}+\vec{a}=\begin{pmatrix}1\\2\end{pmatrix}+\begin{pmatrix}1\\2\end{pmatrix}+\begin{pmatrix}1\\2\end{pmatrix}=\begin{pmatrix}3\\6\end{pmatrix}$$

の関係にあるから、ベクトルに整数を掛ける場合、成分ごとに整数を乗じればよいことがわかる。これを拡張して、r を適当な実数とすると

$$\vec{a} = \begin{pmatrix} a_1 \\ a_2 \end{pmatrix} \qquad \text{のとき} \quad r\vec{a} = \begin{pmatrix} ra_1 \\ ra_2 \end{pmatrix}$$

のように成分ごとに r 倍すればよい。また $r=0$ とすれば、ゼロベクトルが得られる。

さらに任意の実数を m, n として、上のルールを適用すれば

$$(m+n)\vec{a} = \begin{pmatrix} (m+n)\,a_1 \\ (m+n)\,a_2 \end{pmatrix} = \begin{pmatrix} ma_1 \\ ma_2 \end{pmatrix} + \begin{pmatrix} na_1 \\ na_2 \end{pmatrix} = m\begin{pmatrix} a_1 \\ a_2 \end{pmatrix} + n\begin{pmatrix} a_1 \\ a_2 \end{pmatrix} = m\vec{a} + n\vec{a}$$

と計算できるから

$$(m+n)\,\vec{a} = m\vec{a} + n\vec{a}$$

同様にして

$$(m-n)\,\vec{a} = m\vec{a} - n\vec{a}$$

となって、いわゆる**分配法則** (distributive law) が成り立つことが確かめられる。

ここで一般化のため、ベクトル $\vec{a}$, $\vec{b}$ として

$$\vec{a} = \begin{pmatrix} a_1 \\ a_2 \end{pmatrix} \qquad \vec{b} = \begin{pmatrix} b_1 \\ b_2 \end{pmatrix}$$

を考える。

このとき

$$m(\vec{a} + \vec{b}) = m\begin{pmatrix} a_1 + b_1 \\ a_2 + b_2 \end{pmatrix} = \begin{pmatrix} ma_1 + mb_1 \\ ma_2 + mb_2 \end{pmatrix}$$

$$= \begin{pmatrix} ma_1 \\ ma_2 \end{pmatrix} + \begin{pmatrix} mb_1 \\ mb_2 \end{pmatrix} = m\begin{pmatrix} a_1 \\ a_2 \end{pmatrix} + m\begin{pmatrix} b_1 \\ b_2 \end{pmatrix} = m\vec{a} + m\vec{b}$$

よって

$$m(\vec{a} + \vec{b}) = m\vec{a} + m\vec{b}$$

となり、ベクトルの方の分配の法則も成り立つことがわかる。このように、ベクトルの演算は成分ごとに行うという基本ルールを定めると、自由に足したり、引いたり、実数倍することができる。

演習 1-2　つぎのベクトルの演算を計算せよ。

①　$3\vec{a}+2\vec{b}$　　②　$5(\vec{a}+\vec{b})+3\vec{c}$　　③　$2(\vec{a}+\vec{b})-5(\vec{c}+\vec{d})$

ただし　$\vec{a}=\begin{pmatrix}1\\2\\3\end{pmatrix}$　$\vec{b}=\begin{pmatrix}4\\1\\7\end{pmatrix}$　$\vec{c}=\begin{pmatrix}-2\\3\\5\end{pmatrix}$　$\vec{d}=\begin{pmatrix}0\\-3\\-2\end{pmatrix}$　とする。

解）

①　$3\vec{a}+2\vec{b}=3\begin{pmatrix}1\\2\\3\end{pmatrix}+2\begin{pmatrix}4\\1\\7\end{pmatrix}=\begin{pmatrix}3\\6\\9\end{pmatrix}+\begin{pmatrix}8\\2\\14\end{pmatrix}=\begin{pmatrix}11\\8\\23\end{pmatrix}$

②　$5(\vec{a}+\vec{b})+3\vec{c}=5\left\{\begin{pmatrix}1\\2\\3\end{pmatrix}+\begin{pmatrix}4\\1\\7\end{pmatrix}\right\}+3\begin{pmatrix}-2\\3\\5\end{pmatrix}=5\begin{pmatrix}5\\3\\10\end{pmatrix}+3\begin{pmatrix}-2\\3\\5\end{pmatrix}=\begin{pmatrix}25\\15\\50\end{pmatrix}+\begin{pmatrix}-6\\9\\15\end{pmatrix}=\begin{pmatrix}19\\24\\65\end{pmatrix}$

③　$2(\vec{a}+\vec{b})-5(\vec{c}+\vec{d})$

$$2(\vec{a}+\vec{b})=2\left\{\begin{pmatrix}1\\2\\3\end{pmatrix}+\begin{pmatrix}4\\1\\7\end{pmatrix}\right\}=2\begin{pmatrix}5\\3\\10\end{pmatrix}=\begin{pmatrix}10\\6\\20\end{pmatrix}$$

$$5(\vec{c}+\vec{d})=5\left\{\begin{pmatrix}-2\\3\\5\end{pmatrix}+\begin{pmatrix}0\\-3\\-2\end{pmatrix}\right\}=5\begin{pmatrix}-2\\0\\3\end{pmatrix}=\begin{pmatrix}-10\\0\\15\end{pmatrix}$$

より

$$2(\vec{a}+\vec{b})-5(\vec{c}+\vec{d})=\begin{pmatrix}10\\6\\20\end{pmatrix}-\begin{pmatrix}-10\\0\\15\end{pmatrix}=\begin{pmatrix}20\\6\\5\end{pmatrix}$$

演習 1-3　つぎの演算を満たすベクトル $\vec{X}$ を求めよ。

$$3\vec{a}+2\vec{b}=\vec{X}+2\vec{a}$$

ただし　$\vec{a}=\begin{pmatrix}1\\2\\3\end{pmatrix}$　$\vec{b}=\begin{pmatrix}4\\1\\7\end{pmatrix}$　とする。

解）　$3\vec{a}+2\vec{b}=\vec{X}+2\vec{a}$　より

$$\vec{X}=3\vec{a}+2\vec{b}-2\vec{a}=\vec{a}+2\vec{b}=\begin{pmatrix}1\\2\\3\end{pmatrix}+2\begin{pmatrix}4\\1\\7\end{pmatrix}=\begin{pmatrix}9\\4\\17\end{pmatrix}$$

となる。

1.3.　ベクトルの掛け算

ベクトルの**掛け算** (multiplication) として、(**ベクトル**) × (**実数**) を考えると、それはベクトルの大きさを定数倍する操作である。

それでは、ベクトルどうしを掛けたらどうなるであろうか。何の下準備もなく、ベクトルどうしの掛け算を頭の中で思い浮かべろと言われても無理である。

しかし、ベクトルの積に関しても、ある取り決めをすれば、すべて矛盾なく論理展開ができるうえ、非常に広範囲な応用が可能になる。

実は、ベクトルどうしの掛け算には 2 種類あって、**内積** (inner product) と**外積** (outer product) が定義されている。外積は、“cross product” や “vector product” とも呼ばれる。線形代数で重要な役割を果たすのは内積の方である。よって、ここでは、内積について説明する[3]。

ベクトルの掛け算である内積のイメージを与えるものとして、つぎの例を考えてみよう。もともと、ベクトルは複数の変数をまとめて整理したものであった。この基本にもどって考える。いま $\vec{a}$ という 3 次元ベクトルがあって、それは、10 円硬貨、100 円硬貨、50 円硬貨の枚数を表すと考える。それぞれの数が 4 枚、3 枚、2 枚とすると、ベクトルは

$$\vec{a}=(4\quad 3\quad 2)$$

と書くことができる。つぎに、$\vec{b}$ という 3 次元ベクトルを使って金額を表すと

$$\vec{b}=(10\quad 100\quad 50)$$

というベクトルとなる。ここで、つぎのような演算をしてみよう。ルールとしては、左側を行ベクトル、右側を列ベクトルとし、行ベクトルは左から右へ、列ベ

[3] 外積は、電磁気学などの物理現象の解析に大きな威力を発揮するが、3 次元ベクトルにしか適用できない。

クトルは上から下へと成分ごとに掛けて足す。

すると

$$(4\quad 3\quad 2)\begin{pmatrix}10\\100\\50\end{pmatrix}=4\cdot 10+3\cdot 100+2\cdot 50=440$$

となって、所持金の合計が得られる。これが**内積** (inner product) である。

それでは、内積を一般化してみよう。

$$\vec{\boldsymbol{a}}=\begin{pmatrix}a_1\\a_2\end{pmatrix}\qquad \vec{\boldsymbol{b}}=\begin{pmatrix}b_1\\b_2\end{pmatrix}$$

というふたつの 2 次元ベクトルを考える。

すると、内積は

$$\vec{\boldsymbol{a}}\cdot\vec{\boldsymbol{b}}=(a_1\ \ a_2)\begin{pmatrix}b_1\\b_2\end{pmatrix}=a_1b_1+a_2b_2$$

と与えられる。

上記のように、内積の場合には積記号として×ではなくドット (・) を使うことにも注意されたい。内積を英語では dot product と呼ぶこともある。日本語でもドット積と呼ぶ。

成分が増えたときも内積は同様に計算することができる。たとえば

$$\vec{\boldsymbol{a}}=\begin{pmatrix}a_1\\a_2\\\vdots\\a_n\end{pmatrix}\qquad \vec{\boldsymbol{b}}=\begin{pmatrix}b_1\\b_2\\\vdots\\b_n\end{pmatrix}$$

というふたつの n 次元ベクトルがあったとき、その内積は

$$\vec{\boldsymbol{a}}\cdot\vec{\boldsymbol{b}}=(a_1\ \ a_2\ \ \ldots\ \ a_n)\begin{pmatrix}b_1\\b_2\\\vdots\\b_n\end{pmatrix}=a_1b_1+a_2b_2+\ldots+a_nb_n$$

となる。

演習 1-4　ベクトルの内積では交換法則が成立することを 3 次元ベクトルで確かめよ。

解）　2 個の 3 次元ベクトルを

$$\vec{a}=\begin{pmatrix}a_1\\a_2\\a_3\end{pmatrix}\quad \vec{b}=\begin{pmatrix}b_1\\b_2\\b_3\end{pmatrix}\quad \text{とすると}\quad \vec{a}\cdot\vec{b}=(a_1\quad a_2\quad a_3)\begin{pmatrix}b_1\\b_2\\b_3\end{pmatrix}=a_1b_1+a_2b_2+a_3b_3$$

$$\vec{b}\cdot\vec{a}=(b_1\quad b_2\quad b_3)\begin{pmatrix}a_1\\a_2\\a_3\end{pmatrix}=b_1a_1+b_2a_2+b_3a_3=a_1b_1+a_2b_2+a_3b_3$$

したがって

$$\vec{a}\cdot\vec{b}=\vec{b}\cdot\vec{a}$$

が成立する。

演習 1-5　つぎのベクトルの内積を求めよ。

$$\vec{a}=(2\quad 5)\qquad \vec{b}=(2\quad -1\quad 3)\qquad \vec{c}=(1\quad 5\quad 2)$$

$$\vec{d}=(1\quad -3\quad 2\quad -2)\qquad \vec{e}=(-1\quad 3)$$

解）　内積が計算できるベクトルは成分の数が同じベクトルどうしである。よってベクトル $\vec{d}$ と内積のとれるベクトルはない。

その他可能な組み合わせは

$$\vec{a}\cdot\vec{e}=(2\quad 5)\begin{pmatrix}-1\\3\end{pmatrix}=2\times(-1)+5\times3=-2+15=13$$

$$\vec{b}\cdot\vec{c}=(2\quad -1\quad 3)\begin{pmatrix}1\\5\\2\end{pmatrix}=2\times1+(-1)\times5+3\times2=2-5+6=3$$

となる。

ちなみに

$$\vec{e}\cdot\vec{a}=(-1\quad 3)\begin{pmatrix}2\\5\end{pmatrix}=(-1)\times2+3\times5=13$$

$$\vec{c}\cdot\vec{b}=(1\quad 5\quad 2)\begin{pmatrix}2\\-1\\3\end{pmatrix}=2-5+6=3$$

となって、交換法則が成立することがわかる。

1.4. ベクトルの割り算

ベクトルの掛け算としての内積を定義できたが、割り算はどうであろうか。結論から言えば、ベクトルの割り算は定義できないのである。その理由を示そう。

$$\vec{a}\cdot\vec{b}=1$$

という内積を考える。

$$\vec{a}=\begin{pmatrix}1\\2\end{pmatrix}\qquad \vec{b}=\begin{pmatrix}b_1\\b_2\end{pmatrix}$$

としたとき、ベクトル$\vec{b}$が存在すれば

$$\vec{b}=\frac{1}{\vec{a}}=\vec{a}^{-1}$$

とすることができ、割り算と同様の機能が得られる。ここで、これらベクトルの内積を計算すると

$$\vec{a}\cdot\vec{b}=(1\quad 2)\begin{pmatrix}b_1\\b_2\end{pmatrix}=b_1+2b_2=1$$

となる。よって、この関係を満足するb_1とb_2の組は無数に存在する。つまり、ベクトル$\vec{b}$は不定となるのである。

このため、ベクトルでは割り算が定義できないのである。ただし、ベクトルが複数の情報を整理して伝えるという機能と応用を考えれば、割り算ができないことが大きな制約にはならない。実際に、ベクトルは多くの分野で大活躍している。

1.5. 行列とはなにか

それでは、行列とは何であろうか。実は、行列は、ベクトルが有する複数の情報を伝えるという機能を拡張したものなのである。

たとえば、いろいろな硬貨が財布の中にある場合には、種類ごとに整理した方

がわかりやすいという話をした。ところで、あるひとの収入が初日は、10 円硬貨 2 枚、100 円硬貨 3 枚、50 円硬貨 4 枚であったとしよう。そして、次の日の収入が、それぞれ 3 枚、4 枚、2 枚であったとした場合にどうだろうか。ベクトルの足し算をすれば、それぞれの総数を表示することができる。

しかし、場合によっては総数ではなく、日ごとの情報も残したい場合もある。このとき、すこし煩雑になるが

$$\begin{pmatrix} \text{1 日目の収入} \\ \text{2 日目の収入} \end{pmatrix} \qquad \begin{pmatrix} 2 & 3 & 4 \\ 3 & 4 & 2 \end{pmatrix}$$

のように、1 日目と 2 日目のデータを分けて整理すればよい。実は、これが行列 (matrix) である[4]。このように、行列は**行**（横の並び : row）と**列**（縦の並び : column）からできている。行列を構成している数字を**行列要素** (matrix element) あるいは成分と呼ぶ。項と呼ぶ場合もある。また、表記の行列は行が 2 個と列が 3 個あるので、**2 行 3 列の行列** (matrix of 2 rows and 3 columns) と呼ぶ。2×3 **行列** (two by three matrix) や (2, 3) 行列と表記する場合もある。

このように、行列はベクトルと同様に複数の情報量を整理するものであるが、行と列が複数になったことで、ベクトルよりも、より多くの情報を伝達できるものと考えられる。また上記の行列は、行ベクトル (2 3 4) と (3 4 2) を並列に並べたものという見方もできる。

同じ情報を伝える行列としては、ベクトル (2 3 4) と (3 4 2) の列ベクトルを並列に並べて

$$\begin{pmatrix} 2 & 3 \\ 3 & 4 \\ 4 & 2 \end{pmatrix}$$

と表記することもできる。

こちらは 3 行 2 列の行列（3×2 行列）である。また、専門的には、これらは同じ行列とは呼ばず、**転置行列** (transposed matrix) と呼んでいる。これは、先ほどの 2 行 3 列の行と列を入れ替えた（転置した）という意味である。つまり、1 行が 1 列に、2 行が 2 列に配置されている。

行列の表記方法にもいろいろあるが、本書では $\tilde{\boldsymbol{A}}$ のように、**チルダ** (tilde) ～

[4] 英語で matrix の複数形は、matrices である。

という記号をアルファベットの頭につけて表現する。

1.6. 行列の加減演算

すでに紹介したように、「ベクトルの足し算や引き算およびスカラーの掛け算は、すべて成分ごとに行う」という基本ルールを決めれば、自由に行えることを説明した。行列においても、ベクトルと同じように、行列要素ごとに足し算や引き算を行うという基本ルールを決めれば、自由に計算することができる。

具体例で見てみよう。先ほど財布の中身の話をしたが、実は、彼には弟が居て、同じような収入があったとしよう。

それも行列で示して

$$\begin{pmatrix} 3 & 0 & 1 \\ 2 & 2 & 5 \end{pmatrix}$$

と書き、1 行目が 1 日目の収入、2 行目が 2 日目の収入とする。ここで、兄弟の収入をまとめるとすると

$$\begin{pmatrix} 2 & 3 & 4 \\ 3 & 4 & 2 \end{pmatrix} + \begin{pmatrix} 3 & 0 & 1 \\ 2 & 2 & 5 \end{pmatrix} = \begin{pmatrix} 5 & 3 & 5 \\ 5 & 6 & 7 \end{pmatrix}$$

と書くことができる。

もちろん行列がいったい何を対象としているかによって、その意味は違ってくるが、要素ごとの足し算で行列どうしの足し算が可能となることがわかるであろう。結果は、兄弟の収入の合計を日別、硬貨別に整理したものとなる。

演習 1-6 つぎの行列の足し算および引き算を計算せよ。

$$\tilde{\boldsymbol{A}} = \begin{pmatrix} 3 & 0 & 1 \\ 2 & 2 & 5 \end{pmatrix} \quad \tilde{\boldsymbol{B}} = \begin{pmatrix} 1 & 3 & 4 \\ 4 & -2 & 1 \end{pmatrix} \quad \tilde{\boldsymbol{C}} = \begin{pmatrix} 1 & 2 \\ 4 & 1 \end{pmatrix} \quad \tilde{\boldsymbol{D}} = \begin{pmatrix} 2 & 4 & 7 & 9 \\ 0 & 1 & 8 & 1 \end{pmatrix}$$

解） 足したり引いたりすることのできる行列は、行と列の数が同じ行列のみである。よって

$$\tilde{\boldsymbol{A}}+\tilde{\boldsymbol{B}}=\begin{pmatrix}3 & 0 & 1\\ 2 & 2 & 5\end{pmatrix}+\begin{pmatrix}1 & 3 & 4\\ 4 & -2 & 1\end{pmatrix}=\begin{pmatrix}3+1 & 0+3 & 1+4\\ 2+4 & 2-2 & 5+1\end{pmatrix}=\begin{pmatrix}4 & 3 & 5\\ 6 & 0 & 6\end{pmatrix}$$

$$\tilde{\boldsymbol{A}}-\tilde{\boldsymbol{B}}=\begin{pmatrix}3 & 0 & 1\\ 2 & 2 & 5\end{pmatrix}-\begin{pmatrix}1 & 3 & 4\\ 4 & -2 & 1\end{pmatrix}=\begin{pmatrix}3-1 & 0-3 & 1-4\\ 2-4 & 2+2 & 5-1\end{pmatrix}=\begin{pmatrix}2 & -3 & -3\\ -2 & 4 & 4\end{pmatrix}$$

となる。他の行列の組合せでは足し算、引き算ができない。

行列の加減演算は成分ごとに行うというルールであるから、両者の成分の数と配列は同じでなければならない。

1.7.　行列の掛け算

それでは、**行列の掛け算** (matrix multiplication) はできるのであろうか。何の下準備もなく、行列どうしの掛け算をしろと言われても対処のしようがない。何しろ、行と列に数字がたくさん並んでいるだけで、それ以上の意味は、いまのところ何も規定していないからである。

ただし、この場合も、基本ルールを決めると、すべて矛盾なく掛け算を行うことができる。そのルールとは、ベクトルの内積を求めたときのルールの準用である。ベクトルの内積は

$$\vec{\boldsymbol{a}}=\begin{pmatrix}a_1\\ a_2\\ a_3\end{pmatrix} \qquad \vec{\boldsymbol{b}}=\begin{pmatrix}b_1\\ b_2\\ b_3\end{pmatrix}$$

の2つの3次元ベクトルの場合

$$\vec{\boldsymbol{a}}\cdot\vec{\boldsymbol{b}}=(a_1 \;\; a_2 \;\; a_3)\begin{pmatrix}b_1\\ b_2\\ b_3\end{pmatrix}=a_1b_1+a_2b_2+a_3b_3$$

と与えられる。このように行ベクトルと列ベクトルで表記して、それぞれ対応した成分どうしを掛ける。これが内積の定義であった。試しに、この左の行ベクトルを行列に置き換えると

$$\begin{pmatrix} a_{11} & a_{12} & a_{13} \\ a_{21} & a_{22} & a_{23} \end{pmatrix}\begin{pmatrix} b_1 \\ b_2 \\ b_3 \end{pmatrix}$$

となる。ここで、行列では、行と列の 2 つがあるので、その成分の位置を指定するには、数字が 2 個必要となる[5]。ここで、a_{21} という表記の添字の 21 は 2 行 1 列目の成分ということを示している。一般形では (i, j) 成分は a_{ij} となるが、i を**行インデックス** (row index)、j を**列インデックス** (column index) と呼ぶ。

それでは、実際に計算をしてみよう。まず行列の 1 行目に注目して、列ベクトルとの内積を求める方法で計算する。すると

$$\begin{pmatrix} a_{11} & a_{12} & a_{13} \\ \cdots\cdots & \cdots\cdots & \cdots\cdots \end{pmatrix}\begin{pmatrix} b_1 \\ b_2 \\ b_3 \end{pmatrix} = \begin{pmatrix} a_{11}b_1 + a_{12}b_2 + a_{13}b_3 \\ \cdots\cdots\cdots\cdots \end{pmatrix}$$

と与えられる。2 行目もベクトルの内積と同様の方法で計算すると

$$\begin{pmatrix} \cdots\cdots & \cdots\cdots & \cdots\cdots \\ a_{21} & a_{22} & a_{23} \end{pmatrix}\begin{pmatrix} b_1 \\ b_2 \\ b_3 \end{pmatrix} = \begin{pmatrix} \cdots\cdots\cdots\cdots \\ a_{21}b_1 + a_{22}b_2 + a_{23}b_3 \end{pmatrix}$$

となる。

これをひとつにまとめると

$$\begin{pmatrix} a_{11} & a_{12} & a_{13} \\ a_{21} & a_{22} & a_{23} \end{pmatrix}\begin{pmatrix} b_1 \\ b_2 \\ b_3 \end{pmatrix} = \begin{pmatrix} a_{11}b_1 + a_{12}b_2 + a_{13}b_3 \\ a_{21}b_1 + a_{22}b_2 + a_{23}b_3 \end{pmatrix}$$

となって、ベクトルの内積の値を成分にもつ列ベクトルとなっている。

演習 1-7　つぎの行列とベクトルの掛け算を実施せよ。

$$\tilde{\boldsymbol{A}} = \begin{pmatrix} 1 & 2 & 4 \\ 3 & 0 & 1 \end{pmatrix} \qquad \vec{\boldsymbol{b}} = \begin{pmatrix} 2 \\ 5 \\ 2 \end{pmatrix}$$

[5] いまの場合はアルファベットが一種類なので数字が 2 個必要であるが、アルファベットの種類を変えれば、数字は 1 個でもかまわない。本書では、両者の表記を利用する。

解）　内積と同じルールで計算すると

$$\tilde{A}\vec{b}=\begin{pmatrix}1 & 2 & 4\\ 3 & 0 & 1\end{pmatrix}\begin{pmatrix}2\\ 5\\ 2\end{pmatrix}=\begin{pmatrix}1\times 2+2\times 5+4\times 2\\ 3\times 2+0\times 5+1\times 2\end{pmatrix}=\begin{pmatrix}20\\ 8\end{pmatrix}$$

となる。

いまは、右側が項数 3 の列ベクトルであったが、列の数が複数となった行列の場合でも同様の計算ができる。例として 2×3 行列と 3×2 行列の掛け算は

$$\begin{pmatrix}a_{11} & a_{12} & a_{13}\\ a_{21} & a_{22} & a_{23}\end{pmatrix}\begin{pmatrix}b_{11} & b_{12}\\ b_{21} & b_{22}\\ b_{31} & b_{32}\end{pmatrix}=\begin{pmatrix}a_{11}b_{11}+a_{12}b_{21}+a_{13}b_{31} & a_{11}b_{12}+a_{12}b_{22}+a_{13}b_{32}\\ a_{21}b_{11}+a_{22}b_{21}+a_{23}b_{31} & a_{21}b_{12}+a_{22}b_{22}+a_{23}b_{32}\end{pmatrix}$$

のように計算することができる。

ただし、このままでは、各成分の配置の対応関係が見にくいので、どの演算結果がどの位置にくるかということを示す。

まず、左の行列の 1 行目と右の行列の 1 列目の成分の積は、積として得られる 2×2 行列の (1, 1) 成分となる。

$$\begin{pmatrix}a_{11} & a_{12} & a_{13}\\ \cdots & \cdots & \cdots\end{pmatrix}\begin{pmatrix}b_{11} & \vdots\\ b_{21} & \vdots\\ b_{31} & \vdots\end{pmatrix}=\begin{pmatrix}a_{11}b_{11}+a_{12}b_{21}+a_{13}b_{31} & \cdots\cdots\cdots\\ \cdots & \cdots\cdots\cdots\end{pmatrix}$$

つぎに 1 行目と 2 列目の成分の積は (1, 2) 成分となる。

$$\begin{pmatrix}a_{11} & a_{12} & a_{13}\\ \cdots & \cdots & \cdots\end{pmatrix}\begin{pmatrix}\vdots & b_{12}\\ \vdots & b_{22}\\ \vdots & b_{32}\end{pmatrix}=\begin{pmatrix}\cdots\cdots\cdots & a_{11}b_{12}+a_{12}b_{22}+a_{13}b_{32}\\ \cdots\cdots\cdots & \cdots\end{pmatrix}$$

同様にして、2 行目と 1 列目の成分の積は (2, 1) 成分

$$\begin{pmatrix}\cdots & \cdots & \cdots\\ a_{21} & a_{22} & a_{23}\end{pmatrix}\begin{pmatrix}b_{11} & \vdots\\ b_{21} & \vdots\\ b_{31} & \vdots\end{pmatrix}=\begin{pmatrix}\cdots & \cdots\cdots\cdots\\ a_{21}b_{11}+a_{22}b_{21}+a_{23}b_{31} & \cdots\cdots\cdots\end{pmatrix}$$

2 行目と 2 列目の成分の積は (2, 2) 成分

$$\begin{pmatrix}\cdots & \cdots & \cdots\\ a_{21} & a_{22} & a_{23}\end{pmatrix}\begin{pmatrix}\vdots & b_{12}\\ \vdots & b_{22}\\ \vdots & b_{32}\end{pmatrix}=\begin{pmatrix}\cdots\cdots\cdots & \cdots\\ \cdots\cdots\cdots & a_{21}b_{12}+a_{22}b_{22}+a_{23}b_{32}\end{pmatrix}$$

となる。

演習 1-8　つぎの行列の掛け算を実施せよ。

$$\tilde{\boldsymbol{A}}=\begin{pmatrix}1 & 2 & 4\\ 3 & 0 & 1\end{pmatrix} \qquad \tilde{\boldsymbol{B}}=\begin{pmatrix}1 & 2\\ 5 & 4\\ 2 & 3\end{pmatrix}$$

解）

$$\tilde{\boldsymbol{A}}\,\tilde{\boldsymbol{B}}=\begin{pmatrix}1 & 2 & 4\\ 3 & 0 & 1\end{pmatrix}\begin{pmatrix}1 & 2\\ 5 & 4\\ 2 & 3\end{pmatrix}=\begin{pmatrix}1\times1+2\times5+4\times2 & 1\times2+2\times4+4\times3\\ 3\times1+0\times5+1\times2 & 3\times2+0\times4+1\times3\end{pmatrix}=\begin{pmatrix}19 & 22\\ 5 & 9\end{pmatrix}$$

$$\tilde{\boldsymbol{B}}\,\tilde{\boldsymbol{A}}=\begin{pmatrix}1 & 2\\ 5 & 4\\ 2 & 3\end{pmatrix}\begin{pmatrix}1 & 2 & 4\\ 3 & 0 & 1\end{pmatrix}=\begin{pmatrix}1\times1+2\times3 & 1\times2+2\times0 & 1\times4+2\times1\\ 5\times1+4\times3 & 5\times2+4\times0 & 5\times4+4\times1\\ 2\times1+3\times3 & 2\times2+3\times0 & 2\times4+3\times1\end{pmatrix}$$

$$=\begin{pmatrix}7 & 2 & 6\\ 17 & 10 & 24\\ 11 & 4 & 11\end{pmatrix}$$

となる。

つまり、2×3 行列と 3×2 行列の掛け算は 2×2 行列となる。一方、3×2 行列と 2×3 行列の掛け算は 3×3 行列となる。

演習 1-9　つぎの行列の掛け算を実施せよ。

$$\tilde{\boldsymbol{A}}=\begin{pmatrix}1 & 2 & 0\\ 3 & 0 & 1\\ 1 & 1 & 2\end{pmatrix} \qquad \tilde{\boldsymbol{B}}=\begin{pmatrix}1 & 2\\ 0 & 1\\ 2 & 1\end{pmatrix}$$

解）

$$\tilde{\boldsymbol{A}}\,\tilde{\boldsymbol{B}}=\begin{pmatrix}1 & 2 & 0\\ 3 & 0 & 1\\ 1 & 1 & 2\end{pmatrix}\begin{pmatrix}1 & 2\\ 0 & 1\\ 2 & 1\end{pmatrix}=\begin{pmatrix}1\times1+2\times0+0\times2 & 1\times2+2\times1+0\times1\\ 3\times1+0\times0+1\times2 & 3\times2+0\times1+1\times1\\ 1\times1+1\times0+2\times2 & 1\times2+1\times1+2\times1\end{pmatrix}=\begin{pmatrix}1 & 4\\ 5 & 7\\ 5 & 5\end{pmatrix}$$

$\tilde{\boldsymbol{B}}\tilde{\boldsymbol{A}} = \begin{pmatrix} 1 & 2 \\ 0 & 1 \\ 2 & 1 \end{pmatrix} \begin{pmatrix} 1 & 2 & 0 \\ 3 & 0 & 1 \\ 1 & 1 & 2 \end{pmatrix}$ は (1, 1) 成分が $(1 \quad 2)\begin{pmatrix} 1 \\ 3 \\ 1 \end{pmatrix}$ であり、内積ルールに従った計算ができない。つまり、3×2 行列と 3×3 行列は計算不能である。

以上のように、掛け算のできる行列には制約があることがわかる。まず左から掛ける行列の列の数と、右側の行列の行の数が必ず同じでなければならない。いまの例では 2×3 行列と 3×2 行列の掛け算なので計算が可能となっているのである。また、掛け算によって得られる行列は 2×2 行列となっている。

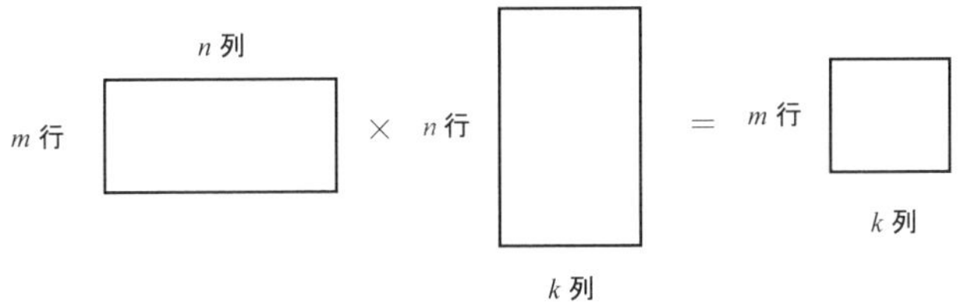

$$(m\times n)(n\times k) = (m\times k)$$

行列の掛け算を一般化すると、上の図に示したように、$m\times n$ 行列と $n\times k$ 行列を掛けることができ、その結果得られる行列は $m\times k$ 行列となる。

ここで、ベクトルは行列の 1 種とみなすことができるという説明をした。つまり、n 成分からなる行ベクトルは $1\times n$ 行列、列ベクトルは $n\times 1$ 行列とみなすことができる。

すると、ベクトルの内積は、行列表現では

$$(1\times n)(n\times 1) = (1\times 1)$$

となる。ここで、1×1 行列とは、1 行 1 列であるから数値は 1 個のスカラーとなる。

演習 1-10　つぎのベクトルの積を求めよ。

$$\vec{a} = \begin{pmatrix} 2 \\ 1 \\ 3 \end{pmatrix} \qquad \vec{b} = (2 \quad 1 \quad 1)$$

解）　それぞれ、3×1 行列と 1×3 行列とみなして、行列の掛け算のルールを援用すると

$$\tilde{\boldsymbol{a}}\,\tilde{\boldsymbol{b}}=\begin{pmatrix}2\\1\\3\end{pmatrix}(2\quad 1\quad 1)=\begin{pmatrix}2\times2 & 2\times1 & 2\times1\\1\times2 & 1\times1 & 1\times1\\3\times2 & 3\times1 & 3\times1\end{pmatrix}=\begin{pmatrix}4 & 2 & 2\\2 & 1 & 1\\6 & 3 & 3\end{pmatrix}$$

のような 3×3 行列となる。つまり $(3\times1)(1\times3)=(3\times3)$ となり、この積は内積ではない。結果もスカラーではなく行列となる。

一方

$$\tilde{\boldsymbol{b}}\,\tilde{\boldsymbol{a}}=\vec{\boldsymbol{b}}\cdot\vec{\boldsymbol{a}}=(2\quad 1\quad 1)\begin{pmatrix}2\\1\\3\end{pmatrix}=2\times2+1\times1+1\times3=8$$

となるが、こちらは、ベクトルの内積となる。

$\tilde{\boldsymbol{a}}\,\tilde{\boldsymbol{b}}$ を**外積** (outer product) と呼ぶ場合もあるが、一般にベクトル演算で扱う外積とは異なることに注意されたい。

演習 1-11　つぎの行列の計算を実施せよ。

$$(\tilde{\boldsymbol{A}}+2\tilde{\boldsymbol{B}})\tilde{\boldsymbol{C}}$$

ただし　$\tilde{\boldsymbol{A}}=\begin{pmatrix}-2 & 3\\1 & 4\\-1 & 3\end{pmatrix}$　　$\tilde{\boldsymbol{B}}=\begin{pmatrix}3 & 0\\2 & -1\\-1 & 5\end{pmatrix}$　　$\tilde{\boldsymbol{C}}=\begin{pmatrix}3 & 5\\1 & 2\end{pmatrix}$　とする。

解）　$(\tilde{\boldsymbol{A}}+2\tilde{\boldsymbol{B}})$ を計算したのち、行列 $\tilde{\boldsymbol{C}}$ との積を求めればよい。

$$\tilde{\boldsymbol{A}}+2\tilde{\boldsymbol{B}}=\begin{pmatrix}-2 & 3\\1 & 4\\-1 & 3\end{pmatrix}+2\begin{pmatrix}3 & 0\\2 & -1\\-1 & 5\end{pmatrix}=\begin{pmatrix}4 & 3\\5 & 2\\-3 & 13\end{pmatrix}$$

$$(\tilde{\boldsymbol{A}}+2\tilde{\boldsymbol{B}})\,\tilde{\boldsymbol{C}}=\begin{pmatrix}4&3\\5&2\\-3&13\end{pmatrix}\begin{pmatrix}3&5\\1&2\end{pmatrix}=\begin{pmatrix}15&26\\17&29\\4&11\end{pmatrix}$$

となる。

以上のように、基本ルールを設定すれば、行列どうしの足し算、引き算、掛け算が自由にできることがわかる。それでは、いったい、行列の掛け算はどういう意味を持っているのであろうか。

ここで、兄の収入（硬貨の枚数）に対応した行列で考えてみよう。

$$\begin{pmatrix}2&3&4\\3&4&2\end{pmatrix}$$

1 行目は、1 日目に収入として得た 10 円硬貨、100 円硬貨、50 円硬貨の枚数を示しており、2 行目は 2 日目の収入にあたる硬貨の枚数である。

ここで、収入の合計を出すために、硬貨の金額を示すベクトル

$$(10 \quad 100 \quad 50)$$

を掛けてみよう。すると

$$\begin{pmatrix}2&3&4\\3&4&2\end{pmatrix}\begin{pmatrix}10\\100\\50\end{pmatrix}=\begin{pmatrix}2\times10+3\times100+4\times50\\3\times10+4\times100+2\times50\end{pmatrix}=\begin{pmatrix}520\\530\end{pmatrix}$$

となる。ここで、硬貨金額の列ベクトルは 3 行 1 列の行列と考えることができ、この演算は 2×3 行列と 3×1 行列の掛け算とみなせる。したがって得られる行列は $(2\times3)(3\times1)=(2\times1)$ 行列となる。これは 2 次元列ベクトルである。

そして、得られるベクトルの成分は、1 日目と 2 日目の収入となる。もちろん、行列とベクトルの成分に何を採用するかによって、得られる結果の意味は変わってくるが、いまの例のようなイメージを持っていれば、ベクトルの内積の拡張として、行列の掛け算があることが違和感なく理解できるであろう。

さらに、右側を 2×3 行列にしてみよう。たとえば、収入として得た硬貨の重量が、それぞれ 4.5g, 4.8g, 4.0g としよう。すると

$$\begin{pmatrix}10&100&50\\4.5&4.8&4.0\end{pmatrix}$$

のように、金額と硬貨の重さの情報が入った行列をつくることができる。これを、

収入としての硬貨の枚数を示す行列に掛けると

$$\begin{pmatrix} 2 & 3 & 4 \\ 3 & 4 & 2 \end{pmatrix}\begin{pmatrix} 10 & 4.5 \\ 100 & 4.8 \\ 50 & 4.0 \end{pmatrix}=\begin{pmatrix} 520 & 39.4 \\ 530 & 40.7 \end{pmatrix}$$

となる。

(2×3)(3×2) という行列演算なので、結果は (2×2) 行列となり、最初の行は初日の収入の合計と財布に入っている硬貨の総重量、2 行目は 2 日目の収入の合計と硬貨の総重量を与えることになる。これが行列の掛け算である。

1. 8. 行列の割り算

それでは、行列の割り算はどうであろうか。ベクトルでさえ割り算は定義できないのであるから、それよりも情報量の多い行列では無理と考えるのが自然である。結論から言うと、行列の割り算（と同様の機能）は存在するのである。ただし、それは、いわば行列の逆数としての存在であり、**逆行列** (inverse matrix) と呼ばれている。

さらに、逆行列が定義できるのは、行と列の成分数が同じ正方行列に対してのみである。逆行列については、その定義と応用分野をあわせて第 2 章で紹介する。

ところで、本章では、行列の一般式として、$m \times n$ 行列を紹介してきたが、線形代数において重要な位置を占めるのは $n \times n$ の正方行列である。

正方行列の行と列の数が 2 個のとき、**2 次正方行列** (square matrix of second order)、3 個のとき、**3 次正方行列** (square matrix of third order) と呼ぶ。そして、n 個のときは、**n 次正方行列** (square matrix of *n*th order) と呼ぶ。実は、本書で扱うほとんどの行列が正方行列なのである。

第 2 章　連立 1 次方程式の解法と行列

2. 1.　2 元連立 1 次方程式の解法

行列の応用には数多くの分野があるが、その代表は、**連立 1 次方程式** (simultaneous linear equations) の解法である。行列の働きを理解する準備として、つぎの 2 元連立 1 次方程式 (simultaneous equations with two unknowns) を解いてみよう。

$$\begin{cases} 2x + y = 5 \\ x - y = 1 \end{cases}$$

方法は簡単である。ふたつの式を足したり引いたりして、x あるいは y のどちらかの変数 1 個を消去すればよい。いまの場合、2 式を足すと

$$\begin{array}{rl} & 2x + y = 5 \\ +) & x - y = 1 \\ \hline & 3x \phantom{{}-y} = 6 \end{array}$$

となり、ただちに $x=2$ が解として得られる。これを下の式に代入すれば、$y=1$ という解も得られる。これで、連立方程式の解法ができた。

あるいは、2 番目の式に 2 を掛けて、上の式から引くということでも解は得られる。この場合は

$$\begin{array}{rl} & 2x + y = 5 \\ -) & 2x - 2y = 2 \\ \hline & \phantom{2x-{}} 3y = 3 \end{array}$$

となって、ただちに $y=1$ という解が得られる。このように、方程式の両辺を定数倍したものを足したり引いたりする操作によって、連立 1 次方程式の解を求めることができる。

2.2. 連立1次方程式の行列表示

先ほどの2元連立1次方程式をつぎのように書き換えてみよう。

$$\begin{pmatrix} 2 & 1 \\ 1 & -1 \end{pmatrix}\begin{pmatrix} x \\ y \end{pmatrix} = \begin{pmatrix} 5 \\ 1 \end{pmatrix}$$

左辺は、行列とベクトルの掛け算のかたちになっている。第1章で示した演算ルールに従って計算すると

$$\begin{pmatrix} 2 & 1 \\ 1 & -1 \end{pmatrix}\begin{pmatrix} x \\ y \end{pmatrix} = \begin{pmatrix} 2x+y \\ x-y \end{pmatrix}$$

となる。これを上式の右辺と対比させると、確かに

$$\begin{cases} 2x+y=5 \\ x-y=1 \end{cases}$$

という連立方程式となっていることがわかる。

このとき、この2次正方行列

$$\begin{pmatrix} 2 & 1 \\ 1 & -1 \end{pmatrix}$$

を**係数行列** (matrix of coefficients) と呼び

変数からなるベクトル $\begin{pmatrix} x \\ y \end{pmatrix}$ を**変数ベクトル** (variable vector)

定数項からなるベクトル $\begin{pmatrix} 5 \\ 1 \end{pmatrix}$ を**定数ベクトル** (constant vector)

と呼ぶ。実は、行列の性質をうまく利用すると、この連立方程式を解くことができる。方程式の解は得られていて

$$\begin{cases} x=2 \\ y=1 \end{cases}$$

ということがわかっている。ここで、この式を少し変形して

$$\begin{cases} x+0y=2 \\ 0x+y=1 \end{cases}$$

というかたちにしてみよう。これを行列とベクトルの表示に書き直すと

$$\begin{pmatrix} 1 & 0 \\ 0 & 1 \end{pmatrix}\begin{pmatrix} x \\ y \end{pmatrix} = \begin{pmatrix} 2 \\ 1 \end{pmatrix}$$

と書くことができる。

つまり、係数行列が、このかたちに変形できれば解が得られる。これが行列を利用した連立 1 次方程式の解法の基礎となる。

2. 3.　拡大係数行列

係数行列と定数ベクトルをあわせて、つぎのような 2×3 行列をつくってみる。

$$\begin{pmatrix} 2 & 1 \\ 1 & -1 \end{pmatrix}\begin{pmatrix} x \\ y \end{pmatrix} = \begin{pmatrix} 5 \\ 1 \end{pmatrix} \quad \rightarrow \quad \begin{pmatrix} 2 & 1 & 5 \\ 1 & -1 & 1 \end{pmatrix}$$

この行列のことを**拡大係数行列** (augmented matrix of coefficients) と呼んでいる。同様にして、解を与える拡大係数行列は

$$\begin{pmatrix} 1 & 0 \\ 0 & 1 \end{pmatrix}\begin{pmatrix} x \\ y \end{pmatrix} = \begin{pmatrix} 2 \\ 1 \end{pmatrix} \quad \rightarrow \quad \begin{pmatrix} 1 & 0 & 2 \\ 0 & 1 & 1 \end{pmatrix}$$

となる。

実は、最初の拡大係数行列を、ある規則に従って変形して、下の拡大係数行列のように、係数行列の部分が

$$\begin{pmatrix} 1 & 0 \\ 0 & 1 \end{pmatrix}$$

というかたちになるように変形すると、3 列目が方程式の解となるのである。

ところで、**対角成分** (diagonal component) がすべて 1 で、**非対角成分** (non-diagonal component) が 0 の正方行列を**単位行列** (unit matrix) と呼んでおり

$$\tilde{\boldsymbol{E}} = \begin{pmatrix} 1 & 0 \\ 0 & 1 \end{pmatrix} \qquad \tilde{\boldsymbol{E}} = \begin{pmatrix} 1 & 0 & 0 \\ 0 & 1 & 0 \\ 0 & 0 & 1 \end{pmatrix}$$

と表記する。ちょうど数字の 1 のような働きをする行列である。

演習 2-1　つぎの行列とベクトルの掛け算を実施せよ。

$$\begin{pmatrix} 1 & 0 \\ 0 & 1 \end{pmatrix}\begin{pmatrix} a \\ b \end{pmatrix}$$

解）

$$\begin{pmatrix}1 & 0\\0 & 1\end{pmatrix}\begin{pmatrix}a\\b\end{pmatrix}=\begin{pmatrix}1\cdot a+0\cdot b\\0\cdot a+1\cdot b\end{pmatrix}=\begin{pmatrix}a\\b\end{pmatrix}$$

演習 2-2　つぎの行列どうしの掛け算を実施せよ。

$$\begin{pmatrix}1 & 0\\0 & 1\end{pmatrix}\begin{pmatrix}a & b\\c & d\end{pmatrix}$$

解）

$$\begin{pmatrix}1 & 0\\0 & 1\end{pmatrix}\begin{pmatrix}a & b\\c & d\end{pmatrix}=\begin{pmatrix}1\cdot a+0\cdot c & 1\cdot b+0\cdot d\\0\cdot a+1\cdot c & 0\cdot b+1\cdot d\end{pmatrix}=\begin{pmatrix}a & b\\c & d\end{pmatrix}$$

このように、単位行列を行列あるいはベクトルに掛けても変化しない。まさに数字の 1 のような働きをする。また

$$(a \quad b)\begin{pmatrix}1 & 0\\0 & 1\end{pmatrix}=(a \quad b) \qquad \begin{pmatrix}a & b\\c & d\end{pmatrix}\begin{pmatrix}1 & 0\\0 & 1\end{pmatrix}=\begin{pmatrix}a & b\\c & d\end{pmatrix}$$

のように、単位行列を右から掛けても、ベクトルも行列も変化しない。

2. 4.　行基本変形

それでは、拡大係数行列を利用して連立 1 次方程式を解法する方法を解説しよう。われわれがすべき変形は

$$\begin{pmatrix}2 & 1 & 5\\1 & -1 & 1\end{pmatrix} \quad \rightarrow \quad \begin{pmatrix}1 & 0 & 2\\0 & 1 & 1\end{pmatrix}$$

である。

このとき、許される変形は**行基本変形** (elementary row operation) と呼ばれるもので、連立 1 次方程式を解く際に使う手法そのものである。すなわち

・ある行を定数倍する

・ある行を定数倍したものを他の行に足すか引く

というふたつである。あるいは、これら操作の延長として、**行の入れ替え**も可能

である。

　それでは、具体例で、行基本変形を説明してみよう。まず、最初の拡大係数行列の2行目を1行目に足してみよう。すると

$$\begin{pmatrix} 2 & 1 & 5 \\ 1 & -1 & 1 \end{pmatrix} \rightarrow \begin{pmatrix} 3 & 0 & 6 \\ 1 & -1 & 1 \end{pmatrix}$$

となる。つぎに新しい行列の1行目を3で割る（1/3を掛ける）と

$$\begin{pmatrix} 3 & 0 & 6 \\ 1 & -1 & 1 \end{pmatrix} \rightarrow \begin{pmatrix} 1 & 0 & 2 \\ 1 & -1 & 1 \end{pmatrix}$$

となる。つぎに2行目から1行目を引くと

$$\begin{pmatrix} 1 & 0 & 2 \\ 1 & -1 & 1 \end{pmatrix} \rightarrow \begin{pmatrix} 1 & 0 & 2 \\ 0 & -1 & -1 \end{pmatrix}$$

となり、最後に2行目に -1 を掛けると

$$\begin{pmatrix} 1 & 0 & 2 \\ 0 & -1 & -1 \end{pmatrix} \rightarrow \begin{pmatrix} 1 & 0 & 2 \\ 0 & 1 & 1 \end{pmatrix}$$

となって、係数行列が単位行列へと変形できた。このとき、3列目が、連立1次方程式の解となる。

演習 2-3　つぎの連立1次方程式を行基本変形の手法により解法せよ。

$$\begin{cases} 2x + 3y = 5 \\ x + y = 2 \end{cases}$$

解）　拡大係数行列は

$$\begin{pmatrix} 2 & 3 & 5 \\ 1 & 1 & 2 \end{pmatrix}$$

となる。ここで、行基本変形で、どのような操作を行ったかを示すために1行目を r_1、2行目を r_2 として行った操作を行列間に表記すると

$$\begin{pmatrix} 2 & 3 & 5 \\ 1 & 1 & 2 \end{pmatrix} \underset{r_1 - 3r_2}{\rightarrow} \begin{pmatrix} -1 & 0 & -1 \\ 1 & 1 & 2 \end{pmatrix} \underset{r_2 + r_1}{\rightarrow} \begin{pmatrix} -1 & 0 & -1 \\ 0 & 1 & 1 \end{pmatrix} \underset{r_1 \times (-1)}{\rightarrow} \begin{pmatrix} 1 & 0 & 1 \\ 0 & 1 & 1 \end{pmatrix}$$

となって、連立1次方程式の解は $x = 1, y = 1$ となる。

　今後の行基本変形では、1行目を r_1、2行目を r_2、また、i 行目を r_i と表記して、

どのような変形を施したかを表示する。

演習 2-4　つぎの連立 1 次方程式を行基本変形の手法により解法せよ。

$$\begin{cases} ax+by=p \\ cx+dy=q \end{cases}$$

解）　この連立 1 次方程式の拡大係数行列は

$$\begin{pmatrix} a & b & p \\ c & d & q \end{pmatrix}$$

となる。この行列に行基本変形を加えて、係数行列に対応した部分が単位行列となるように変形すればよい。

$$\begin{pmatrix} a & b & p \\ c & d & q \end{pmatrix} \underset{r_1\times d,\, r_2\times b}{\rightarrow} \begin{pmatrix} ad & bd & dp \\ bc & bd & bq \end{pmatrix} \underset{r_1-r_2}{\rightarrow} \begin{pmatrix} ad-bc & 0 & dp-bq \\ bc & bd & bq \end{pmatrix}$$

$$\underset{r_1\times\frac{1}{ad-bc}}{\rightarrow} \begin{pmatrix} 1 & 0 & \dfrac{dp-bq}{ad-bc} \\ bc & bd & bq \end{pmatrix} \underset{r_2\times\frac{1}{bd}}{\rightarrow} \begin{pmatrix} 1 & 0 & \dfrac{dp-bq}{ad-bc} \\ \dfrac{c}{d} & 1 & \dfrac{q}{d} \end{pmatrix} \underset{r_2-r_1\times\frac{c}{d}}{\rightarrow} \begin{pmatrix} 1 & 0 & \dfrac{dp-bq}{ad-bc} \\ 0 & 1 & \dfrac{q}{d}-\dfrac{dp-bq}{ad-bc}\left(\dfrac{c}{d}\right) \end{pmatrix}$$

ここで、最後の行列の 2 行 3 列目の項を整理すると

$$\frac{q}{d}-\frac{dp-bq}{ad-bc}\left(\frac{c}{d}\right)=\frac{q(ad-bc)-c(dp-bq)}{d(ad-bc)}=\frac{adq-bcq-cdp+bcq}{d(ad-bc)}$$

$$=\frac{adq-cdp}{d(ad-bc)}=\frac{aq-cp}{ad-bc}$$

したがって、求める拡大係数行列は

$$\begin{pmatrix} 1 & 0 & \dfrac{dp-bq}{ad-bc} \\ 0 & 1 & \dfrac{aq-cp}{ad-bc} \end{pmatrix}$$

となる。よって、求める解は

$$x = \frac{dp - bq}{ad - bc}, \quad y = \frac{aq - cp}{ad - bc}$$

と与えられる。

以上のように係数行列と定数ベクトルを成分とする拡大係数行列をつくり、この行列に行基本変形を施し、係数行列の部分が単位行列となるように変形すれば、連立 1 次方程式の解を得ることができる。

2. 5.　逆行列による解法

行列を利用して連立 1 次方程式を解法する手法としては、行基本変形による方法のほかに**逆行列** (inverse matrix) を利用する方法もある。逆行列とは、数字の逆数と同じような働きをする正方行列である。第 1 章で紹介した行列の割り算の機能を有する行列となる。それでは、その定義はどのようなものなのであろうか。いま、2 次正方行列

$$\tilde{\boldsymbol{A}} = \begin{pmatrix} a & b \\ c & d \end{pmatrix}$$

が与えられているとき

$$\begin{pmatrix} p & q \\ r & s \end{pmatrix}\begin{pmatrix} a & b \\ c & d \end{pmatrix} = \begin{pmatrix} 1 & 0 \\ 0 & 1 \end{pmatrix}$$

という関係にあれば、行列

$$\tilde{\boldsymbol{A}}^{-1} = \begin{pmatrix} p & q \\ r & s \end{pmatrix}$$

を、行列 $\tilde{\boldsymbol{A}}$ の逆行列と呼び $\tilde{\boldsymbol{A}}^{-1}$ と表記する。$\tilde{\boldsymbol{A}}^{-1}$ は A インバースと読む。インバースは英語の inverse で逆数という意味がある。第 1 章でも紹介したように、逆行列が存在するのは正方行列のみである。

ここで、行列と逆行列の関係は

$$\tilde{\boldsymbol{A}}^{-1}\,\tilde{\boldsymbol{A}} = \tilde{\boldsymbol{E}} = \begin{pmatrix} 1 & 0 \\ 0 & 1 \end{pmatrix} \qquad \tilde{\boldsymbol{A}}\,\tilde{\boldsymbol{A}}^{-1} = \tilde{\boldsymbol{E}} = \begin{pmatrix} 1 & 0 \\ 0 & 1 \end{pmatrix}$$

となる。ただし、$\tilde{\boldsymbol{E}}$ は単位行列である。

つまり、ある行列の逆行列が与えられたとき、逆行列を左から掛けても、右か

ら掛けても単位行列が得られることになる。

それでは、逆行列を使ってどのようにして解を求めるのであろうか。ここで、連立 1 次方程式

$$\begin{cases} ax + by = u \\ cx + dy = w \end{cases}$$

の解法を考えてみよう。

この方程式は、行列とベクトルで表記すると

$$\begin{pmatrix} a & b \\ c & d \end{pmatrix}\begin{pmatrix} x \\ y \end{pmatrix} = \begin{pmatrix} u \\ w \end{pmatrix}$$

となる。これを行列記号とベクトル記号を使って

$$\tilde{\boldsymbol{A}}\,\vec{\boldsymbol{r}} = \vec{\boldsymbol{u}}$$

と表記してみよう。ただし

$$\tilde{\boldsymbol{A}} = \begin{pmatrix} a & b \\ c & d \end{pmatrix}$$

は係数行列であり

$$\vec{\boldsymbol{r}} = \begin{pmatrix} x \\ y \end{pmatrix} \qquad \vec{\boldsymbol{u}} = \begin{pmatrix} u \\ w \end{pmatrix}$$

は、それぞれ変数ベクトルと定数ベクトルである。

ここで、両辺に左から係数行列の逆行列を掛けると

$$\tilde{\boldsymbol{A}}^{-1}\tilde{\boldsymbol{A}}\,\vec{\boldsymbol{r}} = \tilde{\boldsymbol{A}}^{-1}\,\vec{\boldsymbol{u}}$$

となるが、左辺の行列は単位行列となるから

$$\tilde{\boldsymbol{E}}\,\vec{\boldsymbol{r}} = \vec{\boldsymbol{r}} = \tilde{\boldsymbol{A}}^{-1}\boldsymbol{u}$$

となり、成分で書くと

$$\begin{pmatrix} x \\ y \end{pmatrix} = \begin{pmatrix} a & b \\ c & d \end{pmatrix}^{-1}\begin{pmatrix} u \\ w \end{pmatrix} = \begin{pmatrix} p & q \\ r & s \end{pmatrix}\begin{pmatrix} u \\ w \end{pmatrix}$$

となる。ここで右辺を計算すると

$$\begin{pmatrix} x \\ y \end{pmatrix} = \begin{pmatrix} pu + qw \\ ru + sw \end{pmatrix}$$

となり、これが解を与える。

このように、係数行列の逆行列を求めることができれば、逆行列を定数ベクトルに掛けることで、ただちに解が得られることになる。問題は、どうやって逆行列を求めるかである。

2. 6.　逆行列の計算方法

行列 $\tilde{\boldsymbol{A}}=\begin{pmatrix} a & b \\ c & d \end{pmatrix}$ の逆行列 $\tilde{\boldsymbol{A}}^{-1}=\begin{pmatrix} p & q \\ r & s \end{pmatrix}$ は $\tilde{\boldsymbol{A}}\,\tilde{\boldsymbol{A}}^{-1}=\tilde{\boldsymbol{E}}$ という関係を満たし

$$\begin{pmatrix} a & b \\ c & d \end{pmatrix}\begin{pmatrix} p & q \\ r & s \end{pmatrix}=\begin{pmatrix} 1 & 0 \\ 0 & 1 \end{pmatrix}$$

となる。行列の掛け算を実施すると、左辺は

$$\begin{pmatrix} ap+br & aq+bs \\ cp+dr & cq+ds \end{pmatrix}=\begin{pmatrix} 1 & 0 \\ 0 & 1 \end{pmatrix}$$

となる。よって

$$ap+br=1 \quad (1) \qquad aq+bs=0 \quad (2) \qquad cp+dr=0 \quad (3) \qquad cq+ds=1 \quad (4)$$

という 4 個の等式が得られる。

これより、p, q, r, s を a, b, c, d で表すと

(1)×d−(3)×b より

$$p\,(ad-bc)=d \qquad p=\frac{d}{ad-bc}$$

(4)×b−(2)×d より

$$q\,(bc-ad)=b \qquad q=\frac{-b}{ad-bc}$$

(3)×a−(1)×c より

$$r\,(ad-bc)=-c \qquad r=\frac{-c}{ad-bc}$$

(2)×c−(4)×a より

$$s\,(bc-ad)=-a \qquad s=\frac{a}{ad-bc}$$

となり、逆行列は

$$\tilde{\boldsymbol{A}}^{-1}=\begin{pmatrix} p & q \\ r & s \end{pmatrix}=\frac{1}{ad-bc}\begin{pmatrix} d & -b \\ -c & a \end{pmatrix}$$

と与えられることになる。

演習 2-5　行列 $\tilde{\boldsymbol{A}}=\begin{pmatrix} 2 & 3 \\ 1 & 2 \end{pmatrix}$ の逆行列を求めよ。

解）　逆行列 $\tilde{\boldsymbol{A}}^{-1}=\begin{pmatrix} p & q \\ r & s \end{pmatrix}$ は

$$\tilde{\boldsymbol{A}}^{-1}\tilde{\boldsymbol{A}}=\tilde{\boldsymbol{E}} \quad \text{から} \qquad \begin{pmatrix} p & q \\ r & s \end{pmatrix}\begin{pmatrix} 2 & 3 \\ 1 & 2 \end{pmatrix}=\begin{pmatrix} 1 & 0 \\ 0 & 1 \end{pmatrix}$$

という関係を満足する。左辺を計算すると

$$\begin{pmatrix} 2p+q & 3p+2q \\ 2r+s & 3r+2s \end{pmatrix}=\begin{pmatrix} 1 & 0 \\ 0 & 1 \end{pmatrix}$$

よって

$$2p+q=1, \quad 3p+2q=0, \quad 2r+s=0, \quad 3r+2s=1$$

となる。これを解くと

$$p=2, \quad q=-3, \quad r=-1, \quad s=2$$

したがって、求める逆行列は

$$\tilde{\boldsymbol{A}}^{-1}=\begin{pmatrix} 2 & -3 \\ -1 & 2 \end{pmatrix}$$

となる。

求めた行列が逆行列かどうかを確かめてみよう。$\tilde{\boldsymbol{A}}^{-1}\tilde{\boldsymbol{A}}$ を計算すると

$$\tilde{\boldsymbol{A}}^{-1}\tilde{\boldsymbol{A}}=\begin{pmatrix} 2 & -3 \\ -1 & 2 \end{pmatrix}\begin{pmatrix} 2 & 3 \\ 1 & 2 \end{pmatrix}=\begin{pmatrix} 1 & 0 \\ 0 & 1 \end{pmatrix}=\tilde{\boldsymbol{E}}$$

となって確かに逆行列であることがわかる。

また、行列の掛け算の順序を変えても

$$\tilde{\boldsymbol{A}}\,\tilde{\boldsymbol{A}}^{-1}=\begin{pmatrix} 2 & 3 \\ 1 & 2 \end{pmatrix}\begin{pmatrix} 2 & -3 \\ -1 & 2 \end{pmatrix}=\begin{pmatrix} 1 & 0 \\ 0 & 1 \end{pmatrix}=\tilde{\boldsymbol{E}}$$

となり、この場合も単位行列となることがわかる。

演習 2-6　$\tilde{A}^{-1} = \dfrac{1}{ad-bc}\begin{pmatrix} d & -b \\ -c & a \end{pmatrix}$　が行列　$\tilde{A} = \begin{pmatrix} a & b \\ c & d \end{pmatrix}$　の逆行列であることを確かめよ。

解）

$$\tilde{A}^{-1}\tilde{A} = \frac{1}{ad-bc}\begin{pmatrix} d & -b \\ -c & a \end{pmatrix}\begin{pmatrix} a & b \\ c & d \end{pmatrix} = \frac{1}{ad-bc}\begin{pmatrix} ad-bc & bd-bd \\ -ac+ac & -bc+ad \end{pmatrix}$$

$$= \frac{1}{ad-bc}\begin{pmatrix} ad-bc & 0 \\ 0 & ad-bc \end{pmatrix} = \begin{pmatrix} 1 & 0 \\ 0 & 1 \end{pmatrix} = \tilde{E}$$

となって、確かに逆行列の性質を満たしている。

それでは、逆行列を使って2元連立1次方程式の一般解を求めてみよう。

$$\begin{pmatrix} a & b \\ c & d \end{pmatrix}\begin{pmatrix} x \\ y \end{pmatrix} = \begin{pmatrix} u \\ w \end{pmatrix}$$

$$\tilde{A}\vec{r} = \vec{u}$$

において、いま求めた逆行列を左側から掛けてみると

$$\frac{1}{ad-bc}\begin{pmatrix} d & -b \\ -c & a \end{pmatrix}\begin{pmatrix} a & b \\ c & d \end{pmatrix}\begin{pmatrix} x \\ y \end{pmatrix} = \frac{1}{ad-bc}\begin{pmatrix} d & -b \\ -c & a \end{pmatrix}\begin{pmatrix} u \\ w \end{pmatrix}$$

$$\tilde{A}^{-1}\tilde{A}\vec{r} = \tilde{A}^{-1}\boldsymbol{u}$$

となる。両辺を計算すると

$$\begin{pmatrix} x \\ y \end{pmatrix} = \frac{1}{ad-bc}\begin{pmatrix} du-bw \\ -cu+aw \end{pmatrix}$$

よって、一般解は

$$x = \frac{du-bw}{ad-bc}, \quad y = \frac{-cu+aw}{ad-bc}$$

となる。

2.7. 行基本変形による逆行列の求め方

逆行列は、拡大係数行列における行基本変形と同様の手法で求めることもできる。いま、つぎの行列が与えられており、その逆行列を求めたいとする。

$$\tilde{\boldsymbol{A}} = \begin{pmatrix} 2 & 3 \\ 1 & 2 \end{pmatrix}$$

ここで、係数行列の右側に単位行列を並べて

$$\begin{pmatrix} 2 & 3 & 1 & 0 \\ 1 & 2 & 0 & 1 \end{pmatrix} = (\tilde{\boldsymbol{A}} \vdots \tilde{\boldsymbol{E}})$$

のような 2×4 行列をつくる。

あとは、行基本変形を施し、係数行列に相当する左側の 2×2 行列が単位行列となるように変形する。すると、右側の 2×2 行列が逆行列となる。

それでは、実際に行基本変形を施してみよう。いまの場合

$$\begin{pmatrix} 2 & 3 & 1 & 0 \\ 1 & 2 & 0 & 1 \end{pmatrix} \underset{r_1 - r_2}{\rightarrow} \begin{pmatrix} 1 & 1 & 1 & -1 \\ 1 & 2 & 0 & 1 \end{pmatrix} \underset{r_2 - r_1}{\rightarrow} \begin{pmatrix} 1 & 1 & 1 & -1 \\ 0 & 1 & -1 & 2 \end{pmatrix} \underset{r_1 - r_2}{\rightarrow} \begin{pmatrix} 1 & 0 & 2 & -3 \\ 0 & 1 & -1 & 2 \end{pmatrix}$$

と変形できる。

このとき、逆行列は

$$\tilde{\boldsymbol{A}}^{-1} = \begin{pmatrix} 2 & -3 \\ -1 & 2 \end{pmatrix}$$

と与えられる。

どうしてこの方法で逆行列を求めることができるのであろうか。その原理を説明しよう。ここで、逆行列を求める式に戻ってみる。それは

$$\begin{pmatrix} 2 & 3 \\ 1 & 2 \end{pmatrix} \begin{pmatrix} p & q \\ r & s \end{pmatrix} = \begin{pmatrix} 1 & 0 \\ 0 & 1 \end{pmatrix}$$

というかたちをしていた。

これを整理すると

$$\begin{cases} 2p + 3r = 1 \\ p + 2r = 0 \end{cases} \qquad \begin{cases} 2q + 3s = 0 \\ q + 2s = 1 \end{cases}$$

という 2 組の連立 1 次方程式として取り出すことができる。行列表示では

$$\begin{pmatrix} 2 & 3 \\ 1 & 2 \end{pmatrix}\begin{pmatrix} p \\ r \end{pmatrix}=\begin{pmatrix} 1 \\ 0 \end{pmatrix} \qquad \begin{pmatrix} 2 & 3 \\ 1 & 2 \end{pmatrix}\begin{pmatrix} q \\ s \end{pmatrix}=\begin{pmatrix} 0 \\ 1 \end{pmatrix}$$

となる。

これらを見れば、係数行列がそれぞれの連立方程式で共通である。さらに、それぞれの拡大係数行列を書くと

$$\begin{pmatrix} 2 & 3 & 1 \\ 1 & 2 & 0 \end{pmatrix} \quad と \quad \begin{pmatrix} 2 & 3 & 0 \\ 1 & 2 & 1 \end{pmatrix}$$

となるが、左の 2×2 行列は共通である。ここで、行基本変形によって、それぞれの連立方程式の解を求めれば

$$\begin{pmatrix} 1 & 0 & p \\ 0 & 1 & r \end{pmatrix} \quad と \quad \begin{pmatrix} 1 & 0 & q \\ 0 & 1 & s \end{pmatrix}$$

となるはずである。

このとき、拡大係数行列に施す操作は、それぞれの行列に共通である。そこで、一緒にまとめて表示すれば、同時に変換することができる。

つまり

$$\begin{pmatrix} 2 & 3 & 1 & 0 \\ 1 & 2 & 0 & 1 \end{pmatrix} \rightarrow \begin{pmatrix} 1 & 0 & p & q \\ 0 & 1 & r & s \end{pmatrix}$$

$$(\tilde{\boldsymbol{A}} \vdots \tilde{\boldsymbol{E}}) \rightarrow (\tilde{\boldsymbol{E}} \vdots \tilde{\boldsymbol{A}}^{-1})$$

となる。

これが、係数行列と単位行列を並べた行列に行基本変形を施すことによって逆行列が求められるトリックである。

演習 2-7　行基本変形の手法を用いて、つぎの行列の逆行列を求めよ。

$$\tilde{\boldsymbol{A}}=\begin{pmatrix} 2 & 1 \\ 1 & -1 \end{pmatrix}$$

解）　この行列の横に単位行列を並列させた 2×4 行列

$$(\tilde{\boldsymbol{A}} \vdots \tilde{\boldsymbol{E}})=\begin{pmatrix} 2 & 1 & 1 & 0 \\ 1 & -1 & 0 & 1 \end{pmatrix}$$

に行基本変形を施し、左の 2×2 行列が単位行列になるようにする。

$$\begin{pmatrix}2 & 1 & 1 & 0\\ 1 & -1 & 0 & 1\end{pmatrix}\to\begin{pmatrix}3 & 0 & 1 & 1\\ 1 & -1 & 0 & 1\end{pmatrix}\to\begin{pmatrix}1 & 0 & \frac{1}{3} & \frac{1}{3}\\ 1 & -1 & 0 & 1\end{pmatrix}$$

$r_1 + r_2$　　　　$r_1 \times 1/3$

$$\to\begin{pmatrix}1 & 0 & \frac{1}{3} & \frac{1}{3}\\ 0 & -1 & -\frac{1}{3} & \frac{2}{3}\end{pmatrix}\to\begin{pmatrix}1 & 0 & \frac{1}{3} & \frac{1}{3}\\ 0 & 1 & \frac{1}{3} & -\frac{2}{3}\end{pmatrix}=(\tilde{\boldsymbol{E}} \vdots \tilde{\boldsymbol{A}}^{-1})$$

$r_2 - r_1$　　　　$r_2 \times (-1)$

よって逆行列は

$$\tilde{\boldsymbol{A}}^{-1}=\begin{pmatrix}\frac{1}{3} & \frac{1}{3}\\ \frac{1}{3} & -\frac{2}{3}\end{pmatrix}=\frac{1}{3}\begin{pmatrix}1 & 1\\ 1 & -2\end{pmatrix}$$

となる。

逆行列であることを確かめてみよう。すると

$$\tilde{\boldsymbol{A}}^{-1}\tilde{\boldsymbol{A}}=\frac{1}{3}\begin{pmatrix}1 & 1\\ 1 & -2\end{pmatrix}\begin{pmatrix}2 & 1\\ 1 & -1\end{pmatrix}=\frac{1}{3}\begin{pmatrix}3 & 0\\ 0 & 3\end{pmatrix}=\begin{pmatrix}1 & 0\\ 0 & 1\end{pmatrix}=\tilde{\boldsymbol{E}}$$

となって、確かに逆行列となっている。

実は、行列を使う効用は、変数の数が増えた場合にも、まったく同じ手法を適用できるという点にある。それでは、3 元連立 1 次方程式に適用してみよう。

2.8.　3 元連立 1 次方程式の解法

つぎの 3 元連立 1 次方程式の解法を考える。

$$\begin{cases} x+\ y+\ \ z=6 \\ x+2y-2z=3 \\ 3x-\ y+\ \ z=2 \end{cases}$$

この方程式を行列表示にすると

$$\begin{pmatrix} 1 & 1 & 1 \\ 1 & 2 & -2 \\ 3 & -1 & 1 \end{pmatrix}\begin{pmatrix} x \\ y \\ z \end{pmatrix}=\begin{pmatrix} 6 \\ 3 \\ 2 \end{pmatrix}$$

となる。ここで、係数行列、変数ベクトル、定数ベクトルを

$$\tilde{\boldsymbol{A}}=\begin{pmatrix} 1 & 1 & 1 \\ 1 & 2 & -2 \\ 3 & -1 & 1 \end{pmatrix} \quad \vec{\boldsymbol{r}}=\begin{pmatrix} x \\ y \\ z \end{pmatrix} \quad \vec{\boldsymbol{u}}=\begin{pmatrix} 6 \\ 3 \\ 2 \end{pmatrix}$$

と置くと $\tilde{\boldsymbol{A}}\vec{\boldsymbol{r}}=\vec{\boldsymbol{u}}$ とまとめられる。

　ここでは、行基本変形の手法を使って、係数行列の逆行列を求めてみよう。係数行列と単位行列を並べた行列をつくると

$$(\tilde{\boldsymbol{A}} \vdots \tilde{\boldsymbol{E}})=\begin{pmatrix} 1 & 1 & 1 & 1 & 0 & 0 \\ 1 & 2 & -2 & 0 & 1 & 0 \\ 3 & -1 & 1 & 0 & 0 & 1 \end{pmatrix}$$

となる。これに行基本変形を施して、左側の 3×3 行列が単位行列になるように変形していけばよい。

$$\begin{pmatrix} 1 & 1 & 1 & 1 & 0 & 0 \\ 1 & 2 & -2 & 0 & 1 & 0 \\ 3 & -1 & 1 & 0 & 0 & 1 \end{pmatrix} \to \begin{pmatrix} 1 & 1 & 1 & 1 & 0 & 0 \\ 0 & 1 & -3 & -1 & 1 & 0 \\ 0 & -4 & -2 & -3 & 0 & 1 \end{pmatrix} \to \begin{pmatrix} 1 & 0 & 4 & 2 & -1 & 0 \\ 0 & 1 & -3 & -1 & 1 & 0 \\ 0 & 0 & -14 & -7 & 4 & 1 \end{pmatrix}$$

$r_2-r_1,\ r_3-3\times r_1$　　　　　$r_1-r_2,\ r_3+4\times r_2$

$$\to \begin{pmatrix} 1 & 0 & 4 & 2 & -1 & 0 \\ 0 & 1 & -3 & -1 & 1 & 0 \\ 0 & 0 & 1 & \frac{1}{2} & -\frac{2}{7} & -\frac{1}{14} \end{pmatrix} \to \begin{pmatrix} 1 & 0 & 0 & 0 & \frac{1}{7} & \frac{2}{7} \\ 0 & 1 & 0 & \frac{1}{2} & \frac{1}{7} & -\frac{3}{14} \\ 0 & 0 & 1 & \frac{1}{2} & -\frac{2}{7} & -\frac{1}{14} \end{pmatrix} = (\tilde{\boldsymbol{E}} \vdots \tilde{\boldsymbol{A}}^{-1})$$

$r_3\times(-1/14)$　　　　　$r_1-4\times r_3,\ r_2+3\times r_3$

　したがって、逆行列は

$$\tilde{\boldsymbol{A}}^{-1}=\begin{pmatrix} 0 & \dfrac{1}{7} & \dfrac{2}{7} \\ \dfrac{1}{2} & \dfrac{1}{7} & -\dfrac{3}{14} \\ \dfrac{1}{2} & -\dfrac{2}{7} & -\dfrac{1}{14} \end{pmatrix}=\frac{1}{14}\begin{pmatrix} 0 & 2 & 4 \\ 7 & 2 & -3 \\ 7 & -4 & -1 \end{pmatrix}$$

と与えられる。

得られた行列が逆行列かどうかを確かめると

$$\tilde{\boldsymbol{A}}^{-1}\tilde{\boldsymbol{A}}=\frac{1}{14}\begin{pmatrix} 0 & 2 & 4 \\ 7 & 2 & -3 \\ 7 & -4 & -1 \end{pmatrix}\begin{pmatrix} 1 & 1 & 1 \\ 1 & 2 & -2 \\ 3 & -1 & 1 \end{pmatrix}=\begin{pmatrix} 1 & 0 & 0 \\ 0 & 1 & 0 \\ 0 & 0 & 1 \end{pmatrix}=\tilde{\boldsymbol{E}}$$

となって、確かに逆行列であることがわかる。

よって

$$\vec{\boldsymbol{r}}=\tilde{\boldsymbol{A}}^{-1}\vec{\boldsymbol{u}}$$

から

$$\begin{pmatrix} x \\ y \\ z \end{pmatrix}=\frac{1}{14}\begin{pmatrix} 0 & 2 & 4 \\ 7 & 2 & -3 \\ 7 & -4 & -1 \end{pmatrix}\begin{pmatrix} 6 \\ 3 \\ 2 \end{pmatrix}=\begin{pmatrix} 1 \\ 3 \\ 2 \end{pmatrix}$$

となり、解は $x=1,\ y=3,\ z=2$ と与えられる。

演習 2-8　つぎの 3 元連立 1 次方程式を係数行列の逆行列を利用して解法せよ。

$$\begin{cases} 4x+3y+2z=1 \\ 2x+2y+\ \ z=1 \\ 3x+6y+2z=6 \end{cases}$$

解）　この方程式の行列表示は

$$\begin{pmatrix} 4 & 3 & 2 \\ 2 & 2 & 1 \\ 3 & 6 & 2 \end{pmatrix}\begin{pmatrix} x \\ y \\ z \end{pmatrix}=\begin{pmatrix} 1 \\ 1 \\ 6 \end{pmatrix}$$

となる。係数行列、変数ベクトル、定数ベクトルを

$$\tilde{A}=\begin{pmatrix}4&3&2\\2&2&1\\3&6&2\end{pmatrix}\quad \vec{r}=\begin{pmatrix}x\\y\\z\end{pmatrix}\quad \vec{u}=\begin{pmatrix}1\\1\\6\end{pmatrix}$$

と置くと

$$\tilde{A}\,\vec{r}=\vec{u}$$

とまとめられる。ここで、係数行列 $\tilde{A}$ の逆行列 $\tilde{A}^{-1}$ を求める。そのため

$$(\tilde{A}\,\vdots\,\tilde{E})=\begin{pmatrix}4&3&2&1&0&0\\2&2&1&0&1&0\\3&6&2&0&0&1\end{pmatrix}$$

の 3×6 行列に行基本変形を施して、左側の 3×3 行列が単位行列になるように変形すればよい。

$$\begin{pmatrix}4&3&2&1&0&0\\2&2&1&0&1&0\\3&6&2&0&0&1\end{pmatrix}\to\begin{pmatrix}1&\frac{3}{4}&\frac{1}{2}&\frac{1}{4}&0&0\\1&1&\frac{1}{2}&0&\frac{1}{2}&0\\1&2&\frac{2}{3}&0&0&\frac{1}{3}\end{pmatrix}\to\begin{pmatrix}1&\frac{3}{4}&\frac{1}{2}&\frac{1}{4}&0&0\\0&\frac{1}{4}&0&-\frac{1}{4}&\frac{1}{2}&0\\0&\frac{5}{4}&\frac{1}{6}&-\frac{1}{4}&0&\frac{1}{3}\end{pmatrix}$$

$r_1/4,\ r_2/2,\ r_3/3$　　　　$r_2-r_1,\ r_3-r_1$

$$\to\begin{pmatrix}1&0&\frac{1}{2}&1&-\frac{3}{2}&0\\0&\frac{1}{4}&0&-\frac{1}{4}&\frac{1}{2}&0\\0&0&\frac{1}{6}&1&-\frac{5}{2}&\frac{1}{3}\end{pmatrix}\to\begin{pmatrix}1&0&\frac{1}{2}&1&-\frac{3}{2}&0\\0&1&0&-1&2&0\\0&0&\frac{1}{6}&1&-\frac{5}{2}&\frac{1}{3}\end{pmatrix}$$

$r_1-3r_2,\ r_3-5r_2$　　　　$r_2\times 4$

$$\to\begin{pmatrix}1&0&\frac{1}{2}&1&-\frac{3}{2}&0\\0&1&0&-1&2&0\\0&0&1&6&-15&2\end{pmatrix}\to\begin{pmatrix}1&0&0&-2&6&-1\\0&1&0&-1&2&0\\0&0&1&6&-15&2\end{pmatrix}=(\tilde{E}\,\vdots\,\tilde{A}^{-1})$$

$r_3\times 6$　　　　$r_1-r_3/2$

となり、逆行列は

$$\tilde{\boldsymbol{A}}^{-1}=\begin{pmatrix}-2 & 6 & -1\\ -1 & 2 & 0\\ 6 & -15 & 2\end{pmatrix}$$

と与えられる。試しに検算をしてみると

$$\tilde{\boldsymbol{A}}^{-1}\tilde{\boldsymbol{A}}=\begin{pmatrix}-2 & 6 & -1\\ -1 & 2 & 0\\ 6 & -15 & 2\end{pmatrix}\begin{pmatrix}4 & 3 & 2\\ 2 & 2 & 1\\ 3 & 6 & 2\end{pmatrix}=\begin{pmatrix}1 & 0 & 0\\ 0 & 1 & 0\\ 0 & 0 & 1\end{pmatrix}=\tilde{\boldsymbol{E}}$$

となり、確かに逆行列となっている。

よって、求める解のベクトル $\vec{\boldsymbol{r}}$ は

$$\vec{\boldsymbol{r}}=\begin{pmatrix}x\\ y\\ z\end{pmatrix}=\tilde{\boldsymbol{A}}^{-1}\vec{\boldsymbol{u}}=\begin{pmatrix}-2 & 6 & -1\\ -1 & 2 & 0\\ 6 & -15 & 2\end{pmatrix}\begin{pmatrix}1\\ 1\\ 6\end{pmatrix}=\begin{pmatrix}-2\\ 1\\ 3\end{pmatrix}$$

となり、解は

$$x=-2,\quad y=1,\quad z=3$$

となる。

このように、3 元連立 1 次方程式においても、係数行列の逆行列を求めることができれば、2 変数の場合とまったく同様の手法で解を求めることができる。

2. 9.　多元連立 1 次方程式の解法

それでは、つぎの 4 元連立 1 次方程式の解法に挑戦してみよう。

$$\begin{cases}2x_1+x_2+x_3+x_4=2\\ x_1+2x_2+x_3+x_4=3\\ x_1+x_2+2x_3+x_4=1\\ x_1+x_2+x_3+2x_4=4\end{cases}$$

行列表示では

$$\begin{pmatrix} 2 & 1 & 1 & 1 \\ 1 & 2 & 1 & 1 \\ 1 & 1 & 2 & 1 \\ 1 & 1 & 1 & 2 \end{pmatrix} \begin{pmatrix} x_1 \\ x_2 \\ x_3 \\ x_4 \end{pmatrix} = \begin{pmatrix} 2 \\ 3 \\ 1 \\ 4 \end{pmatrix}$$

となる。係数行列、変数ベクトル、定数ベクトルを

$$\tilde{\boldsymbol{A}} = \begin{pmatrix} 2 & 1 & 1 & 1 \\ 1 & 2 & 1 & 1 \\ 1 & 1 & 2 & 1 \\ 1 & 1 & 1 & 2 \end{pmatrix} \quad \vec{\boldsymbol{r}} = \begin{pmatrix} x_1 \\ x_2 \\ x_3 \\ x_4 \end{pmatrix} \quad \vec{\boldsymbol{u}} = \begin{pmatrix} 2 \\ 3 \\ 1 \\ 4 \end{pmatrix}$$

と置けば

$$\tilde{\boldsymbol{A}}\,\vec{\boldsymbol{r}} = \vec{\boldsymbol{u}}$$

とまとめられる。

ここで、係数行列 $\tilde{\boldsymbol{A}}$ の逆行列 $\tilde{\boldsymbol{A}}^{-1}$ を求める。そのため

$$(\tilde{\boldsymbol{A}} \vdots \tilde{\boldsymbol{E}}) = \begin{pmatrix} 2 & 1 & 1 & 1 & 1 & 0 & 0 & 0 \\ 1 & 2 & 1 & 1 & 0 & 1 & 0 & 0 \\ 1 & 1 & 2 & 1 & 0 & 0 & 1 & 0 \\ 1 & 1 & 1 & 2 & 0 & 0 & 0 & 1 \end{pmatrix}$$

の 4×8 行列に行基本変形を施して、左側の 4×4 行列が単位行列になるようにすると

$$(\tilde{\boldsymbol{E}} \vdots \tilde{\boldsymbol{A}}^{-1}) = \begin{pmatrix} 1 & 0 & 0 & 0 & 4/5 & -1/5 & -1/5 & -1/5 \\ 0 & 1 & 0 & 0 & -1/5 & 4/5 & -1/5 & -1/5 \\ 0 & 0 & 1 & 0 & -1/5 & -1/5 & 4/5 & -1/5 \\ 0 & 0 & 0 & 1 & -1/5 & -1/5 & -1/5 & 4/5 \end{pmatrix}$$

となる。したがって

$$\tilde{\boldsymbol{A}}^{-1} = \frac{1}{5} \begin{pmatrix} 4 & -1 & -1 & -1 \\ -1 & 4 & -1 & -1 \\ -1 & -1 & 4 & -1 \\ -1 & -1 & -1 & 4 \end{pmatrix}$$

となる。また

$$\tilde{\boldsymbol{A}}^{-1}\tilde{\boldsymbol{A}} = \frac{1}{5}\begin{pmatrix} 4 & -1 & -1 & -1 \\ -1 & 4 & -1 & -1 \\ -1 & -1 & 4 & -1 \\ -1 & -1 & -1 & 4 \end{pmatrix}\begin{pmatrix} 2 & 1 & 1 & 1 \\ 1 & 2 & 1 & 1 \\ 1 & 1 & 2 & 1 \\ 1 & 1 & 1 & 2 \end{pmatrix} = \begin{pmatrix} 1 & 0 & 0 & 0 \\ 0 & 1 & 0 & 0 \\ 0 & 0 & 1 & 0 \\ 0 & 0 & 0 & 1 \end{pmatrix}$$

となり、逆行列であることが確かめられる。

よって、求める解のベクトル $\vec{\boldsymbol{r}}$ は

$$\vec{\boldsymbol{r}} = \begin{pmatrix} x_1 \\ x_2 \\ x_3 \\ x_4 \end{pmatrix} = \tilde{\boldsymbol{A}}^{-1}\vec{\boldsymbol{u}} = \frac{1}{5}\begin{pmatrix} 4 & -1 & -1 & -1 \\ -1 & 4 & -1 & -1 \\ -1 & -1 & 4 & -1 \\ -1 & -1 & -1 & 4 \end{pmatrix}\begin{pmatrix} 2 \\ 3 \\ 1 \\ 4 \end{pmatrix} = \begin{pmatrix} 0 \\ 1 \\ -1 \\ 2 \end{pmatrix}$$

となり、解は

$$x_1 = 0, \quad x_2 = 1, \quad x_3 = -1, \quad x_4 = 2$$

と与えられる。

演習 2-9　つぎの 4 元連立 1 次方程式を解法せよ。

$$\begin{cases} x_1 + x_2 + x_3 + x_4 = 3 \\ x_1 + 2x_2 + 3x_3 + 6x_4 = 8 \\ x_1 + 3x_2 + 4x_3 + 5x_4 = 8 \\ x_1 + 4x_2 + 7x_3 + 7x_4 = 9 \end{cases}$$

解）　上記の方程式を行列とベクトルで表示すると

$$\begin{pmatrix} 1 & 1 & 1 & 1 \\ 1 & 2 & 3 & 6 \\ 1 & 3 & 4 & 5 \\ 1 & 4 & 7 & 7 \end{pmatrix}\begin{pmatrix} x_1 \\ x_2 \\ x_3 \\ x_4 \end{pmatrix} = \begin{pmatrix} 3 \\ 8 \\ 8 \\ 9 \end{pmatrix}$$

となる。係数行列、変数ベクトル、定数ベクトルを

$$\tilde{\boldsymbol{A}} = \begin{pmatrix} 1 & 1 & 1 & 1 \\ 1 & 2 & 3 & 6 \\ 1 & 3 & 4 & 5 \\ 1 & 4 & 7 & 7 \end{pmatrix} \quad \vec{\boldsymbol{r}} = \begin{pmatrix} x_1 \\ x_2 \\ x_3 \\ x_4 \end{pmatrix} \quad \vec{\boldsymbol{u}} = \begin{pmatrix} 3 \\ 8 \\ 8 \\ 9 \end{pmatrix}$$

と置けば

$$\tilde{\boldsymbol{A}}\vec{\boldsymbol{r}}=\vec{\boldsymbol{u}}$$

とまとめられる。

ここで、係数行列 $\tilde{\boldsymbol{A}}$ の逆行列 $\tilde{\boldsymbol{A}}^{-1}$ を求める。そのため

$$(\tilde{\boldsymbol{A}} \vdots \tilde{\boldsymbol{E}})=\begin{pmatrix} 1 & 1 & 1 & 1 & 1 & 0 & 0 & 0 \\ 1 & 2 & 3 & 6 & 0 & 1 & 0 & 0 \\ 1 & 3 & 4 & 5 & 0 & 0 & 1 & 0 \\ 1 & 4 & 7 & 7 & 0 & 0 & 0 & 1 \end{pmatrix}$$

の 4×8 行列に行基本変形を施して、左側の 4×4 行列が単位行列になるようにすると

$$(\tilde{\boldsymbol{E}} \vdots \tilde{\boldsymbol{A}}^{-1})=\begin{pmatrix} 1 & 0 & 0 & 0 & 13/9 & 1/3 & -1 & 2/9 \\ 0 & 1 & 0 & 0 & -5/9 & -2/3 & 2 & -7/9 \\ 0 & 0 & 1 & 0 & 1/3 & 0 & -1 & 2/3 \\ 0 & 0 & 0 & 1 & -2/9 & 1/3 & 0 & -1/9 \end{pmatrix}$$

となる。したがって

$$\tilde{\boldsymbol{A}}^{-1}=\frac{1}{9}\begin{pmatrix} 13 & 3 & -9 & 2 \\ -5 & -6 & 18 & -7 \\ 3 & 0 & -9 & 6 \\ -2 & 3 & 0 & -1 \end{pmatrix}$$

となる。このとき

$$\tilde{\boldsymbol{A}}^{-1}\tilde{\boldsymbol{A}}=\frac{1}{9}\begin{pmatrix} 13 & 3 & -9 & 2 \\ -5 & -6 & 18 & -7 \\ 3 & 0 & -9 & 6 \\ -2 & 3 & 0 & -1 \end{pmatrix}\begin{pmatrix} 1 & 1 & 1 & 1 \\ 1 & 2 & 3 & 6 \\ 1 & 3 & 4 & 5 \\ 1 & 4 & 7 & 7 \end{pmatrix}=\begin{pmatrix} 1 & 0 & 0 & 0 \\ 0 & 1 & 0 & 0 \\ 0 & 0 & 1 & 0 \\ 0 & 0 & 0 & 1 \end{pmatrix}$$

となり、逆行列であることが確かめられる。

よって、求める解のベクトル $\vec{\boldsymbol{r}}$ は

$$\vec{\boldsymbol{r}}=\begin{pmatrix} x_1 \\ x_2 \\ x_3 \\ x_4 \end{pmatrix}=\tilde{\boldsymbol{A}}^{-1}\vec{\boldsymbol{u}}=\frac{1}{9}\begin{pmatrix} 13 & 3 & -9 & 2 \\ -5 & -6 & 18 & -7 \\ 3 & 0 & -9 & 6 \\ -2 & 3 & 0 & -1 \end{pmatrix}\begin{pmatrix} 3 \\ 8 \\ 8 \\ 9 \end{pmatrix}=\begin{pmatrix} 1 \\ 2 \\ -1 \\ 1 \end{pmatrix}$$

となり、解は

$$x_1 = 1,\quad x_2 = 2,\quad x_3 = -1,\quad x_4 = 1$$

と与えられる。

ちなみに

$$\begin{cases} x_1 + x_2 + x_3 + x_4 = 10 \\ x_1 + 2x_2 + 3x_3 + 6x_4 = 22 \\ x_1 + 3x_2 + 4x_3 + 5x_4 = 26 \\ x_1 + 4x_2 + 7x_3 + 7x_4 = 37 \end{cases}$$

という連立方程式はどうであろうか。この場合、演習 2-9 と係数行列は同じで、定数項だけが異なる。したがって、逆行列は、まったく同じになるから

$$\vec{r} = \begin{pmatrix} x_1 \\ x_2 \\ x_3 \\ x_4 \end{pmatrix} = \tilde{\boldsymbol{A}}^{-1}\vec{\boldsymbol{u}} = \frac{1}{9}\begin{pmatrix} 13 & 3 & -9 & 2 \\ -5 & -6 & 18 & -7 \\ 3 & 0 & -9 & 6 \\ -2 & 3 & 0 & -1 \end{pmatrix}\begin{pmatrix} 10 \\ 22 \\ 26 \\ 37 \end{pmatrix} = \begin{pmatrix} 4 \\ 3 \\ 2 \\ 1 \end{pmatrix}$$

となり、解は

$$x_1 = 4,\quad x_2 = 3,\quad x_3 = 2,\quad x_4 = 1$$

となる。

演習 2-10　つぎの 5 元連立 1 次方程式を解法せよ。

$$\begin{cases} x_1 + 2x_2 + 2x_3 + x_4 + 4x_5 = 3 \\ 3x_1 + 0 + 4x_3 + 2x_4 + 5x_5 = 4 \\ 2x_1 + 3x_2 + 4x_3 + 0 + x_5 = 3 \\ 2x_1 + 3x_2 + 4x_3 + 3x_4 + 6x_5 = 10 \\ 4x_1 + x_2 + 6x_3 + 2x_4 + 7x_5 = 3 \end{cases}$$

解）　これら方程式を行列とベクトルで整理すると

$$\begin{pmatrix} 1 & 2 & 2 & 1 & 4 \\ 3 & 0 & 4 & 2 & 5 \\ 2 & 3 & 4 & 0 & 1 \\ 2 & 3 & 4 & 3 & 6 \\ 4 & 1 & 6 & 2 & 7 \end{pmatrix}\begin{pmatrix} x_1 \\ x_2 \\ x_3 \\ x_4 \\ x_5 \end{pmatrix} = \begin{pmatrix} 3 \\ 4 \\ 3 \\ 10 \\ 3 \end{pmatrix}$$

と書くことができる。

係数行列、変数ベクトル、定数ベクトルを

$$\tilde{\boldsymbol{A}}=\begin{pmatrix}1&2&2&1&4\\3&0&4&2&5\\2&3&4&0&1\\2&3&4&3&6\\4&1&6&2&7\end{pmatrix}\quad \vec{\boldsymbol{r}}=\begin{pmatrix}x_1\\x_2\\x_3\\x_4\\x_5\end{pmatrix}\quad \vec{\boldsymbol{u}}=\begin{pmatrix}3\\4\\3\\10\\3\end{pmatrix}$$

と置けば

$$\tilde{\boldsymbol{A}}\,\vec{\boldsymbol{r}}=\vec{\boldsymbol{u}}$$

とまとめられる。

ここで、この係数行列 $\tilde{\boldsymbol{A}}$ の逆行列 $\tilde{\boldsymbol{A}}^{-1}$ が求められれば

$$\vec{\boldsymbol{r}}=\begin{pmatrix}x_1\\x_2\\x_3\\x_4\\x_5\end{pmatrix}=\tilde{\boldsymbol{A}}^{-1}\vec{\boldsymbol{u}}=\begin{pmatrix}1&2&2&1&4\\3&0&4&2&5\\2&3&4&0&1\\2&3&4&3&6\\4&1&6&2&7\end{pmatrix}^{-1}\begin{pmatrix}3\\4\\3\\10\\3\end{pmatrix}$$

という行列演算によって、ただちに解が得られる。ここで、逆行列を計算する。

$$(\tilde{\boldsymbol{A}}\,\vdots\,\tilde{\boldsymbol{E}})=\begin{pmatrix}1&2&2&1&4&1&0&0&0&0\\3&0&4&2&5&0&1&0&0&0\\2&3&4&0&1&0&0&1&0&0\\2&3&4&3&6&0&0&0&1&0\\4&1&6&2&7&0&0&0&0&1\end{pmatrix}$$

からスタートし、行基本変形を進めていくと

$$(\tilde{\boldsymbol{E}}\,\vdots\,\tilde{\boldsymbol{A}}^{-1})=\begin{pmatrix}1&0&0&0&0&5/2&9/2&1&-3/2&-7/2\\0&1&0&0&0&9/10&11/10&2/5&-3/10&-11/10\\0&0&1&0&0&-2&-3&-1/2&1&5/2\\0&0&0&1&0&-1/2&1/2&0&1/2&-1/2\\0&0&0&0&1&3/10&-3/10&-1/5&-1/10&3/10\end{pmatrix}$$

となる。このとき、右の 5×5 行列を見れば

$$\tilde{\boldsymbol{A}}^{-1} = \begin{pmatrix} 5/2 & 9/2 & 1 & -3/2 & -7/2 \\ 9/10 & 11/10 & 2/5 & -3/10 & -11/10 \\ -2 & -3 & -1/2 & 1 & 5/2 \\ -1/2 & 1/2 & 0 & 1/2 & -1/2 \\ 3/10 & -3/10 & -1/5 & -1/10 & 3/10 \end{pmatrix}$$

$$= \frac{1}{10}\begin{pmatrix} 25 & 45 & 10 & -15 & -35 \\ 9 & 11 & 4 & -3 & -11 \\ -20 & -30 & -5 & 10 & 25 \\ -5 & -5 & 0 & 5 & -5 \\ 3 & -3 & -2 & -1 & 3 \end{pmatrix}$$

となって、逆行列が得られる。

よって

$$\vec{\boldsymbol{r}} = \begin{pmatrix} x_1 \\ x_2 \\ x_3 \\ x_4 \\ x_5 \end{pmatrix} = \frac{1}{10}\begin{pmatrix} 25 & 45 & 10 & -15 & -35 \\ 9 & 11 & 4 & -3 & -11 \\ -20 & -30 & -5 & 10 & 25 \\ -5 & -5 & 0 & 5 & -5 \\ 3 & -3 & -2 & -1 & 3 \end{pmatrix}\begin{pmatrix} 3 \\ 4 \\ 3 \\ 10 \\ 3 \end{pmatrix} = \begin{pmatrix} 3 \\ 2 \\ -2 \\ 4 \\ -1 \end{pmatrix}$$

となり、解は

$$x_1 = 3, \quad x_2 = 2, \quad x_3 = -2, \quad x_4 = 4, \quad x_5 = 1$$

と与えられる。

この方法は、時間があるときに、実際に確かめてほしいが、手間ひまがかかるうえ、間違うことも多い。そこで、ここでは、コンピュータソフトを使う方法を紹介しておく。

Microsoft EXCEL では MINVERSE という関数を使って逆行列を求めることができる。ここで、M は行列の英語 matrix に由来しており、inverse は逆という意味である。逆行列を求めたい正方行列を適当なセルに入力する。ここでは、いまの 5 次正方行列の例を示す。A1 から E5 の範囲に 5×5 行列を入力する。つぎに、逆行列を表示するセルを選ぶ。いまは、G1 から K5 の範囲を選んでいる。

	A	B	C	D	E	F	G	H	I	J	K
1	1	2	2	1	4						
2	3	0	4	2	5						
3	2	3	4	0	1						
4	2	3	4	3	6						
5	4	1	6	2	7						
6											

この状態で、G1 に =MINVERSE(A1:E5) を入れて ctrl キーと shift キーを押しながら enter キーをクリックすると

	A	B	C	D	E	F	G	H	I	J	K
1	1	2	2	1	4		2.5	4.5	1.0	−1.5	−3.5
2	3	0	4	2	5		0.9	1.1	0.4	−0.3	−1.1
3	2	3	4	0	1		−2.0	−3.0	−0.5	1.0	2.5
4	2	3	4	3	6		−0.5	0.5	0	0.5	−0.5
5	4	1	6	2	7		0.3	−0.3	−0.2	−0.1	0.3
6											

のように、先ほど選んだセルに逆行列が出力される。

ただし、出力は小数となるので、分数等で表示したい場合には、自分で整理しなおす必要がある。いまの例では、分数化は簡単であるが、たとえば 1/7 など割り切れない場合には、0.1428571 のように表示されるので注意が必要である。

なお、逆行列を求める方法としては、**余因子行列** (cofactor matrix) を用いる方法もある。この手法は第 3 章で行列式について学んだあとで、改めて紹介することにする。

第 3 章　行列式と連立 1 次方程式

線形代数応用の代表は**多元連立 1 次方程式** (simultaneous linear equations with multiple variables) の解法である。いままで、その基本構成要素として行列とベクトルを紹介してきた。実際に係数行列と変数ベクトル、定数ベクトルの組み合わせで、方程式の解を得る方法についても紹介した。

実は、多元連立 1 次方程式の解法という観点では、本章で紹介する**行列式** (determinant) も有用である。日本語では、「行列」に「式」がついただけなので混同しがちであるが、英語では determinant で、行列の matrix とは異なることが明確である。それでは行列式とは何であろうか。

3. 1.　行列式とは

行列式の対象となるのは、行と列の数が等しい**正方行列** (square matrix) のみである。そして、行列やベクトルと異なり、行列式は、ある正方行列に対して、ひとつの数値つまりスカラー値を与える。実例で示した方がわかりやすいので、具体例を示そう。

$$\tilde{\boldsymbol{A}} = \begin{pmatrix} 2 & 3 \\ 1 & 2 \end{pmatrix}$$

という正方行列に対応して、ある規則に従って計算し、ひとつの数値を与えるのが行列式であり

$$\det(\tilde{\boldsymbol{A}}) \qquad \det\begin{pmatrix} 2 & 3 \\ 1 & 2 \end{pmatrix} \qquad \left|\tilde{\boldsymbol{A}}\right| \qquad \begin{vmatrix} 2 & 3 \\ 1 & 2 \end{vmatrix}$$

などと表記される。2×2 行列の行列式では

$$\begin{vmatrix} a & b \\ c & d \end{vmatrix} = ad - bc$$

と計算する約束がある。

この計算ルールは、図 3-1 に示すように、対角成分を掛け合わせ、左上と右下の成分を掛けたものの符号が＋、左下と右上の成分を掛けたものの符号を－として足し合わせるものである。

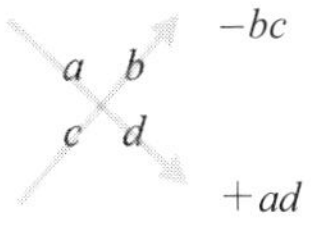

$$\rightarrow \quad \begin{vmatrix} a & b \\ c & d \end{vmatrix} = ad - bc$$

図 3-1　2 次正方行列の行列式の計算方法

このルールに沿って計算した値を行列式と呼んでいる。繰り返しになるが、行列は、複数の数字の組み合わせであるが、行列式は、行列に対して、ただひとつの数値つまりスカラー値を与えることに注意されたい。

演習 3-1　つぎの行列式の値を求めよ。

① $\begin{vmatrix} 2 & 3 \\ 1 & 2 \end{vmatrix}$　② $\begin{vmatrix} 2 & -2 \\ -2 & 2 \end{vmatrix}$　③ $\begin{vmatrix} 0 & 0 \\ 1 & 2 \end{vmatrix}$

④ $\begin{vmatrix} 3 & 0 \\ 2 & 0 \end{vmatrix}$　⑤ $\begin{vmatrix} 1 & 2 \\ 4 & 3 \end{vmatrix}$

解）　① $\begin{vmatrix} 2 & 3 \\ 1 & 2 \end{vmatrix} = 2\times 2 - 1\times 3 = 1$

② $\begin{vmatrix} 2 & -2 \\ -2 & 2 \end{vmatrix} = 2\times 2 - (-2)\times(-2) = 0$

③ $\begin{vmatrix} 0 & 0 \\ 1 & 2 \end{vmatrix} = 0\times 2 - 1\times 0 = 0$

④ $\begin{vmatrix} 3 & 0 \\ 2 & 0 \end{vmatrix} = 3\times 0 - 2\times 0 = 0$

⑤ $\begin{vmatrix} 1 & 2 \\ 4 & 3 \end{vmatrix} = 1\times 3 - 4\times 2 = -5$

となる。

3. 2.　連立方程式の解と行列式

実は、行列式の応用では、連立 1 次方程式の解法が中心となる[6]。それを紹介しよう。つぎの 2 元連立 1 次方程式を考える。

$$\begin{cases} ax+by=p \\ cx+dy=q \end{cases}$$

上式に d を、下式に b を掛けて引き算をする。

すると

$$\begin{array}{rr} & adx+bdy=dp \\ -) & bcx+bdy=bq \\ \hline & (ad-bc)x=\ dp-bq \end{array}$$

となって

$$x=\frac{dp-bq}{ad-bc}$$

が x の解として得られる。同様にして y の解は

$$y=\frac{aq-cp}{ad-bc}$$

となる。

ここで、これら解の分母を見ると、$ad-bc$ と共通である。先ほどの行列式を思い出すと

$$\begin{vmatrix} a & b \\ c & d \end{vmatrix}=ad-bc$$

であった。

つまり、解の分母が、この行列式となっているのである。分子の方も同じ計算ルールに従って書くと

$$\begin{vmatrix} p & b \\ q & d \end{vmatrix}=dp-bq \qquad \begin{vmatrix} a & p \\ c & q \end{vmatrix}=aq-cp$$

となる。したがって、行列式を使って 2 元連立 1 次方程式の解を表記すると

---

[6] 行列式の導入は 1693 年の**ライプニッツ** (G. W. Leibniz) が世界初とされているが、その 10 年前の 1683 年に、和算の開祖である**関孝和**が著した『解伏題之法』に行列式の手法が載っているのである。

$$x=\frac{\begin{vmatrix} p & b \\ q & d \end{vmatrix}}{\begin{vmatrix} a & b \\ c & d \end{vmatrix}} \qquad y=\frac{\begin{vmatrix} a & p \\ c & q \end{vmatrix}}{\begin{vmatrix} a & b \\ c & d \end{vmatrix}}$$

となる。

ここで、分子をよく見ると、x の解は、分母の行列式において x に関する係数ベクトルを定数ベクトルで置き換えたものとなっている。同様に、y の解は、分母の行列式の y に関する係数ベクトルを定数ベクトルで置き換えたものとなっている。これを**クラメルの公式** (Cramer's rule) と呼んでいる。

つまり、行列式を使えば、以上の操作で解がただちに得られるのである。そして、クラメルの公式は変数の多い多元連立 1 次方程式にも適用できるという万能選手である。その原理に触れると見事さにほれぼれするが、実際の証明は、第 5 章で紹介する。

演習 3-2　クラメルの公式を利用して 2 元連立 1 次方程式の解を求めよ。

$$\begin{cases} 2x+y=5 \\ x-y=1 \end{cases}$$

解）　まず係数行列に対応した行列式は

$$\begin{vmatrix} 2 & 1 \\ 1 & -1 \end{vmatrix}=2\times(-1)-1\times1=-3$$

であり、クラメルの公式から

$$x=\frac{\begin{vmatrix} 5 & 1 \\ 1 & -1 \end{vmatrix}}{\begin{vmatrix} 2 & 1 \\ 1 & -1 \end{vmatrix}}=\frac{5\times(-1)-1\times1}{-3}=2 \qquad y=\frac{\begin{vmatrix} 2 & 5 \\ 1 & 1 \end{vmatrix}}{\begin{vmatrix} 2 & 1 \\ 1 & -1 \end{vmatrix}}=\frac{2\times1-1\times5}{-3}=1$$

と与えられる。

演習 3-3　クラメルの公式を利用して 2 元連立 1 次方程式の解を求めよ。

$$\begin{cases} 2x+3y=5 \\ x+\ y=2 \end{cases}$$

解）　クラメルの公式から

$$x=\frac{\begin{vmatrix}5&3\\2&1\end{vmatrix}}{\begin{vmatrix}2&3\\1&1\end{vmatrix}}=\frac{5\times1-2\times3}{2\times1-1\times3}=\frac{-1}{-1}=1 \qquad y=\frac{\begin{vmatrix}2&5\\1&2\end{vmatrix}}{\begin{vmatrix}2&3\\1&1\end{vmatrix}}=\frac{2\times2-1\times5}{2\times1-1\times3}=\frac{-1}{-1}=1$$

となる。

このように、機械的ではあるが、クラメルの公式をもとに、行列式を計算すれば、連立方程式の解がただちに得られる。

3.3. 行列式による3元連立1次方程式の解

行列式による解法が優れているのは、同じ手法が3元連立1次方程式をはじめとする一般の多元連立1次方程式にもそのままあてはめることができるという点にある。

ただし、行列式の計算方法は、変数の数が増えると複雑になっていく。その演算ルールについては後ほど説明するが、ここでは、行列式を使って3元連立1次方程式を解法する方法を、まず説明する。

一般式として

$$\begin{cases}a_1x+b_1y+c_1z=p\\a_2x+b_2y+c_2z=q\\a_3x+b_3y+c_3z=r\end{cases}$$

という3元連立1次方程式を考える。

これを行列とベクトルで表記すると

$$\begin{pmatrix}a_1&b_1&c_1\\a_2&b_2&c_2\\a_3&b_3&c_3\end{pmatrix}\begin{pmatrix}x\\y\\z\end{pmatrix}=\begin{pmatrix}p\\q\\r\end{pmatrix}$$

となる。ここで行列式を使うと、この方程式の解は

$$x = \frac{\begin{vmatrix} p & b_1 & c_1 \\ q & b_2 & c_2 \\ r & b_3 & c_3 \end{vmatrix}}{\begin{vmatrix} a_1 & b_1 & c_1 \\ a_2 & b_2 & c_2 \\ a_3 & b_3 & c_3 \end{vmatrix}} \qquad y = \frac{\begin{vmatrix} a_1 & p & c_1 \\ a_2 & q & c_2 \\ a_3 & r & c_3 \end{vmatrix}}{\begin{vmatrix} a_1 & b_1 & c_1 \\ a_2 & b_2 & c_2 \\ a_3 & b_3 & c_3 \end{vmatrix}} \qquad z = \frac{\begin{vmatrix} a_1 & b_1 & p \\ a_2 & b_2 & q \\ a_3 & b_3 & r \end{vmatrix}}{\begin{vmatrix} a_1 & b_1 & c_1 \\ a_2 & b_2 & c_2 \\ a_3 & b_3 & c_3 \end{vmatrix}}$$

と機械的に得られる。これが、クラメルの公式である。

つまり、分母はすべて共通で、係数行列の行列式となる。そして、分子は、それぞれの変数に対応した係数の列を、定数ベクトルで置き換えればよいだけである。結局、3元連立1次方程式を解くための鍵は、どのようにして3次正方行列の行列式を計算するかということに還元される。

3.4.　3次正方行列の行列式の計算方法

3×3行列の行列式の計算には**サラスの法則** (Sarrus' rule) と呼ばれる便利な方法がある。それは、図3-2のように3行3列の数字を横に並べて、ななめに3個の数字を掛け合わせるものである。

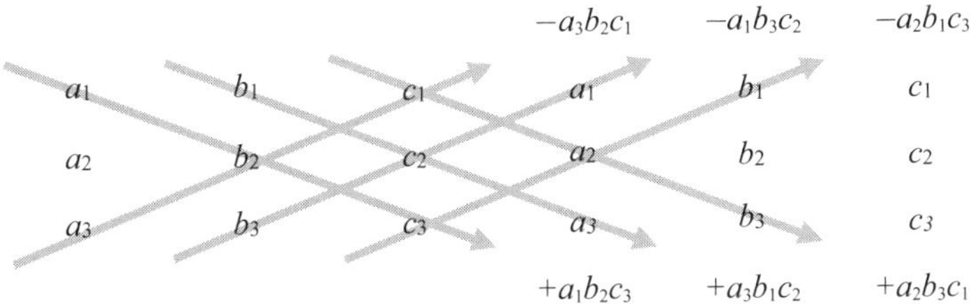

図3-2　サラスの法則による3次正方行列の行列式の解法。この図では、6列を並べているが、実際の計算は5列でできる。

このとき、左上から右下へ向かう数字の組み合わせの符号は＋、左下から右上に向かう数字の組み合わせには－の符号をつけて 6 組の要素積を足し合わせるという方法である。つまり

$$\begin{vmatrix} a_1 & b_1 & c_1 \\ a_2 & b_2 & c_2 \\ a_3 & b_3 & c_3 \end{vmatrix} = a_1b_2c_3 + a_2b_3c_1 + a_3b_1c_2 - a_1b_3c_2 - a_2b_1c_3 - a_3b_2c_1$$

という計算結果となる。

演習 3-4　つぎの 3×3 行列の行列式の値を計算せよ。 ① $\begin{vmatrix} 1 & 2 & 1 \\ 2 & 3 & 0 \\ 1 & 1 & 3 \end{vmatrix}$　② $\begin{vmatrix} 2 & 2 & 4 \\ 2 & 3 & 1 \\ 1 & 3 & 3 \end{vmatrix}$　③ $\begin{vmatrix} 2 & -2 & 1 \\ 3 & 3 & -1 \\ 4 & 1 & 2 \end{vmatrix}$

解）　サラスの法則にあてはめるために、たとえば問題①の行列式の中の要素をつぎのように並べる。そのうえで、要素積の組み合わせをとりだしていき、サラスの法則を適用すればよい。①の場合は

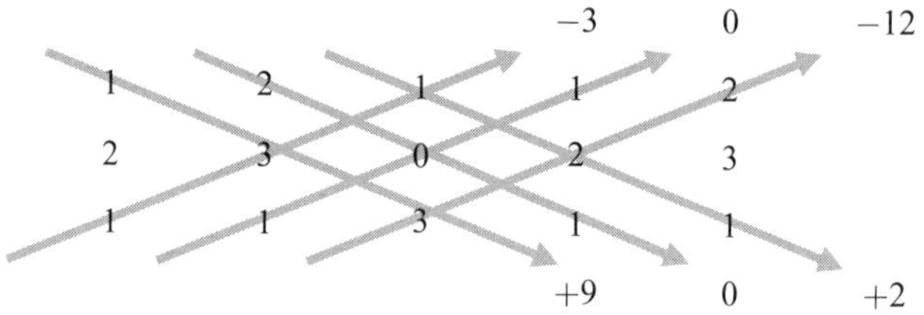

から

$$\begin{vmatrix} 1 & 2 & 1 \\ 2 & 3 & 0 \\ 1 & 1 & 3 \end{vmatrix} = 9 + 0 + 2 - 3 - 0 - 12 = -4$$

と計算できる。

慣れれば、わざわざ数字を 5 列に並べなくとも 3 行 3 列のままで計算できるようになる。

以下同様にして

② $$\begin{vmatrix} 2 & 2 & 4 \\ 2 & 3 & 1 \\ 1 & 3 & 3 \end{vmatrix} = 2\times3\times3 + 2\times1\times1 + 4\times2\times3 - 1\times3\times4 - 3\times1\times2 - 3\times2\times2 = 14$$

③ $\begin{vmatrix} 2 & -2 & 1 \\ 3 & 3 & -1 \\ 4 & 1 & 2 \end{vmatrix}$

$$= 2\times3\times2+(-2)\times(-1)\times4+1\times3\times1-4\times3\times1-1\times(-1)\times2-2\times3\times(-2)$$

$$= 25$$

となる。

サラスの法則を利用した行列式の計算は、覚えるのも比較的簡単で、使いこなすのもそれほど苦労しないが、残念ながら 3 次正方行列の行列式にしか使えないという欠点がある。そこで、次節では、すべての行列式に対応が可能な汎用性のある計算手法を紹介する。

3. 5.　余因子展開

実は、行列式において行列の次数が 3 以上と増えた場合にも適用できる計算方法がある。それは、**余因子展開** (cofactor expansion) と呼ばれる手法である。これは行と列の数の多い行列式を、それよりも小さな**余因子** (cofactor) と呼ばれる小行列式に展開できる方法である。例として 3×3 行列の行列式は

$$\begin{vmatrix} a_1 & b_1 & c_1 \\ a_2 & b_2 & c_2 \\ a_3 & b_3 & c_3 \end{vmatrix} = a_1b_2c_3 + a_2b_3c_1 + a_3b_1c_2 - a_1b_3c_2 - a_2b_1c_3 - a_3b_2c_1$$

であったが、この右辺を 1 行目の要素でくくると

$$a_1(b_2c_3 - b_3c_2) + b_1(a_3c_2 - a_2c_3) + c_1(a_2b_3 - a_3b_2)$$

となる。

これは、行列式を使って

$$a_1\begin{vmatrix} b_2 & c_2 \\ b_3 & c_3 \end{vmatrix} + b_1\begin{vmatrix} a_3 & c_3 \\ a_2 & c_2 \end{vmatrix} + c_1\begin{vmatrix} a_2 & b_2 \\ a_3 & b_3 \end{vmatrix} = a_1\begin{vmatrix} b_2 & c_2 \\ b_3 & c_3 \end{vmatrix} - b_1\begin{vmatrix} a_2 & c_2 \\ a_3 & c_3 \end{vmatrix} + c_1\begin{vmatrix} a_2 & b_2 \\ a_3 & b_3 \end{vmatrix}$$

と変形できる。

これが余因子展開である。ルールは簡単で、a_1 という成分に対しては、図 3-3 に示すように a_1 が属する行と列以外の成分で**小行列式** (minor determinant) をつくり a_1 を掛けて足し合わせればよいだけである。同様に、b_1 に対しては、その属

する行と列を除いた成分で行列式をつくればよい。

$$
\begin{vmatrix} a_1 & b_1 & c_1 \\ a_2 & b_2 & c_2 \\ a_3 & b_3 & c_3 \end{vmatrix} \qquad \begin{vmatrix} a_1 & b_1 & c_1 \\ a_2 & b_2 & c_2 \\ a_3 & b_3 & c_3 \end{vmatrix}
$$

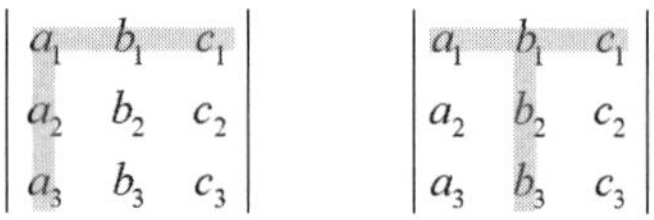

図 3-3　小行列式のつくり方

　ただし、小行列式の符号には正と負がある。この符号のつけ方は、どの成分で展開するかで決まっており、つぎのような市松模様となる。この理由については、第 4 章であらためて紹介する。

$$
\begin{vmatrix} + & - & + \\ - & + & - \\ + & - & + \end{vmatrix}
$$

　この**符号付小行列式** (signed minor) を余因子と呼んでいる。この展開は、どの行でも、どの列でも可能である。たとえば、先ほどの行列式を 1 行目ではなく 1 列目で余因子展開すると

$$
\begin{vmatrix} a_1 & b_1 & c_1 \\ a_2 & b_2 & c_2 \\ a_3 & b_3 & c_3 \end{vmatrix} = a_1 \begin{vmatrix} b_2 & c_2 \\ b_3 & c_3 \end{vmatrix} - a_2 \begin{vmatrix} b_1 & c_1 \\ b_3 & c_3 \end{vmatrix} + a_3 \begin{vmatrix} b_1 & c_1 \\ b_2 & c_2 \end{vmatrix}
$$

となる。さらに

$$
\begin{vmatrix} b_2 & c_2 \\ b_3 & c_3 \end{vmatrix} = b_2 \begin{vmatrix} c_3 \end{vmatrix} - c_2 \begin{vmatrix} b_3 \end{vmatrix} = b_2 c_3 - b_3 c_2
$$

と余因子展開することもできる。

　ただし、1×1 行列に対応した行列式はスカラー値であるから、その行列式は

$$
\begin{vmatrix} c_3 \end{vmatrix} = c_3, \quad \begin{vmatrix} b_3 \end{vmatrix} = b_3
$$

となって、そのままの数値となる。このように、2×2 行列の行列式の余因子展開は、すでに紹介した機械的な解法で示した結果そのものである。

演習 3-5　つぎの行列式を余因子展開により計算せよ。

$$\begin{vmatrix} a_1 & b_1 & c_1 \\ a_2 & b_2 & c_2 \\ a_3 & b_3 & c_3 \end{vmatrix}$$

解）　1 行目の成分で余因子展開すると

$$\begin{vmatrix} a_1 & b_1 & c_1 \\ a_2 & b_2 & c_2 \\ a_3 & b_3 & c_3 \end{vmatrix} = a_1\begin{vmatrix} b_2 & c_2 \\ b_3 & c_3 \end{vmatrix} - b_1\begin{vmatrix} a_2 & c_2 \\ a_3 & c_3 \end{vmatrix} + c_1\begin{vmatrix} a_2 & b_2 \\ a_3 & b_3 \end{vmatrix}$$

2×2 行列の行列式の計算をすると

$$\begin{vmatrix} a_1 & b_1 & c_1 \\ a_2 & b_2 & c_2 \\ a_3 & b_3 & c_3 \end{vmatrix} = a_1(b_2c_3 - b_3c_2) - b_1(a_2c_3 - a_3c_2) + c_1(a_2b_3 - a_3b_2)$$

$$= a_1b_2c_3 + a_2b_3c_1 + a_3b_1c_2 - a_1b_3c_2 - a_2b_1c_3 - a_3b_2c_1$$

となる。

演習 3-6　つぎの 3×3 行列の行列式を余因子展開の手法を用いて計算せよ。

① $\begin{vmatrix} 1 & 2 & 1 \\ 2 & 3 & 0 \\ 1 & 1 & 3 \end{vmatrix}$　② $\begin{vmatrix} 2 & 2 & 4 \\ 2 & 3 & 1 \\ 1 & 3 & 3 \end{vmatrix}$　③ $\begin{vmatrix} 2 & -2 & 1 \\ 3 & 3 & -1 \\ 4 & 1 & 2 \end{vmatrix}$

④ $\begin{vmatrix} 8 & 7 & 6 \\ 0 & 0 & 4 \\ 9 & 1 & 3 \end{vmatrix}$

解）　すべて 1 行目の成分で余因子展開する。

① $\begin{vmatrix} 1 & 2 & 1 \\ 2 & 3 & 0 \\ 1 & 1 & 3 \end{vmatrix} = 1\begin{vmatrix} 3 & 0 \\ 1 & 3 \end{vmatrix} - 2\begin{vmatrix} 2 & 0 \\ 1 & 3 \end{vmatrix} + 1\begin{vmatrix} 2 & 3 \\ 1 & 1 \end{vmatrix} = 1\,(9-0) - 2\,(6-0) + 1\,(2-3) = -4$

② $\begin{vmatrix} 2 & 2 & 4 \\ 2 & 3 & 1 \\ 1 & 3 & 3 \end{vmatrix} = 2\begin{vmatrix} 3 & 1 \\ 3 & 3 \end{vmatrix} - 2\begin{vmatrix} 2 & 1 \\ 1 & 3 \end{vmatrix} + 4\begin{vmatrix} 2 & 3 \\ 1 & 3 \end{vmatrix} = 2(9-3) - 2(6-1) + 4(6-3) = 14$

③ $\begin{vmatrix} 2 & -2 & 1 \\ 3 & 3 & -1 \\ 4 & 1 & 2 \end{vmatrix}$

$$= 2\begin{vmatrix} 3 & -1 \\ 1 & 2 \end{vmatrix} - (-2)\begin{vmatrix} 3 & -1 \\ 4 & 2 \end{vmatrix} + 1\begin{vmatrix} 3 & 3 \\ 4 & 1 \end{vmatrix} = 2(6+1) + 2(6+4) + (3-12) = 25$$

④ $\begin{vmatrix} 8 & 7 & 6 \\ 0 & 0 & 4 \\ 9 & 1 & 3 \end{vmatrix} = 8\begin{vmatrix} 0 & 4 \\ 1 & 3 \end{vmatrix} - 7\begin{vmatrix} 0 & 4 \\ 9 & 3 \end{vmatrix} + 6\begin{vmatrix} 0 & 0 \\ 9 & 1 \end{vmatrix} = 8(0-4) - 7(0-36) + 6(0-0)$

$$= 220$$

本章では、3×3 行列の行列式の余因子展開を紹介したが、この手法は次数の高い行列の行列式にも適用できる。

3.6. 3 元連立 1 次方程式の解法

3 次正方行列の行列式の計算方法がわかったので、クラメルの公式を使って、実際につぎの 3 元連立 1 次方程式を、行列式を使って解法してみよう。

$$\begin{cases} x + y + z = 6 \\ x + 2y - 2z = 3 \\ 3x - y + z = 2 \end{cases}$$

クラメルの公式によれば、この方程式の解は

$$x = \frac{\begin{vmatrix} 6 & 1 & 1 \\ 3 & 2 & -2 \\ 2 & -1 & 1 \end{vmatrix}}{\begin{vmatrix} 1 & 1 & 1 \\ 1 & 2 & -2 \\ 3 & -1 & 1 \end{vmatrix}} \qquad y = \frac{\begin{vmatrix} 1 & 6 & 1 \\ 1 & 3 & -2 \\ 3 & 2 & 1 \end{vmatrix}}{\begin{vmatrix} 1 & 1 & 1 \\ 1 & 2 & -2 \\ 3 & -1 & 1 \end{vmatrix}} \qquad z = \frac{\begin{vmatrix} 1 & 1 & 6 \\ 1 & 2 & 3 \\ 3 & -1 & 2 \end{vmatrix}}{\begin{vmatrix} 1 & 1 & 1 \\ 1 & 2 & -2 \\ 3 & -1 & 1 \end{vmatrix}}$$

と機械的に与えられる。

後は、これら行列式を計算していくだけである。ここでは、余因子展開の方法を使う。まず、すべての解に共通の分母にあたる係数行列の行列式から計算しよう。1 行目の成分で余因子展開すると

$$\begin{vmatrix} 1 & 1 & 1 \\ 1 & 2 & -2 \\ 3 & -1 & 1 \end{vmatrix} = 1\begin{vmatrix} 2 & -2 \\ -1 & 1 \end{vmatrix} - 1\begin{vmatrix} 1 & -2 \\ 3 & 1 \end{vmatrix} + 1\begin{vmatrix} 1 & 2 \\ 3 & -1 \end{vmatrix}$$

$$= 1\,(2-2) - 1\,(1+6) + (-1-6) = -14$$

となる。

分子のほうの行列式も、すべて 1 行目の成分で余因子展開していく。

$$\begin{vmatrix} 6 & 1 & 1 \\ 3 & 2 & -2 \\ 2 & -1 & 1 \end{vmatrix} = 6\begin{vmatrix} 2 & -2 \\ -1 & 1 \end{vmatrix} - 1\begin{vmatrix} 3 & -2 \\ 2 & 1 \end{vmatrix} + 1\begin{vmatrix} 3 & 2 \\ 2 & -1 \end{vmatrix}$$

$$= 6\,(2-2) - 1\,(3+4) + 1\,(-3-4) = -14$$

$$\begin{vmatrix} 1 & 6 & 1 \\ 1 & 3 & -2 \\ 3 & 2 & 1 \end{vmatrix} = 1\begin{vmatrix} 3 & -2 \\ 2 & 1 \end{vmatrix} - 6\begin{vmatrix} 1 & -2 \\ 3 & 1 \end{vmatrix} + 1\begin{vmatrix} 1 & 3 \\ 3 & 2 \end{vmatrix} = 1(3+4) - 6(1+6) + 1(2-9) = -42$$

$$\begin{vmatrix} 1 & 1 & 6 \\ 1 & 2 & 3 \\ 3 & -1 & 2 \end{vmatrix} = 1\begin{vmatrix} 2 & 3 \\ -1 & 2 \end{vmatrix} - 1\begin{vmatrix} 1 & 3 \\ 3 & 2 \end{vmatrix} + 6\begin{vmatrix} 1 & 2 \\ 3 & -1 \end{vmatrix} = 1(4+3) - 1(2-9) + 6(-1-6) = -28$$

したがって

$$x = \frac{-14}{-14} = 1, \quad y = \frac{-42}{-14} = 3, \quad z = \frac{-28}{-14} = 2$$

が解となる。

以上のように、行列式の計算さえできれば、3 元連立 1 次方程式の解はただちに得られる。しかも、クラメルの公式は、変数が 4 個以上の多元連立 1 次方程式にも、そのまま適用できるのである。

演習 3-7　行列式を使ってつぎの 3 元連立 1 次方程式の解を求めよ。

$$\begin{cases} 4x + 3y + 2z = 1 \\ 2x + 2y + \ \ z = 1 \\ 3x + 6y + 2z = 6 \end{cases}$$

解） クラメルの公式を使えば、解は行列式で簡単に表現できる。

$$x=\frac{\begin{vmatrix}1 & 3 & 2\\ 1 & 2 & 1\\ 6 & 6 & 2\end{vmatrix}}{\begin{vmatrix}4 & 3 & 2\\ 2 & 2 & 1\\ 3 & 6 & 2\end{vmatrix}} \qquad y=\frac{\begin{vmatrix}4 & 1 & 2\\ 2 & 1 & 1\\ 3 & 6 & 2\end{vmatrix}}{\begin{vmatrix}4 & 3 & 2\\ 2 & 2 & 1\\ 3 & 6 & 2\end{vmatrix}} \qquad z=\frac{\begin{vmatrix}4 & 3 & 1\\ 2 & 2 & 1\\ 3 & 6 & 6\end{vmatrix}}{\begin{vmatrix}4 & 3 & 2\\ 2 & 2 & 1\\ 3 & 6 & 2\end{vmatrix}}$$

あとは、行列式を計算していけばよい。ここでは、余因子展開の手法を使う。すべての行列式を 1 行目で余因子展開する。

まず分母となる係数行列の行列式は

$$\begin{vmatrix}4 & 3 & 2\\ 2 & 2 & 1\\ 3 & 6 & 2\end{vmatrix}=4\begin{vmatrix}2 & 1\\ 6 & 2\end{vmatrix}-3\begin{vmatrix}2 & 1\\ 3 & 2\end{vmatrix}+2\begin{vmatrix}2 & 2\\ 3 & 6\end{vmatrix}=4(4-6)-3(4-3)+2(12-6)=1$$

となって、その値は 1 である。つぎに分子の方は

$$\begin{vmatrix}1 & 3 & 2\\ 1 & 2 & 1\\ 6 & 6 & 2\end{vmatrix}=1\begin{vmatrix}2 & 1\\ 6 & 2\end{vmatrix}-3\begin{vmatrix}1 & 1\\ 6 & 2\end{vmatrix}+2\begin{vmatrix}1 & 2\\ 6 & 6\end{vmatrix}=1(4-6)-3(2-6)+2(6-12)=-2$$

$$\begin{vmatrix}4 & 1 & 2\\ 2 & 1 & 1\\ 3 & 6 & 2\end{vmatrix}=4\begin{vmatrix}1 & 1\\ 6 & 2\end{vmatrix}-1\begin{vmatrix}2 & 1\\ 3 & 2\end{vmatrix}+2\begin{vmatrix}2 & 1\\ 3 & 6\end{vmatrix}=4(2-6)-1(4-3)+2(12-3)=1$$

$$\begin{vmatrix}4 & 3 & 1\\ 2 & 2 & 1\\ 3 & 6 & 6\end{vmatrix}=4\begin{vmatrix}2 & 1\\ 6 & 6\end{vmatrix}-3\begin{vmatrix}2 & 1\\ 3 & 6\end{vmatrix}+1\begin{vmatrix}2 & 2\\ 3 & 6\end{vmatrix}=4(12-6)-3(12-3)+1(12-6)=3$$

よって、解は

$$x=-2,\quad y=1,\quad z=3$$

となる。

3.7. 余因子行列と逆行列

第 2 章で紹介したが、実用的には余因子を利用することで逆行列を求めることができる。ここでは、その手法を紹介する。

つぎの 3×3 行列を考えてみよう。ここでは、i を行インデックス、j を列インデックスとして、成分を a_{ij} と表記する。

$$\tilde{\boldsymbol{A}} = \begin{pmatrix} a_{11} & a_{12} & a_{13} \\ a_{21} & a_{22} & a_{23} \\ a_{31} & a_{32} & a_{33} \end{pmatrix}$$

この行列の行列式は

$$\left|\tilde{\boldsymbol{A}}\right| = \begin{vmatrix} a_{11} & a_{12} & a_{13} \\ a_{21} & a_{22} & a_{23} \\ a_{31} & a_{32} & a_{33} \end{vmatrix}$$

となる。本章で、余因子と呼ばれる小行列式を定義した。たとえば、成分 a_{11} に対応した小行列式は

$$\left|\tilde{\boldsymbol{M}}_{11}\right| = \begin{vmatrix} a_{22} & a_{23} \\ a_{32} & a_{33} \end{vmatrix}$$

となるが、余因子として符号付小行列式を選べば、その一般式は

$$(-1)^{i+j}\left|\tilde{\boldsymbol{M}}_{ij}\right|$$

となる。

$(-1)^{i+j}$ は置換の符号であるが、行列式では市松模様になることがわかる。このとき、行列の (i, j) 成分が $(-1)^{i+j}\left|\tilde{\boldsymbol{M}}_{ij}\right|$ となる行列は

$$\begin{pmatrix} +\left|\tilde{\boldsymbol{M}}_{11}\right| & -\left|\tilde{\boldsymbol{M}}_{12}\right| & +\left|\tilde{\boldsymbol{M}}_{13}\right| \\ -\left|\tilde{\boldsymbol{M}}_{21}\right| & +\left|\tilde{\boldsymbol{M}}_{22}\right| & -\left|\tilde{\boldsymbol{M}}_{23}\right| \\ +\left|\tilde{\boldsymbol{M}}_{31}\right| & -\left|\tilde{\boldsymbol{M}}_{32}\right| & +\left|\tilde{\boldsymbol{M}}_{33}\right| \end{pmatrix}$$

となるが、この**転置行列** (transposed matrix) のことを $\tilde{\boldsymbol{A}}$ の**余因子行列** (adjugate matrix) と呼んでいる。転置行列とは、もとの行列の (i, j) 成分が (j, i) 成分となる行列のことである[7]。

よって

[7] 第 1 章では、転置行列を行と列を入れ替えた行列と紹介したが、成分の対応関係において、A_{ij} を A_{ji} で入れ替えた（転置した）行列と定義することもある。

$$\tilde{\boldsymbol{A}}_{adj} = \begin{pmatrix} +\left|\tilde{\boldsymbol{M}}_{11}\right| & -\left|\tilde{\boldsymbol{M}}_{21}\right| & +\left|\tilde{\boldsymbol{M}}_{31}\right| \\ -\left|\tilde{\boldsymbol{M}}_{12}\right| & +\left|\tilde{\boldsymbol{M}}_{22}\right| & -\left|\tilde{\boldsymbol{M}}_{32}\right| \\ +\left|\tilde{\boldsymbol{M}}_{13}\right| & -\left|\tilde{\boldsymbol{M}}_{23}\right| & +\left|\tilde{\boldsymbol{M}}_{33}\right| \end{pmatrix}$$

となる。余因子行列は "*adj*" を下付きにして表示してある。実は、行列 $\tilde{\boldsymbol{A}}$ の逆行列は

$$\tilde{\boldsymbol{A}}^{-1} = \frac{1}{\left|\tilde{\boldsymbol{A}}\right|}\tilde{\boldsymbol{A}}_{adj}$$

によって与えられることがわかっている。したがって、余因子行列を利用して、逆行列を求めることも可能である。

演習 3-8　つぎの行列計算によって得られる行列

$$\tilde{\boldsymbol{A}}\,\tilde{\boldsymbol{A}}_{adj}$$

の 1 行目の成分を計算せよ。

解）　(1, 1) 成分は

$$\tilde{\boldsymbol{A}}\,\tilde{\boldsymbol{A}}_{adj} = \begin{pmatrix} a_{11} & a_{12} & a_{13} \\ a_{21} & a_{22} & a_{23} \\ a_{31} & a_{32} & a_{33} \end{pmatrix}\begin{pmatrix} +\left|\tilde{\boldsymbol{M}}_{11}\right| & -\left|\tilde{\boldsymbol{M}}_{21}\right| & +\left|\tilde{\boldsymbol{M}}_{31}\right| \\ -\left|\tilde{\boldsymbol{M}}_{12}\right| & +\left|\tilde{\boldsymbol{M}}_{22}\right| & -\left|\tilde{\boldsymbol{M}}_{32}\right| \\ +\left|\tilde{\boldsymbol{M}}_{13}\right| & -\left|\tilde{\boldsymbol{M}}_{23}\right| & +\left|\tilde{\boldsymbol{M}}_{33}\right| \end{pmatrix}$$

から

$$a_{11}\left|\tilde{\boldsymbol{M}}_{11}\right| - a_{12}\left|\tilde{\boldsymbol{M}}_{12}\right| + a_{13}\left|\tilde{\boldsymbol{M}}_{13}\right|$$

となるが、これは、行列式 $\left|\tilde{\boldsymbol{A}}\right|$ の余因子展開そのものである。

つぎに (1, 2) 成分は

$$-a_{11}\left|\tilde{\boldsymbol{M}}_{21}\right| + a_{12}\left|\tilde{\boldsymbol{M}}_{22}\right| - a_{13}\left|\tilde{\boldsymbol{M}}_{23}\right|$$

となる。成分に展開すれば

$$-a_{11}\begin{vmatrix} a_{12} & a_{13} \\ a_{32} & a_{33} \end{vmatrix} + a_{12}\begin{vmatrix} a_{11} & a_{13} \\ a_{31} & a_{33} \end{vmatrix} - a_{13}\begin{vmatrix} a_{11} & a_{12} \\ a_{31} & a_{32} \end{vmatrix}$$

$$= -a_{11}(a_{12}a_{33} - a_{13}a_{32}) + a_{12}(a_{11}a_{33} - a_{13}a_{31}) - a_{13}(a_{11}a_{32} - a_{12}a_{31})$$

$$= -a_{11}a_{12}a_{33} + a_{11}a_{13}a_{32} + a_{12}a_{11}a_{33} - a_{12}a_{13}a_{31} - a_{13}a_{11}a_{32} + a_{13}a_{12}a_{31} = 0$$

となって、0 となる。

同様にして、(1, 3) 成分も 0 となる。

結局

$$\tilde{\boldsymbol{A}}\,\tilde{\boldsymbol{A}}_{adj} = \begin{pmatrix} |\tilde{\boldsymbol{A}}| & 0 & 0 \\ 0 & |\tilde{\boldsymbol{A}}| & 0 \\ 0 & 0 & |\tilde{\boldsymbol{A}}| \end{pmatrix} = |\tilde{\boldsymbol{A}}|\begin{pmatrix} 1 & 0 & 0 \\ 0 & 1 & 0 \\ 0 & 0 & 1 \end{pmatrix}$$

となる。したがって

$$\tilde{\boldsymbol{A}}^{-1} = \frac{1}{|\tilde{\boldsymbol{A}}|}\tilde{\boldsymbol{A}}_{adj}$$

という関係が得られる。

演習 3-9　余因子行列を利用して、つぎの 2 次正方行列の逆行列を求めよ。

$$\tilde{\boldsymbol{A}} = \begin{pmatrix} a_{11} & a_{12} \\ a_{21} & a_{22} \end{pmatrix}$$

解）

$$|\tilde{\boldsymbol{A}}| = \begin{vmatrix} a_{11} & a_{12} \\ a_{21} & a_{22} \end{vmatrix} = a_{11}a_{22} - a_{12}a_{21}$$

となる。つぎに、余因子行列は

$$\tilde{\boldsymbol{A}}_{adj} = \begin{pmatrix} +|\tilde{\boldsymbol{M}}_{11}| & -|\tilde{\boldsymbol{M}}_{21}| \\ -|\tilde{\boldsymbol{M}}_{12}| & +|\tilde{\boldsymbol{M}}_{22}| \end{pmatrix}$$

となるが

$$|\tilde{\boldsymbol{M}}_{11}| = |a_{22}| = a_{22} \qquad |\tilde{\boldsymbol{M}}_{12}| = |a_{21}| = a_{21} \qquad |\tilde{\boldsymbol{M}}_{21}| = |a_{12}| = a_{12}$$

$$\left|\tilde{\boldsymbol{M}}_{22}\right| = |a_{11}| = a_{11}$$

であるから

$$\tilde{\boldsymbol{A}}_{adj} = \begin{pmatrix} a_{22} & -a_{12} \\ -a_{21} & a_{11} \end{pmatrix}$$

したがって、逆行列は

$$\tilde{\boldsymbol{A}}^{-1} = \frac{1}{a_{11}a_{22} - a_{12}a_{21}} \begin{pmatrix} a_{22} & -a_{12} \\ -a_{21} & a_{11} \end{pmatrix}$$

となる。

これは、まさに前章で求めた 2 次正方行列の逆行列となっている。

演習 3-10　余因子行列を利用して、つぎの 3 次正方行列 $\tilde{\boldsymbol{A}}$ の逆行列を求めよ。

$$\tilde{\boldsymbol{A}} = \begin{pmatrix} 4 & 3 & 2 \\ 2 & 2 & 1 \\ 3 & 6 & 2 \end{pmatrix}$$

解）　行列 $\tilde{\boldsymbol{A}}$ の行列式を計算すると

$$\left|\tilde{\boldsymbol{A}}\right| = \begin{vmatrix} 4 & 3 & 2 \\ 2 & 2 & 1 \\ 3 & 6 & 2 \end{vmatrix} = 4\begin{vmatrix} 2 & 1 \\ 6 & 2 \end{vmatrix} - 3\begin{vmatrix} 2 & 1 \\ 3 & 2 \end{vmatrix} + 2\begin{vmatrix} 2 & 2 \\ 3 & 6 \end{vmatrix} = 4(4-6) - 3(4-3) + 2(12-6) = 1$$

となる。つぎに

$$\left|\tilde{\boldsymbol{M}}_{11}\right| = \begin{vmatrix} 2 & 1 \\ 6 & 2 \end{vmatrix} = -2 \qquad \left|\tilde{\boldsymbol{M}}_{12}\right| = \begin{vmatrix} 2 & 1 \\ 3 & 2 \end{vmatrix} = 1 \qquad \left|\tilde{\boldsymbol{M}}_{13}\right| = \begin{vmatrix} 2 & 2 \\ 3 & 6 \end{vmatrix} = 6$$

$$\left|\tilde{\boldsymbol{M}}_{21}\right| = \begin{vmatrix} 3 & 2 \\ 6 & 2 \end{vmatrix} = -6 \qquad \left|\tilde{\boldsymbol{M}}_{22}\right| = \begin{vmatrix} 4 & 2 \\ 3 & 2 \end{vmatrix} = 2 \qquad \left|\tilde{\boldsymbol{M}}_{23}\right| = \begin{vmatrix} 4 & 3 \\ 3 & 6 \end{vmatrix} = 15$$

$$\left|\tilde{\boldsymbol{M}}_{31}\right| = \begin{vmatrix} 3 & 2 \\ 2 & 1 \end{vmatrix} = -1 \qquad \left|\tilde{\boldsymbol{M}}_{32}\right| = \begin{vmatrix} 4 & 2 \\ 2 & 1 \end{vmatrix} = 0 \qquad \left|\tilde{\boldsymbol{M}}_{33}\right| = \begin{vmatrix} 4 & 3 \\ 2 & 2 \end{vmatrix} = 2$$

よって、余因子行列は

$$\tilde{\boldsymbol{A}}_{adj} = \begin{pmatrix} -2 & 6 & -1 \\ -1 & 2 & 0 \\ 6 & -15 & 2 \end{pmatrix}$$

となるので、逆行列は

$$\tilde{\boldsymbol{A}}^{-1} = \frac{1}{\left|\tilde{\boldsymbol{A}}\right|}\tilde{\boldsymbol{A}}_{adj} = \begin{pmatrix} -2 & 6 & -1 \\ -1 & 2 & 0 \\ 6 & -15 & 2 \end{pmatrix}$$

と与えられる。

ちなみに

$$\tilde{\boldsymbol{A}}\,\tilde{\boldsymbol{A}}^{-1} = \begin{pmatrix} 4 & 3 & 2 \\ 2 & 2 & 1 \\ 3 & 6 & 2 \end{pmatrix}\begin{pmatrix} -2 & 6 & -1 \\ -1 & 2 & 0 \\ 6 & -15 & 2 \end{pmatrix} = \begin{pmatrix} 1 & 0 & 0 \\ 0 & 1 & 0 \\ 0 & 0 & 1 \end{pmatrix}$$

となって逆行列であることが確かめられる。

余因子行列による逆行列の導出は機械的な操作によって可能となるが､行列の次数が大きくなると、計算量が膨大になるという欠点がある。したがって、第 2 章で紹介したように、Microsoft EXCEL の MINVERSE 関数を適宜用いるのも一案である。

第 4 章　行列式の性質

前章では、クラメルの公式を使った連立 1 次方程式の解法について紹介した。行列式を使うと、いとも簡単に方程式の解が得られる。ただし、行列式の性質そのものについては深く立ち入らず、解法の技法だけを説明した。本章では、行列式の定義について、あらためて説明を行う。

まず、行列式は、行と列の数が同じ正方行列だけが対象である。つぎに、行列やベクトルは複数の数字の配列であるのに対し、行列式はひとつの数値つまりスカラー値を与えるものである。この相違にも注意する必要がある。それでは行列式の定義を見ていこう。

4. 1.　要素積

行列式とは、あるルールに従って成分（要素）の積、つまり**要素積** (product of elements) を計算し、その総和をとったものである。ただし、要素積の符号には正負がある。その規則について、まず 2 次正方行列で説明する。

$$\begin{pmatrix} a_{11} & a_{12} \\ a_{21} & a_{22} \end{pmatrix}$$

ここでも、行列の (i,j) 成分を a_{ij} と表示する。i は行インデックス、j は列インデックスである。

この正方行列の行列式は

$$\begin{vmatrix} a_{11} & a_{12} \\ a_{21} & a_{22} \end{vmatrix} = a_{11}a_{22} - a_{12}a_{21} = a_{11}a_{22} + (-\ a_{12}a_{21})$$

と与えられるのであった。問題は、要素積である $a_{11}a_{22}$ と $a_{12}a_{21}$ の選び方と、その符号である。

まず、要素積をとる場合、ある行とある列から選べる要素は 1 個というルールがある。よって a_{11} という要素を選ぶと、その積の対象になるのは、1 行目にも

1 列目にもない要素である。つまり、a_{12} や a_{21} は要素積の対象とならず、残るのは a_{22} のみである。よって要素積としては $a_{11}a_{22}$ となる。

つぎに残った項は a_{12} であるが、この項と要素積をとることのできる要素は a_{21} である。つまり、 2×2 行列の行列式は、正式には

$$\begin{vmatrix} a_{11} & a_{12} \\ a_{21} & a_{22} \end{vmatrix} = \operatorname{sgn}(\sigma) a_{11}a_{22} + \operatorname{sgn}(\sigma) a_{12}a_{21}$$

と書くことができる。

問題は、これら要素積の符号である sgn (σ) となるが、この符号は、あるルールによって正または負のいずれかとなる。σ は**置換** (permutation) のこと[8]であり、sgn は “sign” つまり符号の略記号である。

実際に、行列式を計算する際には、要素積の符号は機械的に決めることができる。余因子展開で紹介した市松模様である。

ただし、符号が決まる原理についても理解しておくことは大切である。そこで、ここでは、基本に戻って置換の符号を決めるルールの説明を行う。

4. 2.　置換

行列式における要素積の符号は、(i, j) 成分に $i\to j$ という置換を対応させ、その置換の性質に基づいて決めることになっている。たとえば要素積 $a_{12}a_{21}$ は

$$\sigma = \begin{bmatrix} 1 & 2 \\ 2 & 1 \end{bmatrix}$$

という置換に対応する。

ここでは、上の行の数字が下の行の数字に置換される。つまり要素 a_{12} は $1\to 2$ という置換に、a_{21} は $2\to 1$ という置換に対応する。

そして、置換の符号は、この置換をつくるために**互換** (transposition) と呼ばれる操作が何回含まれているかで決定される。互換とは、n 個の数字があった場合に、$n-2$ 個はそのままで、注目している 2 個だけを置換する操作である。たとえば

[8] σ はシグマ sigma と読む。英語の “permutation” は順列という意味もある。実は、置換と順列は同じものとなる。たとえば (123) の順列の (123)(132)(213)(231)(312)(321) は置換でもある。

$$\sigma = \begin{bmatrix} 1 & 2 & 3 & \cdots & n \\ 2 & 1 & 3 & \cdots & n \end{bmatrix}$$

を互換という。この置換は、他の成分はそのままで、1 と 2 だけが置換されている。つぎに

$$\sigma = \begin{bmatrix} 1 & 2 & 3 & \cdots & n \\ 3 & 2 & 1 & \cdots & n \end{bmatrix}$$

という置換では、他の成分はそのままで 1 と 3 だけが置換されているので、これも互換である。

演習 4-1　つぎの置換の中から互換を選べ。

① $\sigma = \begin{bmatrix} 1 & 2 \\ 1 & 2 \end{bmatrix}$　② $\sigma = \begin{bmatrix} 1 & 2 & 3 \\ 2 & 1 & 3 \end{bmatrix}$　③ $\sigma = \begin{bmatrix} 1 & 2 & 3 \\ 2 & 3 & 1 \end{bmatrix}$

④ $\sigma = \begin{bmatrix} 1 & 2 & 3 \\ 1 & 3 & 2 \end{bmatrix}$　⑤ $\sigma = \begin{bmatrix} 1 & 2 & 3 & 4 \\ 1 & 2 & 4 & 3 \end{bmatrix}$　⑥ $\sigma = \begin{bmatrix} 1 & 2 & 3 & 4 \\ 2 & 1 & 4 & 3 \end{bmatrix}$

解）

① 置換はないので互換ではない。
② 3 だけはそのままで 1 と 2 が互いに置換されているので互換である。
③ 3 個の成分がすべて置換されているので互換ではない。
④ 1 だけはそのままで 2 と 3 が互いに置換されているので互換である。
⑤ 3 と 4 だけが互いに置換されているので互換である。
⑥ 4 個の成分がすべて置換されているので互換ではない。

どんなに複雑な置換 σ でも、いくつかの互換の組み合わせで表すことができる。このとき、互換の数が偶数個の場合を**偶置換** (even permutation) と呼び、置換の符号 sgn (σ) は正 (+) とする。互換が奇数個の場合は**奇置換** (odd permutation) と呼び、置換の符号 (sgn σ) は負 (–) となる。

正式には、互換の数を m とすれば

$$\mathrm{sgn}\,(\sigma) = (-1)^m$$

となる。

ここで、要素積 $a_{12}a_{21}$ に対応した置換

$$\sigma = \begin{bmatrix} 1 & 2 \\ 2 & 1 \end{bmatrix}$$

は、まさに互換であるから。互換が 1 個となり、符号は負となる。よって、要素積 $a_{12}a_{21}$ の符号は

$$\mathrm{sgn}\,(\sigma) = -1$$

となる。

それでは、もうひとつの要素積である $a_{11}a_{22}$ の符号はどうなるであろうか。この要素積に対応した置換は

$$\sigma = \begin{bmatrix} 1 & 2 \\ 1 & 2 \end{bmatrix}$$

である。これはなにもしない置換である。

このような置換を**恒等置換** (identity permutation) あるいは**単位置換** (unit permutation) と呼んでいる。結論からいうと、単位置換は偶置換で符号は＋となる。これは、つぎのように考えるとわかる。

実は、単位置換は

$$\begin{bmatrix} 1 & 2 \\ 2 & 1 \end{bmatrix}\begin{bmatrix} 1 & 2 \\ 2 & 1 \end{bmatrix} = \begin{bmatrix} 1 & 2 \\ 1 & 2 \end{bmatrix}$$

のような 2 個の置換の積として与えられる。置換の積は、最初の置換を行った後に、つぎの置換を続けて行うという意味である。

置換を追うと、最初の置換で 1→2 となり、つぎの置換で 2→1 となっているので、結局 1→2→1 となり、合成した置換は 1→1 となることがわかる。

もうひとつの成分は、2→1→2 となって、こちらの合成した置換は 2→2 となっている。ここで、左辺の置換はふたつとも互換である。よって単位置換は、2 個の互換の積で表すことができるので、偶置換ということになる。

よって

$$\mathrm{sgn}\,(\sigma) = +1$$

となり、 2×2 行列の行列式は

$$\begin{vmatrix} a_{11} & a_{12} \\ a_{21} & a_{22} \end{vmatrix} = \mathrm{sgn}\,(\sigma)\, a_{11}a_{22} + \mathrm{sgn}\,(\sigma)\, a_{12}a_{21} = a_{11}a_{22} - a_{12}a_{21}$$

と与えられることになる。

それでは、この考えを 3×3 行列の場合に拡張して行列式を求めてみよう。

演習 4-2　つぎの正方行列の行列式において、要素積を取り出せ。

$$\begin{vmatrix} a_{11} & a_{12} & a_{13} \\ a_{21} & a_{22} & a_{23} \\ a_{31} & a_{32} & a_{33} \end{vmatrix}$$

解）　まず、1 列目から a_{11} という要素を選ぶと、1 行 1 列に位置する他の要素を選ぶことはできない。よって、2 行目の要素から選べるのは a_{22} あるいは a_{23} のいずれかとなる。ここで a_{22} を選ぶと、3 行目の要素は自動的に a_{33} と決まる。

このとき、要素積は

$$a_{11}a_{22}a_{33}$$

となる。

つぎに、2 行目で a_{23} を選ぶと、3 行目の要素は a_{32} となり要素積は

$$a_{11}a_{23}a_{32}$$

となる。

このように、3×3 行列においては、a_{11} を含む要素積は 2 個となる。

同様にして、1 行目から a_{12} という要素を選ぶ。すると

$$a_{12}a_{21}a_{33} \qquad と \qquad a_{12}a_{23}a_{31}$$

の 2 個の要素積が得られる。

最後に、1 行目から a_{13} という要素を選ぶと

$$a_{13}a_{21}a_{32} \qquad と \qquad a_{13}a_{22}a_{31}$$

の 2 個の要素積が得られる。

したがって、3×3 行列の行列式では合計 6 個の要素積を選ぶことができる。

これで要素積がそろったので、つぎに各要素の符号を決める必要がある。最初の要素積 $a_{11}a_{22}a_{33}$ の置換は

$$\sigma = \begin{bmatrix} 1 & 2 & 3 \\ 1 & 2 & 3 \end{bmatrix}$$

となる。

これは、何もしない置換である単位置換であるので偶置換となり、その符号は＋となる。

> **演習 4-3**　要素積 $a_{11}a_{23}a_{32}$ に対応した置換
>
> $$\sigma = \begin{bmatrix} 1 & 2 & 3 \\ 1 & 3 & 2 \end{bmatrix}$$
>
> の符号を求めよ。

解）　2→3 と 3→2 の互換そのものである。よって、1 回の互換となり奇置換となる。よって符号は－となる。

つぎに、a_{12} 項が入った要素積は

$$a_{12}a_{21}a_{33} \qquad a_{12}a_{23}a_{31}$$

の 2 つとなる。

最初の項の置換は互換そのものであるから、奇置換となって符号は－となる。つぎの要素積の置換は

$$\sigma = \begin{bmatrix} 1 & 2 & 3 \\ 2 & 3 & 1 \end{bmatrix}$$

となる。この置換は

$$\sigma = \begin{bmatrix} 1 & 2 & 3 \\ 2 & 3 & 1 \end{bmatrix} = \begin{bmatrix} 1 & 2 & 3 \\ 1 & 3 & 2 \end{bmatrix}\begin{bmatrix} 1 & 2 & 3 \\ 2 & 1 & 3 \end{bmatrix}$$

のように、2 回の互換の積となる。よって、偶置換となって符号は＋となる。

確認のために、右辺の積において、成分ごとに置換を追っていくと、最初の置換で 1→1 となり、つぎの置換で 1→2 となっているので、結局 1→1→2 となる。同様にして 2→3→3、3→2→1 となって、確かに右辺の互換を 2 回行うと、左辺の置換となっていることが確認できる。

最後に、a_{13} 項を含んだ要素積を求めてみよう。まず 1 行目から a_{13} を選ぶと、2 行目から選べる要素は a_{21} あるいは a_{22} であり、これが決まれば自動的に 3 行目の要素も決まる。

よって要素積は

$$a_{13}a_{21}a_{32} \qquad a_{13}a_{22}a_{31}$$

の2つとなる。

演習 4-4　要素積 $a_{13}a_{21}a_{32}$ および $a_{13}a_{22}a_{31}$ の符号を決定せよ。

解）　要素積 $a_{13}a_{21}a_{32}$ を置換という観点で整理すると

$$\sigma = \begin{bmatrix} 1 & 2 & 3 \\ 3 & 1 & 2 \end{bmatrix} = \begin{bmatrix} 1 & 2 & 3 \\ 2 & 1 & 3 \end{bmatrix} \begin{bmatrix} 1 & 2 & 3 \\ 1 & 3 & 2 \end{bmatrix}$$

となって、2回の互換の積となる。よって偶置換であり、符号は＋となる。

つぎの要素積 $a_{13}a_{22}a_{31}$ の置換は

$$a_{13}a_{22}a_{31} \quad \sigma = \begin{bmatrix} 1 & 2 & 3 \\ 3 & 2 & 1 \end{bmatrix}$$

となるが、この置換はまさに互換そのものであるから、奇置換となり、符号は－となる。

結局、3次正方行列の行列式は

$$\begin{vmatrix} a_{11} & a_{12} & a_{13} \\ a_{21} & a_{22} & a_{23} \\ a_{31} & a_{32} & a_{33} \end{vmatrix} = a_{11}a_{22}a_{33} - a_{11}a_{23}a_{32} - a_{12}a_{21}a_{33} + a_{12}a_{23}a_{31} + a_{13}a_{21}a_{32} - a_{13}a_{22}a_{31}$$

と与えられる。

ここで行列式における要素積の数について考えてみよう。3次正方行列の行列式の場合、1行目から選べる要素の数は3個である。

つぎに2行目から選べる要素の数は2個となり、3行目から選べる要素は1個となる。よって要素積の数は $3 \times 2 \times 1$ となり、$3! = 6$ 個となる。

演習 4-5　4次正方行列ならびに5次正方行列の行列式の要素積の数を求めよ。

解）　3 次正方行列の場合と同様に考えていく。4 次正方行列の行列式では、1 行目から選べる要素の数は 4 個である。つぎに 2 行目から選べる要素の数は 3 個となり、3 行目から選べる要素は 2 個、4 行目から選べる要素は 1 個となる。したがって

$$4\times3\times2\times1=4!=24$$

となる。

同様にして 5 次正方行列の場合は

$$5\times4\times3\times2\times1=5!=120$$

となる。

これは、まさに**順列** (permutation) そのものである。すでに紹介したように、英語では、順列も置換も両方 "permutation" である。そして、このように要素積の数は、正方行列の次数が高くなると、どんどん増えていく。

ここで一般の n 次正方行列 $\tilde{\boldsymbol{A}}$ の行列式の定義を書いておこう。それは

$$\left|\tilde{\boldsymbol{A}}\right|=\sum \mathrm{sgn}(\sigma)\, a_{1k_1}a_{2k_2}a_{3k_3}...a_{n-1k_{n-1}}a_{nk_n}$$

となる。

ただし、要素積の符号 sgn (σ) は、置換

$$\sigma=\begin{bmatrix}1 & 2 & 3 & \cdots & n\\ k_1 & k_2 & k_3 & \cdots & k_n\end{bmatrix}$$

の符号である。これを**ライプニッツの公式** (Leibniz formula) と呼んでいる。

ただし、実践で行列式を計算する場合には、この定義どおりに行うことはない。かなりの時間がかかってしまうからである。

そこで、行列式が有する性質をうまく利用して、より簡単な作業で計算できるように工夫している。そのひとつが、前章で紹介した**余因子展開** (cofactor expansion) である。ただし、行列式の要素積の符号が置換をもとに決定されるということは覚えておいて欲しい。置換の話はここまでである。これ以降は、より実践的な行列式の計算方法を紹介していく。

4. 3.　行列式の特徴

4. 3. 1.　行列式の余因子展開

行列式には、いろいろな便利な性質があるが、そのひとつが余因子展開である。この手法をもう一度復習してみよう。まず 3 次正方行列の行列式をもう一度書き出すと

$$\begin{vmatrix} a_{11} & a_{12} & a_{13} \\ a_{21} & a_{22} & a_{23} \\ a_{31} & a_{32} & a_{33} \end{vmatrix} = a_{11}a_{22}a_{33} - a_{11}a_{23}a_{32} - a_{12}a_{21}a_{33} + a_{12}a_{23}a_{31} + a_{13}a_{21}a_{32} - a_{13}a_{22}a_{31}$$

であったが、この右辺を 1 行目の要素でくくると

$$a_{11}\,(a_{22}a_{33} - a_{23}a_{32}) - a_{12}\,(a_{21}a_{33} - a_{23}a_{31}) + a_{13}\,(a_{21}a_{32} - a_{22}a_{31})$$

となる。

これは、行列式を使って

$$a_{11}\begin{vmatrix} a_{22} & a_{23} \\ a_{32} & a_{33} \end{vmatrix} - a_{12}\begin{vmatrix} a_{21} & a_{23} \\ a_{31} & a_{33} \end{vmatrix} + a_{13}\begin{vmatrix} a_{21} & a_{22} \\ a_{31} & a_{32} \end{vmatrix}$$

と書くことができる。

このように、行列式は、任意のある行（あるいは列）の要素で展開することができる。これが余因子展開である。実は、このような展開は、すべての行列式で可能となるのであるが、その理由について考えてみる。

まず、要素積を取り出す場合に、a_{11} を選ぶと 1 行目および 1 列目から要素を選ぶことはできない。よって、それ以外の行と列から要素を選ぶことになるが、その選び方はまさに行列式の定義に従う。よって、行列式そのものとなる。

この操作は、なにも 3 次正方行列に限ったことではなく、すべての n 次正方行列に対して成立する。

このような展開を行ったときには、行列式に正負の符号がつくが

$$\begin{vmatrix} + & - & + & \cdots \\ - & + & - & \cdots \\ + & - & + & \\ \vdots & \vdots & & \ddots \end{vmatrix}$$

という関係になる。これは (i, j) 成分においては、$(-1)^{i+j}$ という対応となっており、その結果、符号は上記のような市松模様になる。

このように、正負が交互にくるのは、符号付要素積をつくるときに、行および列インデックスを置換とみなしたが、そのとき、互換の数から正負を割り振ると、互換の数の偶奇が交互に表れるからである。

4 次正方行列の行列式の場合の 1 行目の要素による余因子展開は

$$\begin{vmatrix} a_{11} & a_{12} & a_{13} & a_{14} \\ a_{21} & a_{22} & a_{23} & a_{24} \\ a_{31} & a_{32} & a_{33} & a_{34} \\ a_{41} & a_{42} & a_{43} & a_{44} \end{vmatrix} = a_{11}\begin{vmatrix} a_{22} & a_{23} & a_{24} \\ a_{32} & a_{33} & a_{34} \\ a_{42} & a_{43} & a_{44} \end{vmatrix} - a_{12}\begin{vmatrix} a_{21} & a_{23} & a_{24} \\ a_{31} & a_{33} & a_{34} \\ a_{41} & a_{43} & a_{44} \end{vmatrix}$$

$$+ a_{13}\begin{vmatrix} a_{21} & a_{22} & a_{24} \\ a_{31} & a_{32} & a_{34} \\ a_{41} & a_{42} & a_{44} \end{vmatrix} - a_{14}\begin{vmatrix} a_{21} & a_{22} & a_{23} \\ a_{31} & a_{32} & a_{33} \\ a_{41} & a_{42} & a_{43} \end{vmatrix}$$

となる。

演習 4-6　つぎの 4 次正方行列の行列式の値を求めよ。

$$\begin{vmatrix} 2 & 2 & 1 & 3 \\ 0 & 0 & 3 & 0 \\ 1 & 4 & 2 & 5 \\ 0 & 2 & 4 & 4 \end{vmatrix}$$

解）　どの行あるいは列の成分で展開してもよいが、ここでは 0 が多いので、第 2 行の成分で余因子展開する。符号は 2 行目であるので －、＋、－、＋ となることに注意する。すると

$$\begin{vmatrix} 2 & 2 & 1 & 3 \\ 0 & 0 & 3 & 0 \\ 1 & 4 & 2 & 5 \\ 0 & 2 & 4 & 4 \end{vmatrix} = -0\begin{vmatrix} 2 & 1 & 3 \\ 4 & 2 & 5 \\ 2 & 4 & 4 \end{vmatrix} + 0\begin{vmatrix} 2 & 1 & 3 \\ 1 & 2 & 5 \\ 0 & 4 & 4 \end{vmatrix} - 3\begin{vmatrix} 2 & 2 & 3 \\ 1 & 4 & 5 \\ 0 & 2 & 4 \end{vmatrix} + 0\begin{vmatrix} 2 & 2 & 1 \\ 1 & 4 & 2 \\ 0 & 2 & 4 \end{vmatrix}$$

となる。右辺の第 3 項以外はすべて 0 となる。よって残る項について、第 1 列の成分で余因子展開すると

$$-3\begin{vmatrix} 2 & 2 & 3 \\ 1 & 4 & 5 \\ 0 & 2 & 4 \end{vmatrix} = -3\left\{ 2\begin{vmatrix} 4 & 5 \\ 2 & 4 \end{vmatrix} - 1\begin{vmatrix} 2 & 3 \\ 2 & 4 \end{vmatrix} \right\} = -6(16-10) + 3(8-6) = -30$$

となる。

5 次正方行列の行列式の場合も、同様の手法で適当な行あるいは列の要素で余因子展開して、4 次行列の行列式の和に落として、さらに 3 次行列の行列式に落とせば、計算が可能となる。

ただし、少し考えればわかるが、次数が大きい行列の行列式に対して、この作業は気の遠くなるような手間を必要とする。そこで、行列式の値を求めるには、できるだけ計算を簡単にできるような工夫が要求される。

4. 3. 2. 行列式の値が 0 となる場合

行列式においては、その計算において便利な性質がいろいろとある。それを利用すると、高次の行列に対する行列式の値を簡単に求めることが可能となる場合もある。その基本的な性質についてまとめてみる。

まず、行列式の値が 0 になる場合を整理してみる。もし、ある行列の行または列のすべての成分が 0 であれば、行列式の値は 0 となる。この理由は明らかで、ひとつの行に着目すれば、すべての要素積に、この行の成分が必ず含まれるからである。あるいは、この行で余因子展開すれば、すべての項が 0 になることからも明らかである。

$$\begin{vmatrix} a_{11} & a_{12} & a_{13} & \cdots & a_{1n} \\ a_{21} & a_{22} & a_{23} & \cdots & \vdots \\ 0 & 0 & 0 & \cdots & 0 \\ \vdots & \vdots & \vdots & \ddots & \vdots \\ a_{n1} & a_{n2} & a_{n3} & \cdots & a_{nn} \end{vmatrix} = 0$$

一方、ひとつの列の成分がすべて 0 の場合にも、同様に行列式の値は 0 となる。

演習 4-7 行列式の 2 つの行あるいは列が同じ場合にも行列式の値は 0 となることを 2 次行列の行列式で確かめよ。

解)

$$\begin{vmatrix} a & b \\ a & b \end{vmatrix} = ab - ba = 0 \qquad \begin{vmatrix} a & a \\ b & b \end{vmatrix} = ab - ab = 0$$

となって、2 個の行が同じ場合、あるいは、2 個の列が同じ場合には、行列式の値は 0 となる。

それでは、3 次正方行列ではどうであろうか。ここで 3 次行列式の一般式を、もう一度書くと

$$\begin{vmatrix} a_{11} & a_{12} & a_{13} \\ a_{21} & a_{22} & a_{23} \\ a_{31} & a_{32} & a_{33} \end{vmatrix} = a_{11}a_{22}a_{33} - a_{11}a_{23}a_{32} - a_{12}a_{21}a_{33} + a_{12}a_{23}a_{31} + a_{13}a_{21}a_{32} - a_{13}a_{22}a_{31}$$

であるが、ここで第 3 行に第 1 行を代入してみよう。

すると

$$\begin{vmatrix} a_{11} & a_{12} & a_{13} \\ a_{21} & a_{22} & a_{23} \\ a_{11} & a_{12} & a_{13} \end{vmatrix} = a_{11}a_{22}a_{13} - a_{11}a_{23}a_{12} - a_{12}a_{21}a_{13} + a_{12}a_{23}a_{11} + a_{13}a_{21}a_{12} - a_{13}a_{22}a_{11}$$

$$= (a_{11}a_{22}a_{13} - a_{13}a_{22}a_{11}) + (a_{12}a_{23}a_{11} - a_{11}a_{23}a_{12}) + (a_{13}a_{21}a_{12} - a_{12}a_{21}a_{13}) = 0$$

となって、確かに 3×3 行列でも 2 つの行が同じならば行列式の値は 0 となる。

行列式の要素積は、行および列から重複せずに要素を取り出しているが、成分が同じ行や列が 2 つあると、符号が正と負の項が必ずペアで出てくることになるため、行列式の値が 0 となる。より直接的な証明はのちほど紹介する。

演習 4-8　つぎの行列式の値を計算せよ。

① $\begin{vmatrix} 1 & 3 & 9 \\ 0 & 0 & 0 \\ 5 & 12 & 8 \end{vmatrix}$　② $\begin{vmatrix} 1 & 3 & 1 \\ 1 & 8 & 1 \\ 5 & 12 & 5 \end{vmatrix}$　③ $\begin{vmatrix} c & a & b \\ d & e & k \\ c & a & b \end{vmatrix}$

解）

① 2 行目の成分がすべて 0 なので、行列式の値は 0 となる。

② 1 列目と 3 列目の成分が同じなので、行列式の値は 0 となる。

③ 1 行目と 3 行目の成分が同じなので、行列式の値は 0 となる。

4. 3. 3.　行列式の分解

つぎのような 3 次行列式を考える。

$$\begin{vmatrix} a_{11} & a_{12} & a_{13} \\ a_{21}+b_{21} & a_{22}+b_{22} & a_{23}+b_{23} \\ a_{31} & a_{32} & a_{33} \end{vmatrix}$$

つまり、第2行が、ふたつの項の和でできている行列式である。これは、定義に従って計算すると

$$\begin{vmatrix} a_{11} & a_{12} & a_{13} \\ a_{21}+b_{21} & a_{22}+b_{22} & a_{23}+b_{23} \\ a_{31} & a_{32} & a_{33} \end{vmatrix} = a_{11}(a_{22}+b_{22})a_{33} - a_{11}(a_{23}+b_{23})a_{32} - a_{12}(a_{21}+b_{21})a_{33}$$

$$+a_{12}(a_{23}+b_{23})a_{31} + a_{13}(a_{21}+b_{21})a_{32} - a_{13}(a_{22}+b_{22})a_{31}$$

となる。

この () 内を分解して展開すれば、結局

$$\begin{vmatrix} a_{11} & a_{12} & a_{13} \\ a_{21}+b_{21} & a_{22}+b_{22} & a_{23}+b_{23} \\ a_{31} & a_{32} & a_{33} \end{vmatrix} = \begin{vmatrix} a_{11} & a_{12} & a_{13} \\ a_{21} & a_{22} & a_{23} \\ a_{31} & a_{32} & a_{33} \end{vmatrix} + \begin{vmatrix} a_{11} & a_{12} & a_{13} \\ b_{21} & b_{22} & b_{23} \\ a_{31} & a_{32} & a_{33} \end{vmatrix}$$

となることがわかる。

つまり、ある行が2 項の和になっている場合には、2つの行列式に分けることができる。

演習 4-9 つぎの行列式を1行目で分解して計算せよ。

$$\begin{vmatrix} 2 & 2 \\ 3 & 6 \end{vmatrix}$$

解） 1行目をつぎのように分解すると

$$\begin{vmatrix} 2 & 2 \\ 3 & 6 \end{vmatrix} = \begin{vmatrix} 1+1 & 2+0 \\ 3 & 6 \end{vmatrix} = \begin{vmatrix} 1 & 2 \\ 3 & 6 \end{vmatrix} + \begin{vmatrix} 1 & 0 \\ 3 & 6 \end{vmatrix}$$

となる。

それぞれの行列式を計算すると

$$\begin{vmatrix} 2 & 2 \\ 3 & 6 \end{vmatrix} = 2\times6-2\times3=6 \qquad \begin{vmatrix} 1 & 2 \\ 3 & 6 \end{vmatrix} = 0 \qquad \begin{vmatrix} 1 & 0 \\ 3 & 6 \end{vmatrix} = 6$$

となって、行列の分解が成立することが確かめられる。

また、分解の方法は自由であり、$(1,2)$ 成分は $2+0$ ではなく、$1+1$ としてもよい。このとき

$$\begin{vmatrix} 2 & 2 \\ 3 & 6 \end{vmatrix} = \begin{vmatrix} 1+1 & 1+1 \\ 3 & 6 \end{vmatrix} = \begin{vmatrix} 1 & 1 \\ 3 & 6 \end{vmatrix} + \begin{vmatrix} 1 & 1 \\ 3 & 6 \end{vmatrix} = 3+3=6$$

となる。

列の分解の場合も同様に可能であり

$$\begin{vmatrix} 2 & 2 \\ 3 & 6 \end{vmatrix} = \begin{vmatrix} 1+1 & 2 \\ 1+2 & 6 \end{vmatrix} = \begin{vmatrix} 1 & 2 \\ 1 & 6 \end{vmatrix} + \begin{vmatrix} 1 & 2 \\ 2 & 6 \end{vmatrix} = 4+2=6$$

となる。

また、行が3項の和になっている場合には、3個の行列式の足し算に分解できる。つまり

$$\begin{vmatrix} 2 & 2 \\ 3 & 6 \end{vmatrix} = \begin{vmatrix} 2 & 2 \\ 1+1+1 & 1+2+3 \end{vmatrix} = \begin{vmatrix} 2 & 2 \\ 1 & 1 \end{vmatrix} + \begin{vmatrix} 2 & 2 \\ 1 & 2 \end{vmatrix} + \begin{vmatrix} 2 & 2 \\ 1 & 3 \end{vmatrix}$$

も成立する。

$$\begin{vmatrix} 2 & 2 \\ 1 & 1 \end{vmatrix} = 0 \quad \begin{vmatrix} 2 & 2 \\ 1 & 2 \end{vmatrix} = 2 \quad \begin{vmatrix} 2 & 2 \\ 1 & 3 \end{vmatrix} = 4$$

となるから、確かに成立している。

あまり意味はないが

$$\begin{vmatrix} a_{11} & a_{12} & a_{13} \\ a_{21}+0 & a_{22}+0 & a_{23}+0 \\ a_{31} & a_{32} & a_{33} \end{vmatrix} = \begin{vmatrix} a_{11} & a_{12} & a_{13} \\ a_{21} & a_{22} & a_{23} \\ a_{31} & a_{32} & a_{33} \end{vmatrix} + \begin{vmatrix} a_{11} & a_{12} & a_{13} \\ 0 & 0 & 0 \\ a_{31} & a_{32} & a_{33} \end{vmatrix} = \begin{vmatrix} a_{11} & a_{12} & a_{13} \\ a_{21} & a_{22} & a_{23} \\ a_{31} & a_{32} & a_{33} \end{vmatrix}$$

のような分解も可能である。行の成分がすべて 0 である行列式の値が 0 となることは、この関係からもわかる。もちろん、この分解は列に対しても適用できる。

以上の法則が成り立つことがわかると、行あるいは列の定数倍の計算もすぐにできる。たとえば

$$\begin{vmatrix} a_{11} & a_{12} & a_{13} \\ a_{21}+a_{21} & a_{22}+a_{22} & a_{23}+a_{23} \\ a_{31} & a_{32} & a_{33} \end{vmatrix} = \begin{vmatrix} a_{11} & a_{12} & a_{13} \\ a_{21} & a_{22} & a_{23} \\ a_{31} & a_{32} & a_{33} \end{vmatrix} + \begin{vmatrix} a_{11} & a_{12} & a_{13} \\ a_{21} & a_{22} & a_{23} \\ a_{31} & a_{32} & a_{33} \end{vmatrix} = 2\begin{vmatrix} a_{11} & a_{12} & a_{13} \\ a_{21} & a_{22} & a_{23} \\ a_{31} & a_{32} & a_{33} \end{vmatrix}$$

これを書き換えると

$$\begin{vmatrix} a_{11} & a_{12} & a_{13} \\ a_{21}+a_{21} & a_{22}+a_{22} & a_{23}+a_{23} \\ a_{31} & a_{32} & a_{33} \end{vmatrix} = \begin{vmatrix} a_{11} & a_{12} & a_{13} \\ 2a_{21} & 2a_{22} & 2a_{23} \\ a_{31} & a_{32} & a_{33} \end{vmatrix} = 2\begin{vmatrix} a_{11} & a_{12} & a_{13} \\ a_{21} & a_{22} & a_{23} \\ a_{31} & a_{32} & a_{33} \end{vmatrix}$$

となる。この足し算は何回でも繰り返すことができるので、結局、任意の実数を k とすると

$$\begin{vmatrix} a_{11} & a_{12} & a_{13} \\ ka_{21} & ka_{22} & ka_{23} \\ a_{31} & a_{32} & a_{33} \end{vmatrix} = k\begin{vmatrix} a_{11} & a_{12} & a_{13} \\ a_{21} & a_{22} & a_{23} \\ a_{31} & a_{32} & a_{33} \end{vmatrix}$$

という関係が成立することになる。つまり、ある行を k 倍すると、行列式の値も k 倍となる。これは列の場合にも成立する。簡単な例では

$$\begin{vmatrix} 2 & 2 \\ 3 & 6 \end{vmatrix} = \begin{vmatrix} 2 & 2 \\ 3\times 1 & 3\times 2 \end{vmatrix} = 3\begin{vmatrix} 2 & 2 \\ 1 & 2 \end{vmatrix} = 3\begin{vmatrix} 2\times 1 & 2\times 1 \\ 1 & 2 \end{vmatrix} = 6\begin{vmatrix} 1 & 1 \\ 1 & 2 \end{vmatrix} = 6\,(2-1) = 6$$

が成立する。

演習 4-10　つぎの行列式を計算せよ。

$$\begin{vmatrix} 262 & 28 \\ 131 & 56 \end{vmatrix}$$

解）　1 列目に注目すると

$$\begin{vmatrix} 262 & 28 \\ 131 & 56 \end{vmatrix} = \begin{vmatrix} 131\times 2 & 28 \\ 131\times 1 & 56 \end{vmatrix} = 131\begin{vmatrix} 2 & 28 \\ 1 & 56 \end{vmatrix}$$

つぎに、2 列目に注目すると

$$\begin{vmatrix} 2 & 28 \\ 1 & 56 \end{vmatrix} = \begin{vmatrix} 2 & 28\times 1 \\ 1 & 28\times 2 \end{vmatrix} = 28\begin{vmatrix} 2 & 1 \\ 1 & 2 \end{vmatrix}$$

であるから

$$\begin{vmatrix} 262 & 28 \\ 131 & 56 \end{vmatrix} = 131\times 28\begin{vmatrix} 2 & 1 \\ 1 & 2 \end{vmatrix} = 3668\,(4-1) = 11004$$

となる。

演習 4-11　2 次正方行列の行列式において

$$\left|\tilde{\boldsymbol{A}}+\tilde{\boldsymbol{B}}\right| \neq \left|\tilde{\boldsymbol{A}}\right|+\left|\tilde{\boldsymbol{B}}\right|$$

となることを確かめよ。

解）　2 次正方行列を

$$\tilde{\boldsymbol{A}}=\begin{pmatrix} a_{11} & a_{12} \\ a_{21} & a_{22} \end{pmatrix} \qquad \tilde{\boldsymbol{B}}=\begin{pmatrix} b_{11} & b_{12} \\ b_{21} & b_{22} \end{pmatrix}$$

と置くと

$$\tilde{\boldsymbol{A}}+\tilde{\boldsymbol{B}}=\begin{pmatrix} a_{11} & a_{12} \\ a_{21} & a_{22} \end{pmatrix}+\begin{pmatrix} b_{11} & b_{12} \\ b_{21} & b_{22} \end{pmatrix}=\begin{pmatrix} a_{11}+b_{11} & a_{12}+b_{12} \\ a_{21}+b_{21} & a_{22}+b_{22} \end{pmatrix}$$

である。

まず 1 行目を分解すると

$$\left|\tilde{\boldsymbol{A}}+\tilde{\boldsymbol{B}}\right|=\begin{vmatrix} a_{11}+b_{11} & a_{12}+b_{12} \\ a_{21}+b_{21} & a_{22}+b_{22} \end{vmatrix}=\begin{vmatrix} a_{11} & a_{12} \\ a_{21}+b_{21} & a_{22}+b_{22} \end{vmatrix}+\begin{vmatrix} b_{11} & b_{12} \\ a_{21}+b_{21} & a_{22}+b_{22} \end{vmatrix}$$

となる。

ここで右辺は

$$\begin{vmatrix} a_{11} & a_{12} \\ a_{21}+b_{21} & a_{22}+b_{22} \end{vmatrix}=\begin{vmatrix} a_{11} & a_{12} \\ a_{21} & a_{22} \end{vmatrix}+\begin{vmatrix} a_{11} & a_{12} \\ b_{21} & b_{22} \end{vmatrix}$$

$$\begin{vmatrix} b_{11} & b_{12} \\ a_{21}+b_{21} & a_{22}+b_{22} \end{vmatrix}=\begin{vmatrix} b_{11} & b_{12} \\ a_{21} & a_{22} \end{vmatrix}+\begin{vmatrix} b_{11} & b_{12} \\ b_{21} & b_{22} \end{vmatrix}$$

となるので

$$\left|\tilde{\boldsymbol{A}}+\tilde{\boldsymbol{B}}\right|=\begin{vmatrix} a_{11} & a_{12} \\ a_{21} & a_{22} \end{vmatrix}+\begin{vmatrix} a_{11} & a_{12} \\ b_{21} & b_{22} \end{vmatrix}+\begin{vmatrix} b_{11} & b_{12} \\ a_{21} & a_{22} \end{vmatrix}+\begin{vmatrix} b_{11} & b_{12} \\ b_{21} & b_{22} \end{vmatrix}$$

となる。一方

$$\left|\tilde{\boldsymbol{A}}\right|+\left|\tilde{\boldsymbol{B}}\right|=\begin{vmatrix} a_{11} & a_{12} \\ a_{21} & a_{22} \end{vmatrix}+\begin{vmatrix} b_{11} & b_{12} \\ b_{21} & b_{22} \end{vmatrix}$$

であるから、両者は一致しない。

このように、行列式のひとつの行あるいは列は分解できるが、行列式の和その

ものは分解できないことに注意する必要がある。

演習 4-12　つぎの行列において

$$\tilde{\boldsymbol{A}} = \begin{pmatrix} 1 & 1 \\ 1 & 2 \end{pmatrix} \qquad \tilde{\boldsymbol{B}} = \begin{pmatrix} 1 & 1 \\ 2 & 4 \end{pmatrix}$$

行列式につぎの関係が成立することを確かめよ。

$$\left|\tilde{\boldsymbol{A}} + \tilde{\boldsymbol{B}}\right| \neq \left|\tilde{\boldsymbol{A}}\right| + \left|\tilde{\boldsymbol{B}}\right|$$

解）

$$\tilde{\boldsymbol{A}} + \tilde{\boldsymbol{B}} = \begin{pmatrix} 1 & 1 \\ 1 & 2 \end{pmatrix} + \begin{pmatrix} 1 & 1 \\ 2 & 4 \end{pmatrix} = \begin{pmatrix} 2 & 2 \\ 3 & 6 \end{pmatrix}$$

である。ここで

$$\left|\tilde{\boldsymbol{A}} + \tilde{\boldsymbol{B}}\right| = \begin{vmatrix} 2 & 2 \\ 3 & 6 \end{vmatrix} = 12 - 6 = 6$$

$$\left|\tilde{\boldsymbol{A}}\right| = \begin{vmatrix} 1 & 1 \\ 1 & 2 \end{vmatrix} = 2 - 1 = 1 \qquad \left|\tilde{\boldsymbol{B}}\right| = \begin{vmatrix} 1 & 1 \\ 2 & 4 \end{vmatrix} = 4 - 2 = 2$$

であるから

$$\left|\tilde{\boldsymbol{A}}\right| + \left|\tilde{\boldsymbol{B}}\right| = 3$$

となり

$$\left|\tilde{\boldsymbol{A}} + \tilde{\boldsymbol{B}}\right| \neq \left|\tilde{\boldsymbol{A}}\right| + \left|\tilde{\boldsymbol{B}}\right|$$

となることが確かめられる。

この結果は、行列式では

$$\begin{vmatrix} 2 & 2 \\ 3 & 6 \end{vmatrix} = \begin{vmatrix} 1+1 & 1+1 \\ 1+2 & 2+4 \end{vmatrix} \neq \begin{vmatrix} 1 & 1 \\ 1 & 2 \end{vmatrix} + \begin{vmatrix} 1 & 1 \\ 2 & 4 \end{vmatrix}$$

のように、行と列を一緒に分解することができないことを示している。

4. 3. 4.　行あるいは列の入れ替え

つぎに、2 つの行を入れ替えると行列式の符号が反転する。この事実を余因子展開で見てみよう。3×3 行列の行列式はつぎのように展開できる。

$$\begin{vmatrix} a_{11} & a_{12} & a_{13} \\ a_{21} & a_{22} & a_{23} \\ a_{31} & a_{32} & a_{33} \end{vmatrix} = a_{11}\begin{vmatrix} a_{22} & a_{23} \\ a_{32} & a_{23} \end{vmatrix} - a_{12}\begin{vmatrix} a_{21} & a_{23} \\ a_{31} & a_{33} \end{vmatrix} + a_{13}\begin{vmatrix} a_{21} & a_{22} \\ a_{31} & a_{32} \end{vmatrix}$$

演習 4-13　上記の行列式で 1 行目と 2 行目を入れ替える操作を行い、2 行目の要素で余因子展開を実施せよ。

解）

$$\begin{vmatrix} a_{21} & a_{22} & a_{23} \\ a_{11} & a_{12} & a_{13} \\ a_{31} & a_{32} & a_{33} \end{vmatrix} = -a_{11}\begin{vmatrix} a_{22} & a_{23} \\ a_{32} & a_{23} \end{vmatrix} + a_{12}\begin{vmatrix} a_{21} & a_{23} \\ a_{31} & a_{33} \end{vmatrix} - a_{13}\begin{vmatrix} a_{21} & a_{22} \\ a_{31} & a_{32} \end{vmatrix}$$

となる。

この結果から

$$\begin{vmatrix} a_{11} & a_{12} & a_{13} \\ a_{21} & a_{22} & a_{23} \\ a_{31} & a_{32} & a_{33} \end{vmatrix} = -\begin{vmatrix} a_{21} & a_{22} & a_{23} \\ a_{11} & a_{12} & a_{13} \\ a_{31} & a_{32} & a_{33} \end{vmatrix}$$

となり、行の入れ替えで行列式の符号が反転することが確かめられる。

演習 4-14　つぎの 3 次正方行列の行列式において 1 行目と 2 行目を入れ替えて、値を求めよ。

$$\begin{vmatrix} 0 & 1 & 2 \\ 1 & 0 & 2 \\ 2 & 3 & 4 \end{vmatrix}$$

解）　まず、この行列式を、1 行目の成分で余因子展開して計算してみると

$$\begin{vmatrix} 0 & 1 & 2 \\ 1 & 0 & 2 \\ 2 & 3 & 4 \end{vmatrix} = -1\begin{vmatrix} 1 & 2 \\ 2 & 4 \end{vmatrix} + 2\begin{vmatrix} 1 & 0 \\ 2 & 3 \end{vmatrix} = -1\cdot 0 + 2\cdot 3 = 6$$

となる。ここで、1行目と2行目を入れ替えると

$$\begin{vmatrix} 1 & 0 & 2 \\ 0 & 1 & 2 \\ 2 & 3 & 4 \end{vmatrix} = 1\begin{vmatrix} 1 & 2 \\ 3 & 4 \end{vmatrix} + 2\begin{vmatrix} 0 & 1 \\ 2 & 3 \end{vmatrix} = 1\cdot(-2) + 2\cdot(-2) = -6$$

となって、符号が反転することが確認できる。

演習 4-15　演習 4-14 の行列式において 1 行目と 3 行目を入れ替えて、その値を求めよ。

解）　2 行目で余因子展開すると

$$\begin{vmatrix} 2 & 3 & 4 \\ 1 & 0 & 2 \\ 0 & 1 & 2 \end{vmatrix} = -1\begin{vmatrix} 3 & 4 \\ 1 & 2 \end{vmatrix} - 2\begin{vmatrix} 2 & 3 \\ 0 & 1 \end{vmatrix} = -1\cdot 2 - 2\cdot 2 = -6$$

となり、符号が反転する。

結局、任意の 2 つの行を入れ替えると、行列式の符号は反転することになる。

演習 4-16　演習 4-14 の行列式において 1 列目と 2 列目を入れ替えて、その値を求めよ。

解）　1 行目で余因子展開すると

$$\begin{vmatrix} 1 & 0 & 2 \\ 0 & 1 & 2 \\ 3 & 2 & 4 \end{vmatrix} = 1\begin{vmatrix} 1 & 2 \\ 2 & 4 \end{vmatrix} + 2\begin{vmatrix} 0 & 1 \\ 3 & 2 \end{vmatrix} = 1\cdot 0 + 2\cdot(-3) = -6$$

となる。

このように、任意の 2 つの列を入れ替えても、行列式の符号は反転する。

以上の性質を利用すると、同じ成分からなる行（あるいは列）が 2 つある場合に、行列式の値が 0 となることを示すことができる。

n 次正方行列で示してもよいが、基本的な考えはまったく同じであるので、3 次正方行列の行列式で示す。ここで、1 行目と 3 行目が同じ行列式を考える。すると行の入れ替えによって

$$\begin{vmatrix} a_{11} & a_{12} & a_{13} \\ a_{21} & a_{22} & a_{23} \\ a_{11} & a_{12} & a_{13} \end{vmatrix} = -\begin{vmatrix} a_{11} & a_{12} & a_{13} \\ a_{21} & a_{22} & a_{23} \\ a_{11} & a_{12} & a_{13} \end{vmatrix}$$

という関係が得られるが、これはまったく同じ行列式である。よってこの関係が成立するのは

$$\begin{vmatrix} a_{11} & a_{12} & a_{13} \\ a_{21} & a_{22} & a_{23} \\ a_{11} & a_{12} & a_{13} \end{vmatrix} = 0$$

のときに限られる。

つまり、同じ行（あるいは列）を有する行列の行列式はすべて 0 となる。この考えは、3 次行列式だけではなく、一般の n 次行列式にあてはまることは明らかであろう。

4. 4.　行列式における行および列基本変形

行列式においても、係数行列（および拡大係数行列）で行った行基本変形と同様の変換が可能であり、この操作により、計算しやすいかたちに行列式を変形することができる。しかも、行列式では、列にも同様の基本変形を行うことができるという特徴がある。ただし、係数行列の場合とは異なる点があるので注意を要する。

演習 4-17　行列式においては、他の行の実数倍をある行に加えても、その値が変わらないことを確かめよ。

解）　3 次正方行列の行列式で考えてみよう。2 行目に 3 行目を k 倍した要素を足した行列の行列式は

$$\begin{vmatrix} a_{11} & a_{12} & a_{13} \\ a_{21}+ka_{31} & a_{22}+ka_{32} & a_{23}+ka_{33} \\ a_{31} & a_{32} & a_{33} \end{vmatrix} = \begin{vmatrix} a_{11} & a_{12} & a_{13} \\ a_{21} & a_{22} & a_{23} \\ a_{31} & a_{32} & a_{33} \end{vmatrix} + k\begin{vmatrix} a_{11} & a_{12} & a_{13} \\ a_{31} & a_{32} & a_{33} \\ a_{31} & a_{32} & a_{33} \end{vmatrix}$$

と変形できる。ここで、右辺の 2 項目の行列式は、2 つの行がまったく同じであるから、その値は 0 である。よって

$$\begin{vmatrix} a_{11} & a_{12} & a_{13} \\ a_{21}+ka_{31} & a_{22}+ka_{32} & a_{23}+ka_{33} \\ a_{31} & a_{32} & a_{33} \end{vmatrix} = \begin{vmatrix} a_{11} & a_{12} & a_{13} \\ a_{21} & a_{22} & a_{23} \\ a_{31} & a_{32} & a_{33} \end{vmatrix}$$

となる。

つまり、他の行の実数倍を別の行に加えても、行列式の値は変わらない。

つぎに 1 列目の k 倍を 2 列目に加えてみよう。すると

$$\begin{vmatrix} a_{11} & a_{12}+ka_{11} & a_{13} \\ a_{21} & a_{22}+ka_{21} & a_{23} \\ a_{31} & a_{32}+ka_{31} & a_{33} \end{vmatrix} = \begin{vmatrix} a_{11} & a_{12} & a_{13} \\ a_{21} & a_{22} & a_{23} \\ a_{31} & a_{32} & a_{33} \end{vmatrix} + k\begin{vmatrix} a_{11} & a_{11} & a_{13} \\ a_{21} & a_{21} & a_{23} \\ a_{31} & a_{31} & a_{33} \end{vmatrix}$$

となるが、右辺の第 2 項の行列式は 0 であるから

$$\begin{vmatrix} a_{11} & a_{12}+ka_{11} & a_{13} \\ a_{21} & a_{22}+ka_{21} & a_{23} \\ a_{31} & a_{32}+ka_{31} & a_{33} \end{vmatrix} = \begin{vmatrix} a_{11} & a_{12} & a_{13} \\ a_{21} & a_{22} & a_{23} \\ a_{31} & a_{32} & a_{33} \end{vmatrix}$$

となる。つまり、列に対しても基本変形が成立する。

また、この行変形および列変形操作によって行列式の値が変わらないという法則は、すべての n 次行列式で成立することも明らかであろう。

演習 4-18 つぎの行列式を計算せよ。

$$\begin{vmatrix} 1 & a & b+c \\ 1 & b & c+a \\ 1 & c & a+b \end{vmatrix}$$

解） 3 列目の成分を 2 列目に足して変形する。

$$\begin{vmatrix} 1 & a & b+c \\ 1 & b & c+a \\ 1 & c & a+b \end{vmatrix} = \begin{vmatrix} 1 & a+b+c & b+c \\ 1 & a+b+c & c+a \\ 1 & a+b+c & a+b \end{vmatrix} = (a+b+c)\begin{vmatrix} 1 & 1 & b+c \\ 1 & 1 & c+a \\ 1 & 1 & a+b \end{vmatrix} = 0$$

演習 4-19　つぎの行列式を計算せよ。

$$\begin{vmatrix} a & b & c \\ c & a & b \\ b & c & a \end{vmatrix}$$

解）　行および列基本変形を施していく。まず、2 列目および 3 列目の成分を 1 列目に加えると

$$\begin{vmatrix} a & b & c \\ c & a & b \\ b & c & a \end{vmatrix} \to \begin{vmatrix} a+b+c & b & c \\ a+b+c & a & b \\ a+b+c & c & a \end{vmatrix}$$

となる。

ここで 2 行目および 3 行目から 1 行目を引くと

$$\begin{vmatrix} a+b+c & b & c \\ a+b+c & a & b \\ a+b+c & c & a \end{vmatrix} \to \begin{vmatrix} a+b+c & b & c \\ 0 & a-b & b-c \\ 0 & c-b & a-c \end{vmatrix}$$

1 行目で余因子展開すると

$$\begin{vmatrix} a+b+c & b & c \\ 0 & a-b & b-c \\ 0 & c-b & a-c \end{vmatrix} = (a+b+c)\begin{vmatrix} a-b & b-c \\ c-b & a-c \end{vmatrix}$$

$$= (a+b+c)\{(a-b)(a-c)-(c-b)(b-c)\}$$

ここで

$$(a-b)(a-c)-(c-b)(b-c) = a^2+b^2+c^2-ab-bc-ca$$

であるから

$$\begin{vmatrix} a & b & c \\ c & a & b \\ b & c & a \end{vmatrix} = (a+b+c)\,(a^2+b^2+c^2-ab-bc-ca)$$

となる。

演習 4-20　$\tilde{\boldsymbol{A}}$ を n 次正方行列とし、k を任意の実数とするとき $\left|k\tilde{\boldsymbol{A}}\right|$ と $\left|\tilde{\boldsymbol{A}}\right|$ の関係を示せ。

解）　行列式の場合、ある行（あるいはある列）を k 倍すると、行列式の値は k 倍になる。n 次正方行列では、行の数が n 個あるので、その値は k^n 倍となる。したがって

$$\left|k\tilde{\boldsymbol{A}}\right| = k^n\left|\tilde{\boldsymbol{A}}\right|$$

となる。

---

3 次正方行列の行列式で確かめると、行を k 倍すれば

$$\begin{vmatrix} a_{11} & a_{12} & a_{13} \\ ka_{21} & ka_{22} & ka_{23} \\ a_{31} & a_{32} & a_{33} \end{vmatrix} = k\begin{vmatrix} a_{11} & a_{12} & a_{13} \\ a_{21} & a_{22} & a_{23} \\ a_{31} & a_{32} & a_{33} \end{vmatrix}$$

列を k 倍しても

$$\begin{vmatrix} a_{11} & ka_{12} & a_{13} \\ a_{21} & ka_{22} & a_{23} \\ a_{31} & ka_{32} & a_{33} \end{vmatrix} = k\begin{vmatrix} a_{11} & a_{12} & a_{13} \\ a_{21} & a_{22} & a_{23} \\ a_{31} & a_{32} & a_{33} \end{vmatrix}$$

であり、各成分を k 倍した場合には

$$\begin{vmatrix} ka_{11} & ka_{12} & ka_{13} \\ ka_{21} & ka_{22} & ka_{23} \\ ka_{31} & ka_{32} & ka_{33} \end{vmatrix} = k\begin{vmatrix} a_{11} & a_{12} & a_{13} \\ ka_{21} & ka_{22} & ka_{23} \\ ka_{31} & ka_{32} & ka_{33} \end{vmatrix} = k^3\begin{vmatrix} a_{11} & a_{12} & a_{13} \\ a_{21} & a_{22} & a_{23} \\ a_{31} & a_{32} & a_{33} \end{vmatrix}$$

となる。

演習 4-21　つぎの行列式を計算せよ。

$$\begin{vmatrix} 0 & 1 & 1 & 1 \\ 1 & 0 & c & b \\ 1 & c & 0 & a \\ 1 & b & a & 0 \end{vmatrix}$$

解）　まず 3 行目および 4 行目から 2 行目を引くと

$$\begin{vmatrix} 0 & 1 & 1 & 1 \\ 1 & 0 & c & b \\ 1 & c & 0 & a \\ 1 & b & a & 0 \end{vmatrix} \rightarrow \begin{vmatrix} 0 & 1 & 1 & 1 \\ 1 & 0 & c & b \\ 0 & c & -c & a-b \\ 0 & b & a-c & -b \end{vmatrix}$$

となる。

ここで、1 列目で余因子展開すると

$$\begin{vmatrix} 0 & 1 & 1 & 1 \\ 1 & 0 & c & b \\ 0 & c & -c & a-b \\ 0 & b & a-c & -b \end{vmatrix} = -\begin{vmatrix} 1 & 1 & 1 \\ c & -c & a-b \\ b & a-c & -b \end{vmatrix}$$

1 行目の c 倍を 2 行目から、1 行目の b 倍を 3 行目から引くと

$$-\begin{vmatrix} 1 & 1 & 1 \\ c & -c & a-b \\ b & a-c & -b \end{vmatrix} \rightarrow -\begin{vmatrix} 1 & 1 & 1 \\ 0 & -2c & a-b-c \\ 0 & a-b-c & -2b \end{vmatrix}$$

1 列目で余因子展開すると

$$-\begin{vmatrix} 1 & 1 & 1 \\ 0 & -2c & a-b-c \\ 0 & a-b-c & -2b \end{vmatrix} = -\begin{vmatrix} -2c & a-b-c \\ a-b-c & -2b \end{vmatrix} = -4bc + (a-b-c)^2$$

$$= a^2 + b^2 + c^2 - 2ab - 2bc - 2ca$$

となる。

このように、行および列基本変形と、その特徴を利用することで、高次の行列に対応した行列式の計算にも対応できる。

4. 5.　三角行列の行列式

成分数の多い行列式の計算は、行列式が行および列基本変形を経て、つぎのような対角成分のみの行列式に変形できれば簡単となる。対角行列の行列式とは

$$\begin{vmatrix} a_{11} & 0 & \cdots & 0 & \cdots & 0 \\ 0 & a_{22} & \cdots & 0 & \cdots & 0 \\ \vdots & \vdots & \ddots & & & \vdots \\ 0 & 0 & & a_{jj} & & 0 \\ \vdots & \vdots & & & \ddots & \vdots \\ 0 & 0 & \cdots & 0 & \cdots & a_{nn} \end{vmatrix}$$

のように、対角要素以外はすべて 0 のかたちをしている。この行列式をまず 1 列目で余因子展開すると

$$\begin{vmatrix} a_{11} & 0 & \cdots & 0 & \cdots & 0 \\ 0 & a_{22} & \cdots & 0 & \cdots & 0 \\ \vdots & \vdots & \ddots & & & \vdots \\ 0 & 0 & & a_{ii} & & 0 \\ \vdots & \vdots & & & \ddots & \vdots \\ 0 & 0 & \cdots & 0 & \cdots & a_{nn} \end{vmatrix} = a_{11}\begin{vmatrix} a_{22} & 0 & \cdots & 0 \\ 0 & a_{33} & & \vdots \\ \vdots & & \ddots & 0 \\ 0 & \cdots & 0 & a_{nn} \end{vmatrix}$$

となる。この操作を繰り返していけば、結局

$$\begin{vmatrix} a_{11} & 0 & \cdots & 0 & \cdots & 0 \\ 0 & a_{22} & \cdots & 0 & \cdots & 0 \\ \vdots & \vdots & \ddots & & & \vdots \\ 0 & 0 & & a_{ii} & & 0 \\ \vdots & \vdots & & & \ddots & \vdots \\ 0 & 0 & \cdots & 0 & \cdots & a_{nn} \end{vmatrix} = a_{11}a_{22}a_{33}...a_{ii}...a_{nn}$$

となって、対角要素の積となる。これは、要素積の取り出し方を思い起こせば、簡単に理解できる。つまり要素積は各行各列から重複のないように要素を選んで得られる n 個の要素の積であるが、この対角成分以外の要素積はすべて 0 を含むので、この要素積だけが残るのである。また、この要素積の置換はなにもしない置換であるから、偶置換となり、その符号は＋である。

これならば、計算は簡単である。ただし、対角化ができなくとも、実は対角線の下半分の要素がすべて 0 の三角行列まで変形できれば同じ結果が得られる。このとき、行列式は

$$\begin{vmatrix} a_{11} & a_{12} & \cdots & a_{1i} & \cdots & a_{1n} \\ 0 & a_{22} & \cdots & a_{2i} & \cdots & a_{2n} \\ \vdots & \vdots & \ddots & & & \vdots \\ 0 & 0 & & a_{ii} & & a_{in} \\ \vdots & \vdots & & & \ddots & \vdots \\ 0 & 0 & \cdots & 0 & \cdots & a_{nn} \end{vmatrix} = a_{11}a_{22}a_{33}...a_{ii}...a_{nn}$$

のように、対角要素の積となる。もちろん、対角線の上半分の要素がすべて 0 の三角行列でも同じである。

それでは、この行列式の余因子展開を考えてみよう。まず、この行列の 1 列目の成分で余因子展開する。すると a_{11} 以外の要素はすべて 0 であるから

$$\begin{vmatrix} a_{11} & a_{12} & \cdots & a_{1i} & \cdots & a_{1n} \\ 0 & a_{22} & \cdots & a_{2i} & \cdots & a_{2n} \\ \vdots & \vdots & \ddots & & & \vdots \\ 0 & 0 & & a_{ii} & & a_{in} \\ \vdots & \vdots & & & \ddots & \vdots \\ 0 & 0 & \cdots & 0 & \cdots & a_{nn} \end{vmatrix} = a_{11} \begin{vmatrix} a_{22} & a_{23} & \cdots & \cdots & a_{2n} \\ 0 & a_{33} & & & a_{3n} \\ 0 & 0 & \ddots & & \vdots \\ \vdots & \vdots & & \ddots & \vdots \\ 0 & 0 & \cdots & 0 & a_{nn} \end{vmatrix}$$

となる。展開といっても、要素が a_{11} の項しか残らない。同様に、この余因子を第 1 列で展開すると、再び残るのは a_{22} の項のみとなる。

$$a_{11} \begin{vmatrix} a_{22} & a_{23} & \cdots & \cdots & a_{2n} \\ 0 & a_{33} & & & a_{3n} \\ 0 & 0 & \ddots & & \vdots \\ \vdots & \vdots & & \ddots & \vdots \\ 0 & 0 & \cdots & 0 & a_{nn} \end{vmatrix} = a_{11}a_{22} \begin{vmatrix} a_{33} & a_{34} & \cdots & a_{3n} \\ 0 & a_{44} & \cdots & a_{4n} \\ \vdots & \ddots & \ddots & \vdots \\ 0 & \cdots & 0 & a_{nn} \end{vmatrix}$$

同様の操作を繰り返していけば、結局、残るのは対角要素の積である。

よって、対角行列に変形しなくとも、三角行列をつくれば、簡単に、その行列式の値が求められることになる。

演習 4-22　つぎの行列式の値を求めよ。

① $\begin{vmatrix} a & 0 & 0 & 0 \\ 0 & b & 0 & 0 \\ 0 & 0 & c & 0 \\ 0 & 0 & 0 & d \end{vmatrix}$　② $\begin{vmatrix} 2 & 28 & 56 & 42 \\ 0 & 5 & 89 & 46 \\ 0 & 0 & 3 & 27 \\ 0 & 0 & 0 & 4 \end{vmatrix}$　③ $\begin{vmatrix} 2 & 0 & 0 & 0 \\ 22 & 1 & 0 & 0 \\ 99 & 68 & 8 & 0 \\ 34 & 72 & 98 & 3 \end{vmatrix}$

解）

① 対角行列なので、対角成分の積が行列式の値となり

$$abcd$$

となる。

② 三角行列なので、対角成分の積が行列式の値となり

$$2 \times 5 \times 3 \times 4 = 120$$

となる。

③　三角行列なので、対角成分の積が行列式の値となり

$$2\times1\times8\times3=48$$

となる。

演習 4-23　次の行列式を三角行列に変形して、その値を求めよ。

$$\begin{vmatrix} 1 & 1 & 1 & 1 \\ 1 & a & 1 & 1 \\ 1 & 1 & b & 1 \\ 1 & 1 & 1 & c \end{vmatrix}$$

解）　行列式に行基本変形を加えて以下のように変形する。ここで、加えた変形は行列式の右側に示している。

$$\begin{vmatrix} 1 & 1 & 1 & 1 \\ 1 & a & 1 & 1 \\ 1 & 1 & b & 1 \\ 1 & 1 & 1 & c \end{vmatrix} = \begin{vmatrix} 1 & 1 & 1 & 1 \\ 0 & a-1 & 0 & 0 \\ 0 & 0 & b-1 & 0 \\ 0 & 0 & 0 & c-1 \end{vmatrix} \begin{matrix} \\ r_2-r_1 \\ r_3-r_1 \\ r_4-r_1 \end{matrix}$$

よって

$$\begin{vmatrix} 1 & 1 & 1 & 1 \\ 1 & a & 1 & 1 \\ 1 & 1 & b & 1 \\ 1 & 1 & 1 & c \end{vmatrix} = \begin{vmatrix} 1 & 1 & 1 & 1 \\ 0 & a-1 & 0 & 0 \\ 0 & 0 & b-1 & 0 \\ 0 & 0 & 0 & c-1 \end{vmatrix} = (a-1)(b-1)(c-1)$$

となる。

演習 4-24　つぎの行列式の値を求めよ。

$$\Delta = \begin{vmatrix} -2 & 1 & 0 & 1 \\ 3 & 0 & 1 & -3 \\ -1 & 4 & -4 & 1 \\ 2 & 1 & -1 & -2 \end{vmatrix}$$

解）　行および列基本変形を行う。4 列目を 1 列目に足すと

$$\begin{vmatrix} -2 & 1 & 0 & 1 \\ 3 & 0 & 1 & -3 \\ -1 & 4 & -4 & 1 \\ 2 & 1 & -1 & -2 \end{vmatrix} \quad \rightarrow \quad \begin{vmatrix} -1 & 1 & 0 & 1 \\ 0 & 0 & 1 & -3 \\ 0 & 4 & -4 & -1 \\ 0 & 1 & -1 & -2 \end{vmatrix}$$

つぎに、3 列目を 2 列目に足し、3 行目の 1/4 倍を 4 行目から引くと三角行列式のかたちに変形することができる。

$$\rightarrow \begin{vmatrix} -1 & 1 & 0 & 1 \\ 0 & 1 & 1 & -3 \\ 0 & 0 & -4 & 1 \\ 0 & 0 & -1 & -2 \end{vmatrix} \rightarrow \begin{vmatrix} -1 & 1 & 0 & 1 \\ 0 & 1 & 1 & -3 \\ 0 & 0 & -4 & 1 \\ 0 & 0 & 0 & -9/4 \end{vmatrix}$$

したがって

$$\Delta = -1 \times 1 \times (-4) \times (-9/4) = -9$$

となる。

このように、次数の大きな行列の行列式においては、行および列基本変形の手法を利用して、三角行列式に変形できれば、その値を得ることができる。

4. 6.　行列の積と行列式

行列式の計算には、つぎの便利な性質がある。それは

$$\left|\tilde{\boldsymbol{A}}\tilde{\boldsymbol{B}}\right| = \left|\tilde{\boldsymbol{A}}\right|\left|\tilde{\boldsymbol{B}}\right|$$

というものである。

実際に 2 次正方行列で、この関係を確かめてみよう。

$$\tilde{\boldsymbol{A}} = \begin{pmatrix} a_{11} & a_{12} \\ a_{21} & a_{22} \end{pmatrix} \qquad \tilde{\boldsymbol{B}} = \begin{pmatrix} b_{11} & b_{12} \\ b_{21} & b_{22} \end{pmatrix}$$

とすると

$$\tilde{\boldsymbol{A}}\,\tilde{\boldsymbol{B}} = \begin{pmatrix} a_{11} & a_{12} \\ a_{21} & a_{22} \end{pmatrix}\begin{pmatrix} b_{11} & b_{12} \\ b_{21} & b_{22} \end{pmatrix} = \begin{pmatrix} a_{11}b_{11} + a_{12}b_{21} & a_{11}b_{12} + a_{12}b_{22} \\ a_{21}b_{11} + a_{22}b_{21} & a_{21}b_{12} + a_{22}b_{22} \end{pmatrix}$$

となる。よって

$$\left|\tilde{A}\,\tilde{B}\right| = (a_{11}b_{11} + a_{12}b_{21})(a_{21}b_{12} + a_{22}b_{22}) - (a_{11}b_{12} + a_{12}b_{22})(a_{21}b_{11} + a_{22}b_{21})$$

$$= a_{11}a_{22}b_{11}b_{22} - a_{11}a_{22}b_{12}b_{21} - a_{12}a_{21}b_{11}b_{22} + a_{12}a_{21}b_{12}b_{21}$$

となる。一方

$$\left|\tilde{A}\right| = a_{11}a_{22} - a_{12}a_{21} \qquad \left|\tilde{B}\right| = b_{11}b_{22} - b_{12}b_{21}$$

であるから

$$\left|\tilde{A}\right|\left|\tilde{B}\right| = (a_{11}\,a_{22} - a_{12}\,a_{21})(b_{11}\,b_{22} - b_{12}\,b_{21})$$

$$= a_{11}a_{22}b_{11}b_{22} - a_{11}a_{22}b_{12}b_{21} - a_{12}a_{21}b_{11}b_{22} + a_{12}a_{21}b_{12}b_{21}$$

となって両者は一致する。

演習 4-25　つぎの行列において $\left|\tilde{A}\tilde{B}\right| = \left|\tilde{A}\right|\left|\tilde{B}\right|$ が成立することを確かめよ。

$$\tilde{A} = \begin{pmatrix} 1 & 2 \\ 3 & 1 \end{pmatrix} \qquad \tilde{B} = \begin{pmatrix} 2 & 3 \\ 3 & 4 \end{pmatrix}$$

解)

$$\tilde{A}\tilde{B} = \begin{pmatrix} 1 & 2 \\ 3 & 1 \end{pmatrix}\begin{pmatrix} 2 & 3 \\ 3 & 4 \end{pmatrix} = \begin{pmatrix} 8 & 11 \\ 9 & 13 \end{pmatrix}$$

である。よって

$$\left|\tilde{A}\tilde{B}\right| = \begin{vmatrix} 8 & 11 \\ 9 & 13 \end{vmatrix} = 104 - 99 = 5$$

となる。つぎに

$$\left|\tilde{A}\right| = \begin{vmatrix} 1 & 2 \\ 3 & 1 \end{vmatrix} = 1 - 6 = -5 \qquad \left|\tilde{B}\right| = \begin{vmatrix} 2 & 3 \\ 3 & 4 \end{vmatrix} = 8 - 9 = -1$$

から

$$\left|\tilde{A}\tilde{B}\right| = 5 \qquad \left|\tilde{A}\right|\left|\tilde{B}\right| = (-5)(-1) = 5$$

となって

$$\left|\tilde{A}\tilde{B}\right| = \left|\tilde{A}\right|\left|\tilde{B}\right|$$

という関係が成立することが確かめられる。

ここで、$\left|\tilde{\boldsymbol{A}}\tilde{\boldsymbol{B}}\right| = \left|\tilde{\boldsymbol{A}}\right|\left|\tilde{\boldsymbol{B}}\right|$ において $\tilde{\boldsymbol{B}} = \tilde{\boldsymbol{A}}$ と置くと

$$\left|\tilde{\boldsymbol{A}}^2\right| = \left|\tilde{\boldsymbol{A}}\right|^2 \qquad \text{そして} \qquad \left|\tilde{\boldsymbol{A}}^n\right| = \left|\tilde{\boldsymbol{A}}\right|^n$$

が成立することがわかる。また

$$\left|\tilde{\boldsymbol{A}}\tilde{\boldsymbol{B}}\tilde{\boldsymbol{C}}\right| = \left|\tilde{\boldsymbol{A}}\right|\left|\tilde{\boldsymbol{B}}\right|\left|\tilde{\boldsymbol{C}}\right|$$

となることも容易にわかるであろう。

演習 4-26　$\left|\tilde{\boldsymbol{A}}\tilde{\boldsymbol{B}}\right| = \left|\tilde{\boldsymbol{A}}\right|\left|\tilde{\boldsymbol{B}}\right|$ という関係を利用して、逆行列の行列式がつぎの関係を満足することを確かめよ。

$$\left|\tilde{\boldsymbol{A}}^{-1}\right| = \frac{1}{\left|\tilde{\boldsymbol{A}}\right|}$$

解）　$\left|\tilde{\boldsymbol{A}}\tilde{\boldsymbol{B}}\right| = \left|\tilde{\boldsymbol{A}}\right|\left|\tilde{\boldsymbol{B}}\right|$ において

$$\tilde{\boldsymbol{B}} = \tilde{\boldsymbol{A}}^{-1}$$

とすると

$$\left|\tilde{\boldsymbol{A}}\tilde{\boldsymbol{A}}^{-1}\right| = \left|\tilde{\boldsymbol{A}}\right|\left|\tilde{\boldsymbol{A}}^{-1}\right| \qquad \left|\tilde{\boldsymbol{A}}\tilde{\boldsymbol{A}}^{-1}\right| = \left|\tilde{\boldsymbol{E}}\right| = 1$$

から

$$\left|\tilde{\boldsymbol{A}}^{-1}\right| = \frac{1}{\left|\tilde{\boldsymbol{A}}\right|}$$

となる。

つまり、逆行列 $\tilde{\boldsymbol{A}}^{-1}$ の行列式は、もとの行列 $\tilde{\boldsymbol{A}}$ の行列式の逆数に等しいのである。また、この結果から

$$\left|\tilde{\boldsymbol{A}}\right| = 0$$

のとき、逆行列が存在しないこともわかる。このような行列 $\tilde{\boldsymbol{A}}$ を**特異行列** (singular matrix) と呼んでいる。

一方、$\left|\tilde{\boldsymbol{A}}\right| \neq 0$ のときには逆行列が存在することになり、このような行列を**正則行列** (regular matrix) と呼んでいる。

> **演習 4-27**　つぎの関係
>
> $$\tilde{\boldsymbol{A}}^4 + \tilde{\boldsymbol{A}}^3 + \tilde{\boldsymbol{A}}^2 + \tilde{\boldsymbol{A}} + \tilde{\boldsymbol{E}} = \tilde{\boldsymbol{O}}$$
>
> が成立するとき $\left|\tilde{\boldsymbol{A}}\right|$ の値を求めよ。ただし右辺は成分がすべて 0 の行列である。

解)　与式において、左から $\tilde{\boldsymbol{A}} - \tilde{\boldsymbol{E}}$ を掛けると

$$(\tilde{\boldsymbol{A}} - \tilde{\boldsymbol{E}})(\tilde{\boldsymbol{A}}^4 + \tilde{\boldsymbol{A}}^3 + \tilde{\boldsymbol{A}}^2 + \tilde{\boldsymbol{A}} + \tilde{\boldsymbol{E}}) = \tilde{\boldsymbol{O}}$$

となり

$$\tilde{\boldsymbol{A}}^5 - \tilde{\boldsymbol{E}} = \tilde{\boldsymbol{O}} \qquad \tilde{\boldsymbol{A}}^5 = \tilde{\boldsymbol{E}}$$

という関係が得られる。

したがって

$$\left|\tilde{\boldsymbol{A}}^5\right| = \left|\tilde{\boldsymbol{A}}\right|^5 = \left|\tilde{\boldsymbol{E}}\right| = 1$$

となり

$$\left|\tilde{\boldsymbol{A}}\right| = 1$$

となる。

成分がすべて 0 の行列のことを**ゼロ行列** (zero matrix) と呼ぶ。英語では null matrix とも呼ぶ。本書では、ゼロ行列の表記には、英文字の「オー」O のイタリック体を太字とした $\boldsymbol{O}$ の頭にチルダ～を付している。教科書によっては、数字の 0 を使う場合もある。

第 5 章　クラメルの公式

クラメルの公式は、連立 1 次方程式の解法として、とても優れている。行列式の計算さえできれば、機械的な操作によって多元連立方程式の解がただちに得られるからである。

ところで、なぜ、この公式によって解が得られるのであろうか。実は、行列式がもつ性質、つまり行あるいは列基本変形の手法を使うことで、その証明が簡単にできるのである。本章では、それを紹介する。

5. 1.　クラメルの公式の導出

つぎの 2 元連立方程式を考えてみよう。

$$\begin{cases} ax + by = p \\ cx + dy = q \end{cases}$$

この係数行列の行列式は

$$\begin{vmatrix} a & b \\ c & d \end{vmatrix}$$

であるが、この行列式の第 1 列目に x を掛けてみよう。行列式の性質ですでに学んだように、この場合、最初の行列式の値は x 倍されて

$$\begin{vmatrix} ax & b \\ cx & d \end{vmatrix} = x \begin{vmatrix} a & b \\ c & d \end{vmatrix}$$

という関係が得られる。

ここで連立方程式から

$$\begin{cases} ax = p - by \\ cx = q - dy \end{cases}$$

であるから、左辺の行列式に代入すると

$$\begin{vmatrix} ax & b \\ cx & d \end{vmatrix} = \begin{vmatrix} p-by & b \\ q-dy & d \end{vmatrix}$$

となる。

演習 5-1　つぎの行列式を計算せよ。

$$\begin{vmatrix} p-by & b \\ q-dy & d \end{vmatrix}$$

解）　1 列目を分解すると

$$\begin{vmatrix} p-by & b \\ q-dy & d \end{vmatrix} = \begin{vmatrix} p & b \\ q & d \end{vmatrix} - \begin{vmatrix} by & b \\ dy & d \end{vmatrix} = \begin{vmatrix} p & b \\ q & d \end{vmatrix} - y\begin{vmatrix} b & b \\ d & d \end{vmatrix}$$

となる。

$$\begin{vmatrix} b & b \\ d & d \end{vmatrix} = 0$$

であるから

$$\begin{vmatrix} p-by & b \\ q-dy & d \end{vmatrix} = \begin{vmatrix} p & b \\ q & d \end{vmatrix}$$

となる。

あるいは、右辺の行列式は

$$\begin{vmatrix} p & b \\ q & d \end{vmatrix}$$

の 2 列目の y 倍を 1 列目から引いたものなので、列基本変形に他ならない。したがって

$$\begin{vmatrix} p-by & b \\ q-dy & d \end{vmatrix} = \begin{vmatrix} p & b \\ q & d \end{vmatrix}$$

となる。

よって

$$\begin{vmatrix} ax & b \\ cx & d \end{vmatrix} = \begin{vmatrix} p & b \\ q & d \end{vmatrix}$$

となり

$$\begin{vmatrix} ax & b \\ cx & d \end{vmatrix} = x\begin{vmatrix} a & b \\ c & d \end{vmatrix} = \begin{vmatrix} p & b \\ q & d \end{vmatrix}$$

から、結局 x は

$$x = \frac{\begin{vmatrix} p & b \\ q & d \end{vmatrix}}{\begin{vmatrix} a & b \\ c & d \end{vmatrix}}$$

と与えられる。これがクラメルの公式である。

演習 5-2　クラメルの公式の手法を使って、つぎの連立1次方程式の解 y を求めよ。

$$\begin{cases} ax + by = p \\ cx + dy = q \end{cases}$$

解）　連立方程式から

$$\begin{cases} by = p - ax \\ dy = q - cx \end{cases}$$

となる。ここで

$$\begin{vmatrix} a & by \\ c & dy \end{vmatrix} = y\begin{vmatrix} a & b \\ c & d \end{vmatrix}$$

であるが

$$\begin{vmatrix} a & by \\ c & dy \end{vmatrix} = \begin{vmatrix} a & p-ax \\ c & q-cx \end{vmatrix} = \begin{vmatrix} a & p \\ c & q \end{vmatrix} - \begin{vmatrix} a & ax \\ c & cx \end{vmatrix} = \begin{vmatrix} a & p \\ c & q \end{vmatrix} - x\begin{vmatrix} a & a \\ c & c \end{vmatrix} = \begin{vmatrix} a & p \\ c & q \end{vmatrix}$$

から

$$y = \frac{\begin{vmatrix} a & p \\ c & q \end{vmatrix}}{\begin{vmatrix} a & b \\ c & d \end{vmatrix}}$$

が得られる。

演習 5-3　3元連立1次方程式においても、その解がクラメルの公式によって与えられることを確かめよ。

解）　つぎの連立方程式を解いてみよう。

$$\begin{cases} a_1 x + b_1 y + c_1 z = p \\ a_2 x + b_2 y + c_2 z = q \\ a_3 x + b_3 y + c_3 z = r \end{cases}$$

この係数行列の行列式は

$$\begin{vmatrix} a_1 & b_1 & c_1 \\ a_2 & b_2 & c_2 \\ a_3 & b_3 & c_3 \end{vmatrix}$$

である。

行列式の第 1 列目に x を掛けると

$$\begin{vmatrix} a_1x & b_1 & c_1 \\ a_2x & b_2 & c_2 \\ a_3x & b_3 & c_3 \end{vmatrix} = x\begin{vmatrix} a_1 & b_1 & c_1 \\ a_2 & b_2 & c_2 \\ a_3 & b_3 & c_3 \end{vmatrix}$$

という関係が得られる。

ここで連立方程式を見ると

$$\begin{cases} a_1 x = p - b_1 y - c_1 z \\ a_2 x = q - b_2 y - c_2 z \\ a_3 x = r - b_3 y - c_3 z \end{cases}$$

という関係にあるので、これらの関係式を行列式に代入すると

$$\begin{vmatrix} a_1x & b_1 & c_1 \\ a_2x & b_2 & c_2 \\ a_3x & b_3 & c_3 \end{vmatrix} = \begin{vmatrix} p - b_1 y - c_1 z & b_1 & c_1 \\ q - b_2 y - c_2 z & b_2 & c_2 \\ r - b_3 y - c_3 z & b_3 & c_3 \end{vmatrix}$$

となる。

ここで、右辺の行列式を 1 列目で分解すると

$$\begin{vmatrix} p - b_1 y - c_1 z & b_1 & c_1 \\ q - b_2 y - c_2 z & b_2 & c_2 \\ r - b_3 y - c_3 z & b_3 & c_3 \end{vmatrix} = \begin{vmatrix} p & b_1 & c_1 \\ q & b_2 & c_2 \\ r & b_3 & c_3 \end{vmatrix} - y\begin{vmatrix} b_1 & b_1 & c_1 \\ b_2 & b_2 & c_2 \\ b_3 & b_3 & c_3 \end{vmatrix} - z\begin{vmatrix} c_1 & b_1 & c_1 \\ c_2 & b_2 & c_2 \\ c_3 & b_3 & c_3 \end{vmatrix}$$

となる。ここで、右辺の第 2 項、第 3 項の行列式は 0 であるから

$$\begin{vmatrix} p - b_1 y - c_1 z & b_1 & c_1 \\ q - b_2 y - c_2 z & b_2 & c_2 \\ r - b_3 y - c_3 z & b_3 & c_3 \end{vmatrix} = \begin{vmatrix} p & b_1 & c_1 \\ q & b_2 & c_2 \\ r & b_3 & c_3 \end{vmatrix}$$

となる。したがって

$$\begin{vmatrix} a_1x & b_1 & c_1 \\ a_2x & b_2 & c_2 \\ a_3x & b_3 & c_3 \end{vmatrix} = x\begin{vmatrix} a_1 & b_1 & c_1 \\ a_2 & b_2 & c_2 \\ a_3 & b_3 & c_3 \end{vmatrix} = \begin{vmatrix} p & b_1 & c_1 \\ q & b_2 & c_2 \\ r & b_3 & c_3 \end{vmatrix}$$

から x は

$$x = \frac{\begin{vmatrix} p & b_1 & c_1 \\ q & b_2 & c_2 \\ r & b_3 & c_3 \end{vmatrix}}{\begin{vmatrix} a_1 & b_1 & c_1 \\ a_2 & b_2 & c_2 \\ a_3 & b_3 & c_3 \end{vmatrix}}$$

と与えられる。

まったく同じ要領で y と z も

$$y = \frac{\begin{vmatrix} a_1 & p & c_1 \\ a_2 & q & c_2 \\ a_3 & r & c_3 \end{vmatrix}}{\begin{vmatrix} a_1 & b_1 & c_1 \\ a_2 & b_2 & c_2 \\ a_3 & b_3 & c_3 \end{vmatrix}} \qquad z = \frac{\begin{vmatrix} a_1 & b_1 & p \\ a_2 & b_2 & q \\ a_3 & b_3 & r \end{vmatrix}}{\begin{vmatrix} a_1 & b_1 & c_1 \\ a_2 & b_2 & c_2 \\ a_3 & b_3 & c_3 \end{vmatrix}}$$

と与えられる。

これが、クラメルの公式が成立するトリックである。これら導出方法は、簡単に n 次行列にも適用できることがわかるであろう。

5.2.　多元連立 1 次方程式の解法

クラメルの公式は、どんなに変数が増えたとしても、単純に当てはめることで、解が自動的に得られる。例として、クラメルの公式を利用して、つぎの 5 元連立 1 次方程式の解法を行ってみよう。

$$
\begin{cases}
x_1 + 2x_2 + 2x_3 + x_4 + 4x_5 = 3 \\
3x_1 + \quad\quad 4x_3 + 2x_4 + 5x_5 = 4 \\
2x_1 + 3x_2 + 4x_3 + \quad\quad x_5 = 3 \\
2x_1 + 3x_2 + 4x_3 + 3x_4 + 6x_5 = 10 \\
4x_1 + x_2 + 6x_3 + 2x_4 + 7x_5 = 3
\end{cases}
$$

これを行列とベクトルで整理すると

$$
\begin{pmatrix} 1 & 2 & 2 & 1 & 4 \\ 3 & 0 & 4 & 2 & 5 \\ 2 & 3 & 4 & 0 & 1 \\ 2 & 3 & 4 & 3 & 6 \\ 4 & 1 & 6 & 2 & 7 \end{pmatrix}
\begin{pmatrix} x_1 \\ x_2 \\ x_3 \\ x_4 \\ x_5 \end{pmatrix}
=
\begin{pmatrix} 3 \\ 4 \\ 3 \\ 10 \\ 3 \end{pmatrix}
$$

と書くことができる。

演習 5-4　下記の係数行列の行列式に基本変形を施し、その値を求めよ。

$$
\left|\tilde{\boldsymbol{A}}\right| = \begin{vmatrix} 1 & 2 & 2 & 1 & 4 \\ 3 & 0 & 4 & 2 & 5 \\ 2 & 3 & 4 & 0 & 1 \\ 2 & 3 & 4 & 3 & 6 \\ 4 & 1 & 6 & 2 & 7 \end{vmatrix}
$$

解）　1 行目の成分の定数倍を各行から引いて、1 列目の 2 行目以降の要素をすべて 0 にする操作を行う。すると

$$
\begin{vmatrix} 1 & 2 & 2 & 1 & 4 \\ 3 & 0 & 4 & 2 & 5 \\ 2 & 3 & 4 & 0 & 1 \\ 2 & 3 & 4 & 3 & 6 \\ 4 & 1 & 6 & 2 & 7 \end{vmatrix}
=
\begin{vmatrix} 1 & 2 & 2 & 1 & 4 \\ 0 & -6 & -2 & -1 & -7 \\ 0 & -1 & 0 & -2 & -7 \\ 0 & -1 & 0 & 1 & -2 \\ 0 & -7 & -2 & -2 & -9 \end{vmatrix}
$$

となる。

さらに、5 行目から 2 行目を引くと

$$\begin{vmatrix} 1 & 2 & 2 & 1 & 4 \\ 0 & -6 & -2 & -1 & -7 \\ 0 & -1 & 0 & -2 & -7 \\ 0 & -1 & 0 & 1 & -2 \\ 0 & -1 & 0 & -1 & -2 \end{vmatrix}$$

となる。

つぎに、1 行目に 5 行目の 2 倍を足し、3, 4 行目から 5 行目を引くと

$$\begin{vmatrix} 1 & 2 & 2 & 1 & 4 \\ 0 & -6 & -2 & -1 & -7 \\ 0 & -1 & 0 & -2 & -7 \\ 0 & -1 & 0 & 1 & -2 \\ 0 & -1 & 0 & -1 & -2 \end{vmatrix} = \begin{vmatrix} 1 & 0 & 2 & -1 & 0 \\ 0 & -6 & -2 & -1 & -7 \\ 0 & 0 & 0 & -1 & -5 \\ 0 & 0 & 0 & 2 & 0 \\ 0 & -1 & 0 & -1 & -2 \end{vmatrix}$$

となる。さらに 2 行目と 5 行目の入れ替えをした後で、2, 5 行目に (-1) を掛ける。ここで、行の入れ替えによって符号は反転する。

$$\begin{vmatrix} 1 & 0 & 2 & -1 & 0 \\ 0 & -6 & -2 & -1 & -7 \\ 0 & 0 & 0 & -1 & -5 \\ 0 & 0 & 0 & 2 & 0 \\ 0 & -1 & 0 & -1 & -2 \end{vmatrix} = -\begin{vmatrix} 1 & 0 & 2 & -1 & 0 \\ 0 & 1 & 0 & 1 & 2 \\ 0 & 0 & 0 & -1 & -5 \\ 0 & 0 & 0 & 2 & 0 \\ 0 & 6 & 2 & 1 & 7 \end{vmatrix}$$

5 行目から 2 行目の 6 倍を引き、3 行目と 5 行目を入れ替えると

$$-\begin{vmatrix} 1 & 0 & 2 & -1 & 0 \\ 0 & 1 & 0 & 1 & 2 \\ 0 & 0 & 0 & -1 & -5 \\ 0 & 0 & 0 & 2 & 0 \\ 0 & 6 & 2 & 1 & 7 \end{vmatrix} = -\begin{vmatrix} 1 & 0 & 2 & -1 & 0 \\ 0 & 1 & 0 & 1 & 2 \\ 0 & 0 & 2 & -5 & -5 \\ 0 & 0 & 0 & 2 & 0 \\ 0 & 0 & 0 & -1 & -5 \end{vmatrix}$$

さらに 5 行目から 4 行目の $(1/2)$ 倍を足すと、三角行列の行列式となる。

$$\begin{vmatrix} 1 & 0 & 2 & -1 & 0 \\ 0 & 1 & 0 & 1 & 2 \\ 0 & 0 & 2 & -5 & -5 \\ 0 & 0 & 0 & 2 & 0 \\ 0 & 0 & 0 & 0 & -5 \end{vmatrix}$$

あとは、対角成分の積を計算すればよいので

$$1\times1\times2\times2\times(-5)=-20$$

となり、係数行列の行列式の値は

$$\left|\tilde{\boldsymbol{A}}\right|=-20$$

となる。

ここで紹介した変形はあくまでも数ある中のひとつである。読者の皆さんには、自分で計算に挑戦してみてほしい。

演習 5-5　係数行列において x_1 の係数を定数項に変えた行列式の値を求めよ。

$$\Delta=\begin{vmatrix}3&2&2&1&4\\4&0&4&2&5\\3&3&4&0&1\\10&3&4&3&6\\3&1&6&2&7\end{vmatrix}$$

解）　基本変形を施す。まず、1 列目と 4 列目を入れ替えた後で、5 行目から 2 行目を、4 行目から 3 行目を引くと

$$\begin{vmatrix}3&2&2&1&4\\4&0&4&2&5\\3&3&4&0&1\\10&3&4&3&6\\3&1&6&2&7\end{vmatrix}=-\begin{vmatrix}1&2&2&3&4\\2&0&4&4&5\\0&3&4&3&1\\3&3&4&10&6\\2&1&6&3&7\end{vmatrix}=-\begin{vmatrix}1&2&2&3&4\\2&0&4&4&5\\0&3&4&3&1\\3&0&0&7&5\\0&1&2&-1&2\end{vmatrix}$$

となる。つぎに、1 行目から 5 行目の 2 倍を引き、3 行目から 5 行目の 3 倍を引いて、2 行目と 5 行目を入れ替えると

$$-\begin{vmatrix}1&2&2&3&4\\2&0&4&4&5\\0&3&4&3&1\\3&0&0&7&5\\0&1&2&-1&2\end{vmatrix}=-\begin{vmatrix}1&0&-2&5&0\\2&0&4&4&5\\0&0&-2&6&-5\\3&0&0&7&5\\0&1&2&-1&2\end{vmatrix}=\begin{vmatrix}1&0&-2&5&0\\0&1&2&-1&2\\0&0&-2&6&-5\\3&0&0&7&5\\2&0&4&4&5\end{vmatrix}$$

4行目から1行目の3倍、5行目から1行目の2倍を引いた後で、3列目から5列目を引き、4列目に5列目を足す。

$$\begin{vmatrix} 1 & 0 & -2 & 5 & 0 \\ 0 & 1 & 2 & -1 & 2 \\ 0 & 0 & -2 & 6 & -5 \\ 3 & 0 & 0 & 7 & 5 \\ 2 & 0 & 4 & 4 & 5 \end{vmatrix} = \begin{vmatrix} 1 & 0 & -2 & 5 & 0 \\ 0 & 1 & 2 & -1 & 2 \\ 0 & 0 & -2 & 6 & -5 \\ 0 & 0 & 6 & -8 & 5 \\ 0 & 0 & 8 & -6 & 5 \end{vmatrix} = \begin{vmatrix} 1 & 0 & -2 & 5 & 0 \\ 0 & 1 & 0 & 1 & 2 \\ 0 & 0 & 3 & 1 & -5 \\ 0 & 0 & 1 & -3 & 5 \\ 0 & 0 & 3 & -1 & 5 \end{vmatrix}$$

5行目から3行目を引き、1行目に4行目の2倍を足した後で、4行目から3行目の (1/3) 倍を引く。

$$\begin{vmatrix} 1 & 0 & -2 & 5 & 0 \\ 0 & 1 & 0 & 1 & 2 \\ 0 & 0 & 3 & 1 & -5 \\ 0 & 0 & 1 & -3 & 5 \\ 0 & 0 & 3 & -1 & 5 \end{vmatrix} = \begin{vmatrix} 1 & 0 & 0 & -1 & 10 \\ 0 & 1 & 0 & 1 & 2 \\ 0 & 0 & 3 & 1 & -5 \\ 0 & 0 & 1 & -3 & 5 \\ 0 & 0 & 0 & -2 & 10 \end{vmatrix} = \begin{vmatrix} 1 & 0 & 0 & -1 & 10 \\ 0 & 1 & 0 & 1 & 2 \\ 0 & 0 & 3 & 1 & -5 \\ 0 & 0 & 0 & -10/3 & 20/3 \\ 0 & 0 & 0 & -2 & 10 \end{vmatrix}$$

最後に5行目から4行目の3/5倍を引くと三角行列が得られる。後は、対角成分を掛ければ、行列式の値が得られ

$$\begin{vmatrix} 1 & 0 & 0 & -1 & 10 \\ 0 & 1 & 0 & 1 & 2 \\ 0 & 0 & 3 & 1 & -5 \\ 0 & 0 & 0 & -10/3 & 20/3 \\ 0 & 0 & 0 & -2 & 10 \end{vmatrix} = \begin{vmatrix} 1 & 0 & 0 & -1 & 10 \\ 0 & 1 & 0 & 1 & 2 \\ 0 & 0 & 3 & 1 & -5 \\ 0 & 0 & 0 & -10/3 & 20/3 \\ 0 & 0 & 0 & 0 & 6 \end{vmatrix} = -60$$

となる。

したがって、x_1の値は

$$x_1 = \frac{1}{|\tilde{\boldsymbol{A}}|} \begin{vmatrix} 3 & 2 & 2 & 1 & 4 \\ 4 & 0 & 4 & 2 & 5 \\ 3 & 3 & 4 & 0 & 1 \\ 10 & 3 & 4 & 3 & 6 \\ 3 & 1 & 6 & 2 & 7 \end{vmatrix} = \frac{1}{-20}(-60) = 3$$

となる。他の解も同様に得られる。

5. 3.　EXCELによる行列式の計算

次数の大きな行列の行列式の計算は時間と労力を要する。かつての大学の研究室では 10×10 行列の行列式を計算するために、研究室総出で計算を行ったこともある。

演習のためには、実際に、自分で計算するのも重要であるが、Microsoft EXCEL の MDETERM 関数を利用すれば簡単に計算できるので、それを利用することも可能である。M は matrix の略、DETERM は行列式の determinant に対応している。

まず、逆行列を求めたときと同じように、適当なセルに行列を入力する。ここでは A1 から E5 の範囲に 5×5 行列を入力している。つぎに、計算結果を表示したいセルを選択する。ここでは G2 を選択している。

G2 に =MDETERM(A1: E5) と入力したうえで、ctrl キーと shift キーを押しながら、enter キーをクリックすると G2 に、−20 という計算結果が出力される。

	A	B	C	D	E	F	G	H
1	1	2	2	1	4			
2	3	0	4	2	5		−20	
3	2	3	4	0	1			
4	2	3	4	3	6			
5	4	1	6	2	7			

次数の高い行列の行列式の計算においては、自分で手計算を実行したあとで、その答え合わせとして、EXCEL を利用するのも一案である。

5. 4.　同次方程式の解

つぎの 3 元連立 1 次方程式を解いてみよう。

$$\begin{cases} x + y - z = 0 \\ 4x + y - 2z = 0 \\ 5x + 2y - 3z = 0 \end{cases}$$

定数項が 0 の方程式を**同次方程式** (homogeneous equation) と呼ぶ。この連立方程式は 3 個の同次方程式からなっている。

同次連立 1 次方程式には、自明解として

$$x = 0, \quad y = 0, \quad z = 0$$

があることが知られている。

しかし、これらの解は自明であるものの有用ではない。実は、同次連立 1 次方程式が**自明ではない解** (nontrivial solution) を有する場合もある。

ところで、いまの連立 1 次方程式をクラメルの公式を使って解くと

$$x = \frac{\begin{vmatrix} 0 & 1 & -1 \\ 0 & 1 & -2 \\ 0 & 2 & -3 \end{vmatrix}}{\begin{vmatrix} 1 & 1 & -1 \\ 4 & 1 & -2 \\ 5 & 2 & -3 \end{vmatrix}} \qquad y = \frac{\begin{vmatrix} 1 & 0 & -1 \\ 4 & 0 & -2 \\ 5 & 0 & -3 \end{vmatrix}}{\begin{vmatrix} 1 & 1 & -1 \\ 4 & 1 & -2 \\ 5 & 2 & -3 \end{vmatrix}} \qquad z = \frac{\begin{vmatrix} 1 & 1 & 0 \\ 4 & 1 & 0 \\ 5 & 2 & 0 \end{vmatrix}}{\begin{vmatrix} 1 & 1 & -1 \\ 4 & 1 & -2 \\ 5 & 2 & -3 \end{vmatrix}}$$

となる。

分子の行列式の 1 列が 0 であるから、すべて分子は 0 となる。ところで、この連立方程式の係数行列の行列式は

$$\begin{vmatrix} 1 & 1 & -1 \\ 4 & 1 & -2 \\ 5 & 2 & -3 \end{vmatrix} = \begin{vmatrix} 1 & -2 \\ 2 & -3 \end{vmatrix} - \begin{vmatrix} 4 & -2 \\ 5 & -3 \end{vmatrix} - \begin{vmatrix} 4 & 1 \\ 5 & 2 \end{vmatrix}$$

$$= (-3 + 4) - (-12 + 10) - (8 - 5) = 0$$

となっており、分母の係数行列の行列式の値も 0 となる。

実は、係数行列の行列式が 0 ではない場合は、同次方程式に自明解しか存在しないが、0 の場合には、自明ではない解が存在する。ただし、残念ながら、その解を行列や行列式を使った手法で解くことはできない。

ちなみに、いまの場合の解は、普通の方法で解くことができ、a を適当な実数とすると

$$x = a, \quad y = 2a, \quad z = 3a$$

と与えられる。

一般に同次方程式からなる n 元連立 1 次方程式

$$\tilde{\boldsymbol{A}}\boldsymbol{x} = 0$$

において、自明ではない解をもつ条件は

$$\left|\tilde{\boldsymbol{A}}\right| = 0$$

である。

> **演習 5-6**　つぎの同次 3 元連立 1 次方程式が自明解以外の解をもつときの a の値を求めよ。
>
> $$\begin{cases} ax + (a-1)y + 2z = 0 \\ 3x + ay + (a+2)z = 0 \\ x + y + 2z = 0 \end{cases}$$

解）　この連立方程式が自明解である $x = y = z = 0$ 以外の解を持つための条件は、係数行列の行列式が 0 になることである。よって

$$\begin{vmatrix} a & a-1 & 2 \\ 3 & a & a+2 \\ 1 & 1 & 2 \end{vmatrix} = 0$$

である。

1 行目の成分で余因子展開すると

$$\begin{vmatrix} a & a-1 & 2 \\ 3 & a & a+2 \\ 1 & 1 & 2 \end{vmatrix} = a\begin{vmatrix} a & a+2 \\ 1 & 2 \end{vmatrix} - (a-1)\begin{vmatrix} 3 & a+2 \\ 1 & 2 \end{vmatrix} + 2\begin{vmatrix} 3 & a \\ 1 & 1 \end{vmatrix}$$

$$= a\,\{2a-(a+2)\} - (a-1)\{6-(a+2)\} + 2\,(3-a)$$

$$= 2a^2 - 9a + 10$$

となる。よって、a は

$$2a^2 - 9a + 10 = (2a-5)(a-2) = 0$$

より

$$a = 2,\quad \frac{5}{2}$$

となる。

実は、量子力学を含めた多くの理工系分野で、多元同次連立方程式を解法する場面が頻繁に登場する。そのとき、係数行列の行列式が 0 という条件から解を導くことが可能である。この手法は汎用性が高く、行列力学の確立とともに、線形代数が理工数学の発展に果たした大きな貢献のひとつであろうと個人的には感じている。

第 6 章　正方行列

線形代数の手法は広く理工系分野で応用されているが、その中でも重要な位置を占めるのが**正方行列** (square matrix) である。そこで、あらためて正方行列が有する特徴を本章で整理しておく。

6. 1.　正方行列の加減演算

n 次正方行列を $\tilde{\boldsymbol{A}}, \tilde{\boldsymbol{B}}$ としよう。ここで、任意の実数を $p\,,q$ とし

$$\tilde{\boldsymbol{F}} = p\tilde{\boldsymbol{A}} + q\tilde{\boldsymbol{B}}$$

という行列 $\tilde{\boldsymbol{F}}$ を考えると、この行列も n 次正方行列となる。また、第 1 章で紹介したように、行列の足し算、引き算は成分ごとに行う。ここで、行列の (i, j) 成分で示せば

$$F_{ij} = p\,A_{ij} + q\,B_{ij}$$

となる。

演習 6-1　$\tilde{\boldsymbol{A}}, \tilde{\boldsymbol{B}}$ がつぎの正方行列のとき $\tilde{\boldsymbol{F}} = 2\tilde{\boldsymbol{A}} - 3\tilde{\boldsymbol{B}}$ を求めよ。

$$\tilde{\boldsymbol{A}} = \begin{pmatrix} 1 & 0 & 4 \\ 0 & 2 & 2 \\ 0 & 1 & 0 \end{pmatrix} \qquad \tilde{\boldsymbol{B}} = \begin{pmatrix} 2 & 3 & 0 \\ 0 & 0 & 1 \\ 1 & 1 & 4 \end{pmatrix}$$

解)　行列 $\tilde{\boldsymbol{A}}, \tilde{\boldsymbol{B}}$ の成分ごとに計算すればよい。よって

$$\tilde{\boldsymbol{F}} = 2\tilde{\boldsymbol{A}} - 3\tilde{\boldsymbol{B}} = \begin{pmatrix} 2 & 0 & 8 \\ 0 & 4 & 4 \\ 0 & 2 & 0 \end{pmatrix} - \begin{pmatrix} 6 & 9 & 0 \\ 0 & 0 & 3 \\ 3 & 3 & 12 \end{pmatrix} = \begin{pmatrix} -4 & -9 & 8 \\ 0 & 4 & 1 \\ -3 & -1 & -12 \end{pmatrix}$$

となる。

つぎに正方行列の掛け算について見てみよう。第 1 章で紹介したように、ベクトルの内積の演算ルールを適用すればよい。

6. 2.　正方行列の掛け算

6. 2. 1.　べき乗計算

2 次正方行列

$$\tilde{\boldsymbol{A}} = \begin{pmatrix} a_{11} & a_{12} \\ a_{21} & a_{22} \end{pmatrix}$$

のべき乗計算は、同じ行列の掛け算を繰り返し実施すればよい。

$$\tilde{\boldsymbol{A}}^2 = \tilde{\boldsymbol{A}}\tilde{\boldsymbol{A}} = \begin{pmatrix} a_{11} & a_{12} \\ a_{21} & a_{22} \end{pmatrix}\begin{pmatrix} a_{11} & a_{12} \\ a_{21} & a_{22} \end{pmatrix} = \begin{pmatrix} {a_{11}}^2 + a_{12}a_{21} & a_{11}a_{12} + a_{12}a_{22} \\ a_{11}a_{21} + a_{21}a_{22} & a_{12}a_{21} + {a_{22}}^2 \end{pmatrix}$$

これ以降の $\tilde{\boldsymbol{A}}^3$ は $\tilde{\boldsymbol{A}}^2$ に $\tilde{\boldsymbol{A}}$ を作用させればよく

$$\tilde{\boldsymbol{A}}^2 = \tilde{\boldsymbol{A}}\tilde{\boldsymbol{A}} \qquad \tilde{\boldsymbol{A}}^3 = \tilde{\boldsymbol{A}}\tilde{\boldsymbol{A}}\tilde{\boldsymbol{A}} \qquad \ldots \qquad \tilde{\boldsymbol{A}}^n = \underbrace{\tilde{\boldsymbol{A}}\tilde{\boldsymbol{A}}\tilde{\boldsymbol{A}}\cdots\tilde{\boldsymbol{A}}}_{n}$$

となる。

演習 6-2　行列 $\tilde{\boldsymbol{A}} = \begin{pmatrix} 1 & 1 \\ 0 & 1 \end{pmatrix}$ に対して、$\tilde{\boldsymbol{A}}^2$ および $\tilde{\boldsymbol{A}}^3$ を計算せよ。

解）

$$\tilde{\boldsymbol{A}}^2 = \tilde{\boldsymbol{A}}\tilde{\boldsymbol{A}} = \begin{pmatrix} 1 & 1 \\ 0 & 1 \end{pmatrix}\begin{pmatrix} 1 & 1 \\ 0 & 1 \end{pmatrix} = \begin{pmatrix} 1 & 2 \\ 0 & 1 \end{pmatrix}$$

$$\tilde{\boldsymbol{A}}^3 = \tilde{\boldsymbol{A}}^2\tilde{\boldsymbol{A}} = \begin{pmatrix} 1 & 2 \\ 0 & 1 \end{pmatrix}\begin{pmatrix} 1 & 1 \\ 0 & 1 \end{pmatrix} = \begin{pmatrix} 1 & 3 \\ 0 & 1 \end{pmatrix}$$

となる。

この結果、x の多項式

$$f(x) = 1 + x + x^2 + x^3$$

に対応させて、正方行列の多項式

$$f(\tilde{\boldsymbol{A}}) = \tilde{\boldsymbol{E}} + \tilde{\boldsymbol{A}} + \tilde{\boldsymbol{A}}^2 + \tilde{\boldsymbol{A}}^3$$

も定義できる。この場合、定数項のところには、単位行列が入る。

6. 2. 2. 行列の積の可換性

ここで、異なる 2 次正方行列

$$\tilde{\boldsymbol{A}} = \begin{pmatrix} a_{11} & a_{12} \\ a_{21} & a_{22} \end{pmatrix} \qquad \tilde{\boldsymbol{B}} = \begin{pmatrix} b_{11} & b_{12} \\ b_{21} & b_{22} \end{pmatrix}$$

の掛け算を実施してみよう。

すると

$$\tilde{\boldsymbol{A}}\,\tilde{\boldsymbol{B}} = \begin{pmatrix} a_{11} & a_{12} \\ a_{21} & a_{22} \end{pmatrix}\begin{pmatrix} b_{11} & b_{12} \\ b_{21} & b_{22} \end{pmatrix} = \begin{pmatrix} a_{11}b_{11} + a_{12}b_{21} & a_{11}b_{12} + a_{12}b_{22} \\ a_{21}b_{11} + a_{22}b_{21} & a_{21}b_{12} + a_{22}b_{22} \end{pmatrix}$$

となる。

演習 6-3 行列の掛け算の順序を変えた $\tilde{\boldsymbol{B}}\,\tilde{\boldsymbol{A}}$ を計算せよ。

解）

$$\tilde{\boldsymbol{B}}\,\tilde{\boldsymbol{A}} = \begin{pmatrix} b_{11} & b_{12} \\ b_{21} & b_{22} \end{pmatrix}\begin{pmatrix} a_{11} & a_{12} \\ a_{21} & a_{22} \end{pmatrix} = \begin{pmatrix} a_{11}b_{11} + a_{21}b_{12} & a_{12}b_{11} + a_{22}b_{12} \\ a_{11}b_{21} + a_{21}b_{22} & a_{12}b_{21} + a_{22}b_{22} \end{pmatrix}$$

となる。

両者の成分を比較すると一致していない。このように、行列の掛け算では、一般には**交換法則** (commutative law) が成立しない。

つまり

$$\tilde{\boldsymbol{A}}\tilde{\boldsymbol{B}} \neq \tilde{\boldsymbol{B}}\tilde{\boldsymbol{A}}$$

となる。これを専門的には**非可換** (non-commutative) と呼ぶ。量子力学では、不確定性原理などの重要な概念となっている。

演習 6-4 つぎのふたつの 2 次正方行列の掛け算を実施せよ。

$$\tilde{\boldsymbol{A}} = \begin{pmatrix} 1 & 1 \\ 0 & 2 \end{pmatrix} \qquad \tilde{\boldsymbol{B}} = \begin{pmatrix} 0 & 2 \\ 3 & 1 \end{pmatrix}$$

解）

$$\tilde{\boldsymbol{A}}\,\tilde{\boldsymbol{B}}=\begin{pmatrix}1 & 1\\ 0 & 2\end{pmatrix}\begin{pmatrix}0 & 2\\ 3 & 1\end{pmatrix}=\begin{pmatrix}3 & 3\\ 6 & 2\end{pmatrix} \qquad \tilde{\boldsymbol{B}}\,\tilde{\boldsymbol{A}}=\begin{pmatrix}0 & 2\\ 3 & 1\end{pmatrix}\begin{pmatrix}1 & 1\\ 0 & 2\end{pmatrix}=\begin{pmatrix}0 & 4\\ 3 & 5\end{pmatrix}$$

となる。

このように、一般には $\tilde{\boldsymbol{A}}\tilde{\boldsymbol{B}} \neq \tilde{\boldsymbol{B}}\tilde{\boldsymbol{A}}$ である。行列の掛け算が非可換であることから、その演算においては注意が必要となる。

たとえば、普通の代数計算ならば

$$(a+b)^2 = a^2 + 2ab + b^2$$

となるが、行列の場合には $\tilde{\boldsymbol{A}}\tilde{\boldsymbol{B}} \neq \tilde{\boldsymbol{B}}\tilde{\boldsymbol{A}}$ なので

$$(\tilde{\boldsymbol{A}}+\tilde{\boldsymbol{B}})^2 = (\tilde{\boldsymbol{A}}+\tilde{\boldsymbol{B}})(\tilde{\boldsymbol{A}}+\tilde{\boldsymbol{B}}) = \tilde{\boldsymbol{A}}(\tilde{\boldsymbol{A}}+\tilde{\boldsymbol{B}}) + \tilde{\boldsymbol{B}}(\tilde{\boldsymbol{A}}+\tilde{\boldsymbol{B}})$$
$$= \tilde{\boldsymbol{A}}^2 + \tilde{\boldsymbol{A}}\tilde{\boldsymbol{B}} + \tilde{\boldsymbol{B}}\tilde{\boldsymbol{A}} + \tilde{\boldsymbol{B}}^2$$

となる。

つまり、行列計算は通常の計算と同じように行えるが、掛け算においては作用させる順序を変えてはいけないのである。

演習 6-5　$\tilde{\boldsymbol{A}}$ および $\tilde{\boldsymbol{B}}$ が正方行列のとき

$$(\tilde{\boldsymbol{A}}+\tilde{\boldsymbol{B}})(\tilde{\boldsymbol{A}}-\tilde{\boldsymbol{B}})$$

を計算せよ。

解）

$$(\tilde{\boldsymbol{A}}+\tilde{\boldsymbol{B}})(\tilde{\boldsymbol{A}}-\tilde{\boldsymbol{B}}) = \tilde{\boldsymbol{A}}(\tilde{\boldsymbol{A}}-\tilde{\boldsymbol{B}}) + \tilde{\boldsymbol{B}}(\tilde{\boldsymbol{A}}-\tilde{\boldsymbol{B}})$$

$$= \tilde{\boldsymbol{A}}^2 - \tilde{\boldsymbol{A}}\,\tilde{\boldsymbol{B}} + \tilde{\boldsymbol{B}}\,\tilde{\boldsymbol{A}} - \tilde{\boldsymbol{B}}^2$$

となる。

通常の計算では

$$(a+b)\,(a-b) = a^2 - b^2$$

となるが、行列の積の非可換性のために、行列では $-ab+ba$ が相殺されないのである。さらに、通常の代数計算では

$$(a+b)^3 = a^3 + 3a^2b + 3ab^2 + b^3$$

となるが、行列計算では、かなり煩雑となる。

演習 6-6 $\tilde{\boldsymbol{A}}$ および $\tilde{\boldsymbol{B}}$ が正方行列のとき

$$(\tilde{\boldsymbol{A}}+\tilde{\boldsymbol{B}})^3$$

を計算せよ。

解） $$(\tilde{\boldsymbol{A}}+\tilde{\boldsymbol{B}})^3=(\tilde{\boldsymbol{A}}+\tilde{\boldsymbol{B}})(\tilde{\boldsymbol{A}}+\tilde{\boldsymbol{B}})^2=(\tilde{\boldsymbol{A}}+\tilde{\boldsymbol{B}})(\tilde{\boldsymbol{A}}^2+\tilde{\boldsymbol{A}}\tilde{\boldsymbol{B}}+\tilde{\boldsymbol{B}}\tilde{\boldsymbol{A}}+\tilde{\boldsymbol{B}}^2)$$

$$=\tilde{\boldsymbol{A}}^3+\tilde{\boldsymbol{A}}^2\tilde{\boldsymbol{B}}+\tilde{\boldsymbol{A}}\tilde{\boldsymbol{B}}\tilde{\boldsymbol{A}}+\tilde{\boldsymbol{A}}\tilde{\boldsymbol{B}}^2+\tilde{\boldsymbol{B}}\tilde{\boldsymbol{A}}^2+\tilde{\boldsymbol{B}}\tilde{\boldsymbol{A}}\tilde{\boldsymbol{B}}+\tilde{\boldsymbol{B}}^2\tilde{\boldsymbol{A}}+\tilde{\boldsymbol{B}}^3$$

となる。

行列の積の順序が交換できないという事実から、通常の計算ではひとまとめにできる a^2b , aba , ba^2 などに対応した

$$\tilde{\boldsymbol{A}}^2\tilde{\boldsymbol{B}},\quad \tilde{\boldsymbol{A}}\tilde{\boldsymbol{B}}\tilde{\boldsymbol{A}},\quad \tilde{\boldsymbol{B}}\tilde{\boldsymbol{A}}^2$$

が、行列では別々の項となるのである。また

$$\tilde{\boldsymbol{A}}\tilde{\boldsymbol{B}}\tilde{\boldsymbol{A}}$$

を計算する際

$$(\tilde{\boldsymbol{A}}\,\tilde{\boldsymbol{B}})\,\tilde{\boldsymbol{A}}=\tilde{\boldsymbol{A}}\,(\tilde{\boldsymbol{B}}\,\tilde{\boldsymbol{A}})$$

のように、先に $\tilde{\boldsymbol{B}}\tilde{\boldsymbol{A}}$ を計算したのち、左から $\tilde{\boldsymbol{A}}$ を掛けてもよい。

さらに、2 項定理は

$$(a+b)^n=a^n+{}_nC_1a^{n-1}b+{}_nC_2a^{n-2}b^2+\ldots+{}_nC_{n-1}ab^{n-1}+b^n$$

となるが、行列においては

$$(\tilde{\boldsymbol{A}}+\tilde{\boldsymbol{B}})^n=\tilde{\boldsymbol{A}}^n+\tilde{\boldsymbol{A}}^{n-1}\tilde{\boldsymbol{B}}+\tilde{\boldsymbol{A}}^{n-2}\tilde{\boldsymbol{B}}\tilde{\boldsymbol{A}}+\ldots$$

のように、2 項定理において 2 項目の

$${}_nC_1a^{n-1}b=na^{n-1}b$$

の項に相当する部分で、つぎのように

$$\tilde{\boldsymbol{A}}^{n-1}\tilde{\boldsymbol{B}},\quad \tilde{\boldsymbol{A}}^{n-2}\tilde{\boldsymbol{B}}\tilde{\boldsymbol{A}},\quad \tilde{\boldsymbol{A}}^{n-3}\tilde{\boldsymbol{B}}\,\tilde{\boldsymbol{A}}^2,\ldots$$

n 個の異なる行列の積が存在することになる。

つまり、実際に、この手法で計算しようとすると、大変な手間を要する。この

ため、実際に計算するときには、まず

$$\tilde{\boldsymbol{C}} = \tilde{\boldsymbol{A}} + \tilde{\boldsymbol{B}}$$

を計算したうえで、$\tilde{\boldsymbol{C}}^n$ を求めるのが得策である。この計算方法については第 8 章で紹介する。

ただし、行列 $\tilde{\boldsymbol{A}}$ と行列 $\tilde{\boldsymbol{B}}$ が

$$\tilde{\boldsymbol{A}}\,\tilde{\boldsymbol{B}} = \tilde{\boldsymbol{B}}\,\tilde{\boldsymbol{A}}$$

のように可換であれば、代数計算と同じ手法が使える。このとき

$$\tilde{\boldsymbol{A}}^2\tilde{\boldsymbol{B}}, \quad \tilde{\boldsymbol{A}}\tilde{\boldsymbol{B}}\tilde{\boldsymbol{A}}, \quad \tilde{\boldsymbol{B}}\,\tilde{\boldsymbol{A}}^2$$

は、すべて同じ結果を与えるので

$$(\tilde{\boldsymbol{A}} + \tilde{\boldsymbol{B}})^3 = \tilde{\boldsymbol{A}}^3 + 3\tilde{\boldsymbol{A}}^2\tilde{\boldsymbol{B}} + 3\tilde{\boldsymbol{A}}\tilde{\boldsymbol{B}}^2 + \tilde{\boldsymbol{B}}^3$$

また、2 項定理

$$(\tilde{\boldsymbol{A}} + \tilde{\boldsymbol{B}})^n = \tilde{\boldsymbol{A}}^n + {}_nC_1\tilde{\boldsymbol{A}}^{n-1}\tilde{\boldsymbol{B}} + {}_nC_2\tilde{\boldsymbol{A}}^{n-2}\tilde{\boldsymbol{B}}^2 + \ldots + \tilde{\boldsymbol{B}}^n$$

も成立する。

演習 6-7　つぎのふたつの 2 次正方行列の掛け算の可換性を調べよ。

$$\tilde{\boldsymbol{A}} = \begin{pmatrix} 2 & 1 \\ 0 & 1 \end{pmatrix} \qquad \tilde{\boldsymbol{B}} = \begin{pmatrix} 3 & 2 \\ 0 & 1 \end{pmatrix}$$

解）

$$\tilde{\boldsymbol{A}}\,\tilde{\boldsymbol{B}} = \begin{pmatrix} 2 & 1 \\ 0 & 1 \end{pmatrix}\begin{pmatrix} 3 & 2 \\ 0 & 1 \end{pmatrix} = \begin{pmatrix} 6 & 5 \\ 0 & 1 \end{pmatrix}$$

$$\tilde{\boldsymbol{B}}\,\tilde{\boldsymbol{A}} = \begin{pmatrix} 3 & 2 \\ 0 & 1 \end{pmatrix}\begin{pmatrix} 2 & 1 \\ 0 & 1 \end{pmatrix} = \begin{pmatrix} 6 & 5 \\ 0 & 1 \end{pmatrix}$$

となって可換である。

このように、積が可換な行列の組み合わせもある。それでは、2 次正方行列において、積が可換となる条件を考えてみよう。

$$\tilde{A} = \begin{pmatrix} a & b \\ c & d \end{pmatrix} \qquad \tilde{B} = \begin{pmatrix} k & l \\ m & n \end{pmatrix}$$

の掛け算を実施すると

$$\tilde{A}\,\tilde{B} = \begin{pmatrix} a & b \\ c & d \end{pmatrix}\begin{pmatrix} k & l \\ m & n \end{pmatrix} = \begin{pmatrix} ak+bm & al+bn \\ ck+dm & cl+dn \end{pmatrix}$$

$$\tilde{B}\,\tilde{A} = \begin{pmatrix} k & l \\ m & n \end{pmatrix}\begin{pmatrix} a & b \\ c & d \end{pmatrix} = \begin{pmatrix} ak+cl & bk+dl \\ am+cn & bm+dn \end{pmatrix}$$

となる。

行列の積が可換であるためには、すべての成分が一致しなければならない。よって

$$ak+bm = ak+cl \qquad al+bn = bk+dl$$

$$ck+dm = am+cn \qquad cl+dn = bm+dn$$

となる。

まず $(1, 1)$ 成分と $(2 , 2)$ 成分の等式から

$$bm = cl \qquad cl = bm$$

が得られるが、これらは同じ式である。

つぎに、$(1, 2)$ 成分と $(2, 1)$ 成分から

$$(a-d)\,l = (k-n)\,b \qquad (k-n)\,c = (a-d)\,m$$

となる。整理すると

$$\frac{a-d}{k-n} = \frac{b}{l} = \frac{c}{m}$$

という関係が得られる。これが条件となる。

演習 6-8　つぎの行列と積が可換な行列を求めよ。

$$\tilde{A} = \begin{pmatrix} 1 & 2 \\ 3 & 4 \end{pmatrix}$$

解）　$\tilde{A} = \begin{pmatrix} 1 & 2 \\ 3 & 4 \end{pmatrix} = \begin{pmatrix} a & b \\ c & d \end{pmatrix}$　とすると　$\tilde{B} = \begin{pmatrix} k & l \\ m & n \end{pmatrix}$　の条件は

$$\frac{a-d}{k-n} = \frac{b}{l} = \frac{c}{m} \quad \text{から} \quad \frac{-3}{k-n} = \frac{2}{l} = \frac{3}{m}$$

となるので、$l=2, m=3$ と置くと、$k=n-3$ となる。したがって

$$\tilde{\boldsymbol{B}}=\begin{pmatrix} n-3 & 2 \\ 3 & n \end{pmatrix}$$

と与えられる。

ここで、n は任意であるので、積が可換な行列は無数に存在することになる。試しに、$n=3$ を代入すれば

$$\tilde{\boldsymbol{B}}=\begin{pmatrix} 0 & 2 \\ 3 & 3 \end{pmatrix}$$

となる。このとき

$$\tilde{\boldsymbol{A}}\tilde{\boldsymbol{B}}=\begin{pmatrix} 1 & 2 \\ 3 & 4 \end{pmatrix}\begin{pmatrix} 0 & 2 \\ 3 & 3 \end{pmatrix}=\begin{pmatrix} 6 & 8 \\ 12 & 18 \end{pmatrix}$$

$$\tilde{\boldsymbol{B}}\tilde{\boldsymbol{A}}=\begin{pmatrix} 0 & 2 \\ 3 & 3 \end{pmatrix}\begin{pmatrix} 1 & 2 \\ 3 & 4 \end{pmatrix}=\begin{pmatrix} 6 & 8 \\ 12 & 18 \end{pmatrix}$$

となって、積が可換となることが確かめられる。

演習 6-9　行列 $\tilde{\boldsymbol{B}}=\begin{pmatrix} n-3 & 2 \\ 3 & n \end{pmatrix}$ と $\tilde{\boldsymbol{A}}=\begin{pmatrix} 1 & 2 \\ 3 & 4 \end{pmatrix}$ の積が可換であることを確かめよ。

解）

$$\tilde{\boldsymbol{A}}\tilde{\boldsymbol{B}}=\begin{pmatrix} 1 & 2 \\ 3 & 4 \end{pmatrix}\begin{pmatrix} n-3 & 2 \\ 3 & n \end{pmatrix}=\begin{pmatrix} n+3 & 2n+2 \\ 3n+3 & 4n+6 \end{pmatrix}$$

$$\tilde{\boldsymbol{B}}\tilde{\boldsymbol{A}}=\begin{pmatrix} n-3 & 2 \\ 3 & n \end{pmatrix}\begin{pmatrix} 1 & 2 \\ 3 & 4 \end{pmatrix}=\begin{pmatrix} n+3 & 2n+2 \\ 3n+3 & 4n+6 \end{pmatrix}$$

となって可換である。

演習 6-10　行列 $\tilde{\boldsymbol{A}}=\begin{pmatrix} 2 & 1 \\ 0 & 1 \end{pmatrix}$ と積が可換な行列 $\tilde{\boldsymbol{B}}=\begin{pmatrix} k & l \\ m & n \end{pmatrix}$ を求めよ。

解）　$\tilde{\boldsymbol{A}} = \begin{pmatrix} 2 & 1 \\ 0 & 1 \end{pmatrix} = \begin{pmatrix} a & b \\ c & d \end{pmatrix}$ としたとき、積が可換となるための条件は

$$\frac{a-d}{k-n} = \frac{b}{l} = \frac{c}{m}$$

となるが、いまの場合、$c = 0$ となっている。そこで、本来の条件を見ると

$$bm = cl$$

であった。よって $m = 0$ である。

$$\frac{1}{k-n} = \frac{1}{l} \qquad \text{から} \qquad k - n = l$$

$$\tilde{\boldsymbol{B}} = \begin{pmatrix} n+l & l \\ 0 & n \end{pmatrix}$$

となる。

ちなみに、演習 6-7 で示した積が可換な行列 $\tilde{\boldsymbol{B}} = \begin{pmatrix} 3 & 2 \\ 0 & 1 \end{pmatrix}$ は、上記の一般式において $n = 1, l = 2$ に対応している。

演習 6-11　行列 $\tilde{\boldsymbol{A}} = \begin{pmatrix} 2 & 1 \\ 0 & 1 \end{pmatrix}$ と行列 $\tilde{\boldsymbol{B}} = \begin{pmatrix} n+l & l \\ 0 & n \end{pmatrix}$ の積が可換であることを確かめよ。

解）

$$\tilde{\boldsymbol{A}}\tilde{\boldsymbol{B}} = \begin{pmatrix} 2 & 1 \\ 0 & 1 \end{pmatrix}\begin{pmatrix} n+l & l \\ 0 & n \end{pmatrix} = \begin{pmatrix} 2n+2l & n+2l \\ 0 & n \end{pmatrix}$$

$$\tilde{\boldsymbol{B}}\tilde{\boldsymbol{A}} = \begin{pmatrix} n+l & l \\ 0 & n \end{pmatrix}\begin{pmatrix} 2 & 1 \\ 0 & 1 \end{pmatrix} = \begin{pmatrix} 2n+2l & n+2l \\ 0 & n \end{pmatrix}$$

となって可換であることが確かめられる。

たとえば

$$\tilde{\boldsymbol{B}} = \begin{pmatrix} n+l & l \\ 0 & n \end{pmatrix} = \begin{pmatrix} 12 & 4 \\ 0 & 8 \end{pmatrix}$$

が選べるが

$$\tilde{A}\tilde{B} = \begin{pmatrix} 2 & 1 \\ 0 & 1 \end{pmatrix}\begin{pmatrix} 12 & 4 \\ 0 & 8 \end{pmatrix} = \begin{pmatrix} 24 & 16 \\ 0 & 8 \end{pmatrix}$$

$$\tilde{B}\tilde{A} = \begin{pmatrix} 12 & 4 \\ 0 & 8 \end{pmatrix}\begin{pmatrix} 2 & 1 \\ 0 & 1 \end{pmatrix} = \begin{pmatrix} 24 & 16 \\ 0 & 8 \end{pmatrix}$$

となって、確かに可換となっている。

6. 3.　行列のべき乗

ふたたび

$$\tilde{A} = \begin{pmatrix} 1 & 1 \\ 0 & 1 \end{pmatrix}$$

という行列に着目しよう。この行列では

$$\tilde{A}^2 = \begin{pmatrix} 1 & 2 \\ 0 & 1 \end{pmatrix} \qquad \tilde{A}^3 = \begin{pmatrix} 1 & 3 \\ 0 & 1 \end{pmatrix}$$

という結果が得られた。このままならば

$$\tilde{A}^n = \begin{pmatrix} 1 & n \\ 0 & 1 \end{pmatrix}$$

と予測できるがどうであろうか。

ここで

$$\tilde{A} = \begin{pmatrix} 1 & 1 \\ 0 & 1 \end{pmatrix} = \begin{pmatrix} 1 & 0 \\ 0 & 1 \end{pmatrix} + \begin{pmatrix} 0 & 1 \\ 0 & 0 \end{pmatrix} = \tilde{E} + \tilde{L}$$

と分解してみよう。

単位行列 $\tilde{E}$ はすべての行列と可換であるから

$$\tilde{E}\,\tilde{L} = \tilde{L}\,\tilde{E}$$

となり、2 項定理が使える。

演習 6-12　$\tilde{A} = (\tilde{E} + \tilde{L})^n$ の右辺を、2 項定理を利用して展開せよ。

解）　$\tilde{E}$ と $\tilde{L}$ は可換であるから、2 項定理をそのまま使うことができ

$$(\tilde{\boldsymbol{E}}+\tilde{\boldsymbol{L}})^n = \tilde{\boldsymbol{E}}^n + {}_nC_1\tilde{\boldsymbol{E}}^{n-1}\tilde{\boldsymbol{L}} + {}_nC_2\tilde{\boldsymbol{E}}^{n-2}\tilde{\boldsymbol{L}}^2 + ... + {}_nC_{n-1}\tilde{\boldsymbol{E}}\tilde{\boldsymbol{L}}^{n-1} + \tilde{\boldsymbol{L}}^n$$

となる。

単位行列のべき乗は、すべて単位行列となるので

$$(\tilde{\boldsymbol{E}}+\tilde{\boldsymbol{L}})^n = \tilde{\boldsymbol{E}} + n\tilde{\boldsymbol{L}} + \frac{n(n-1)}{2}\tilde{\boldsymbol{L}}^2 + ... + n\tilde{\boldsymbol{L}}^{n-1} + \tilde{\boldsymbol{L}}^n$$

となる。

演習 6-13　$\tilde{\boldsymbol{L}}^2 = \begin{pmatrix} 0 & 1 \\ 0 & 0 \end{pmatrix}^2$ を計算せよ。

解）

$$\tilde{\boldsymbol{L}}^2 = \begin{pmatrix} 0 & 1 \\ 0 & 0 \end{pmatrix}\begin{pmatrix} 0 & 1 \\ 0 & 0 \end{pmatrix} = \begin{pmatrix} 0 & 0 \\ 0 & 0 \end{pmatrix}$$

となる。

第 4 章でも紹介したが、成分がすべて 0 の行列を**ゼロ行列** (null matrix ; zero matrix) と呼び $\tilde{\boldsymbol{O}}$ と表記する。そして、何回かべき乗したときにゼロ行列となる行列を**べきゼロ行列** (nilpotent matrix) と呼んでいる。

$\tilde{\boldsymbol{L}}$ は、まさにべきゼロ行列であり

$$\tilde{\boldsymbol{L}}^2 = \tilde{\boldsymbol{O}} \qquad \tilde{\boldsymbol{L}}^3 = \tilde{\boldsymbol{O}} \quad \dots \quad \tilde{\boldsymbol{L}}^n = \tilde{\boldsymbol{O}}$$

となる。よって

$$(\tilde{\boldsymbol{E}}+\tilde{\boldsymbol{L}})^n = \tilde{\boldsymbol{E}} + n\tilde{\boldsymbol{L}} = \begin{pmatrix} 1 & 0 \\ 0 & 1 \end{pmatrix} + n\begin{pmatrix} 0 & 1 \\ 0 & 0 \end{pmatrix} = \begin{pmatrix} 1 & n \\ 0 & 1 \end{pmatrix}$$

となり

$$\tilde{\boldsymbol{A}}^n = \begin{pmatrix} 1 & n \\ 0 & 1 \end{pmatrix}$$

が確かめられる。

演習 6-14　つぎのふたつの 2×2 行列の掛け算を実施せよ。

$$\tilde{\boldsymbol{A}} = \begin{pmatrix} 1 & 0 \\ 1 & 0 \end{pmatrix} \qquad \tilde{\boldsymbol{B}} = \begin{pmatrix} 0 & 0 \\ 1 & 1 \end{pmatrix}$$

解）

$$\tilde{A}\,\tilde{B}=\begin{pmatrix}1 & 0\\ 1 & 0\end{pmatrix}\begin{pmatrix}0 & 0\\ 1 & 1\end{pmatrix}=\begin{pmatrix}0 & 0\\ 0 & 0\end{pmatrix}=\tilde{O} \qquad \tilde{B}\,\tilde{A}=\begin{pmatrix}0 & 0\\ 1 & 1\end{pmatrix}\begin{pmatrix}1 & 0\\ 1 & 0\end{pmatrix}=\begin{pmatrix}0 & 0\\ 2 & 0\end{pmatrix}$$

となる。

まず、交換法則が成立しないことがわかる。さらに

$$\tilde{A}\,\tilde{B}=\tilde{O}$$

のように、行列計算では、成分がゼロではない行列 $\tilde{A}\neq\tilde{B}\neq\tilde{O}$ をかけてもゼロ行列となることがある。べきゼロ行列は、その一種である。

演習 6-15　つぎの行列の $\tilde{A}^2$ を計算せよ。

$$\tilde{A}=\begin{pmatrix}0 & 0\\ 1 & 0\end{pmatrix}$$

解）

$$\tilde{A}^2=\begin{pmatrix}0 & 0\\ 1 & 0\end{pmatrix}\begin{pmatrix}0 & 0\\ 1 & 0\end{pmatrix}=\begin{pmatrix}0 & 0\\ 0 & 0\end{pmatrix}=\tilde{O}$$

となる。

このように、$\tilde{A}=\begin{pmatrix}0 & 0\\ 1 & 0\end{pmatrix}$ は 2 回乗じるとゼロ行列となるので、べきゼロ行列である。

演習 6-16　つぎの行列の $\tilde{A}^2$ および $\tilde{A}^3$ を計算せよ。

$$\tilde{A}=\begin{pmatrix}0 & 1 & 0\\ 0 & 0 & 1\\ 0 & 0 & 0\end{pmatrix}$$

解）

$$\tilde{\boldsymbol{A}}^2 = \begin{pmatrix} 0 & 1 & 0 \\ 0 & 0 & 1 \\ 0 & 0 & 0 \end{pmatrix}\begin{pmatrix} 0 & 1 & 0 \\ 0 & 0 & 1 \\ 0 & 0 & 0 \end{pmatrix} = \begin{pmatrix} 0 & 0 & 1 \\ 0 & 0 & 0 \\ 0 & 0 & 0 \end{pmatrix}$$

$$\tilde{\boldsymbol{A}}^3 = \tilde{\boldsymbol{A}}^2\tilde{\boldsymbol{A}} = \begin{pmatrix} 0 & 0 & 1 \\ 0 & 0 & 0 \\ 0 & 0 & 0 \end{pmatrix}\begin{pmatrix} 0 & 1 & 0 \\ 0 & 0 & 1 \\ 0 & 0 & 0 \end{pmatrix} = \begin{pmatrix} 0 & 0 & 0 \\ 0 & 0 & 0 \\ 0 & 0 & 0 \end{pmatrix}$$

となる。

つまり、3 次正方行列の $\tilde{\boldsymbol{A}}$ は、べきゼロ行列であるが、2 乗ではなく 3 乗してはじめてゼロ行列となる。

6. 4.　単位行列と逆行列

単位行列と逆行列は、すでに登場しているが、簡単に復習しておこう。まず、単位行列は

$$\tilde{\boldsymbol{E}} = \begin{pmatrix} 1 & 0 \\ 0 & 1 \end{pmatrix} \qquad \tilde{\boldsymbol{E}} = \begin{pmatrix} 1 & 0 & 0 \\ 0 & 1 & 0 \\ 0 & 0 & 1 \end{pmatrix}$$

のように、**対角要素** (diagonal element) がすべて 1 で、**非対角要素** (non-diagonal element) がすべて 0 の正方行列である。数字でいえば「1」の働きをする。

一方、任意の n 次正方行列 $\tilde{\boldsymbol{A}}$ に対して

$$\tilde{\boldsymbol{A}}\tilde{\boldsymbol{X}} = \tilde{\boldsymbol{X}}\tilde{\boldsymbol{A}} = \tilde{\boldsymbol{E}}$$

を満足する n 次正方行列 $\tilde{\boldsymbol{X}}$ が存在すれば、それは数字の逆数のような機能を有することになる。このとき

$$\tilde{\boldsymbol{X}} = \tilde{\boldsymbol{A}}^{-1}$$

と書いて**逆行列** (inverse matrix) と呼ぶ。逆行列には

$$\tilde{\boldsymbol{A}}\,\tilde{\boldsymbol{A}}^{-1} = \tilde{\boldsymbol{A}}^{-1}\tilde{\boldsymbol{A}} = \tilde{\boldsymbol{E}}$$

という性質がある。

演習 6-17　つぎの 2 次正方行列の逆行列を求めよ。

$$\begin{pmatrix} 2 & 1 \\ 4 & 3 \end{pmatrix}$$

解）　第 2 章で示したように、$\tilde{\boldsymbol{A}} = \begin{pmatrix} a & b \\ c & d \end{pmatrix}$ の逆行列は

$$\tilde{\boldsymbol{A}}^{-1} = \frac{1}{ad-bc}\begin{pmatrix} d & -b \\ -c & a \end{pmatrix}$$

と与えられるのであった。

よって

$$\begin{pmatrix} 2 & 1 \\ 4 & 3 \end{pmatrix}^{-1} = \frac{1}{6-4}\begin{pmatrix} 3 & -1 \\ -4 & 2 \end{pmatrix} = \frac{1}{2}\begin{pmatrix} 3 & -1 \\ -4 & 2 \end{pmatrix}$$

となる。

演習 6-18　つぎの 2 次正方行列の逆行列を求めよ。

$$\begin{pmatrix} 2 & 1 \\ 6 & 3 \end{pmatrix}$$

解）　逆行列は

$$\tilde{\boldsymbol{A}}^{-1} = \frac{1}{ad-bc}\begin{pmatrix} d & -b \\ -c & a \end{pmatrix}$$

となるが、いまの場合

$$ad - bc = 2 \times 3 - 1 \times 6 = 0$$

となって分母が 0 になるから、逆行列は存在しない。

このように、係数行列の行列式が 0 となるとき、逆行列が存在しない特異行列となる。つまり、正方行列が正則であるための条件は第 4 章でも紹介したように

$$\left|\tilde{\boldsymbol{A}}\right| \neq 0$$

となる。

演習 6-19　つぎの行列が正則かどうかを判定せよ。

$$① \begin{pmatrix} 2 & 3 & 5 \\ 11 & 13 & 17 \\ 41 & 43 & 47 \end{pmatrix} \qquad ② \begin{pmatrix} 1 & 0 & 2 \\ 2 & 1 & -1 \\ 3 & 5 & -2 \end{pmatrix}$$

解）　それぞれの行列の行列式を計算すればよい。第 1 行目の要素で、余因子展開を行うと

$$① \begin{vmatrix} 2 & 3 & 5 \\ 11 & 13 & 17 \\ 41 & 43 & 47 \end{vmatrix} = 2\begin{vmatrix} 13 & 17 \\ 43 & 47 \end{vmatrix} - 3\begin{vmatrix} 11 & 17 \\ 41 & 47 \end{vmatrix} + 5\begin{vmatrix} 11 & 13 \\ 41 & 43 \end{vmatrix}$$

$$=2\,(611-731) - 3\,(517-697) + 5\,(473-533) = -240 + 540 - 300 = 0$$

行列式の値が 0 であるので、この行列は正則ではない。

$$② \begin{vmatrix} 1 & 0 & 2 \\ 2 & 1 & -1 \\ 3 & 5 & -2 \end{vmatrix} = 1\begin{vmatrix} 1 & -1 \\ 5 & -2 \end{vmatrix} + 2\begin{vmatrix} 2 & 1 \\ 3 & 5 \end{vmatrix} = 1(-2+5) + 2(10-3) = 17$$

よって、この行列は正則である。

---

6. 5.　対称行列と直交行列

2 次正方行列 $\tilde{\boldsymbol{A}}$

$$\tilde{\boldsymbol{A}} = \begin{pmatrix} a_{11} & a_{12} \\ a_{21} & a_{22} \end{pmatrix}$$

に対して、その行と列を入れ替えた行列

$${}^t\tilde{\boldsymbol{A}} = \begin{pmatrix} a_{11} & a_{21} \\ a_{12} & a_{22} \end{pmatrix}$$

を**転置行列** (transposed matrix) と呼んでいる。

第 3 章でも紹介したように、転置行列とは、もとの行列の a_{ij} 成分が、a_{ji} 成分になる行列と定義することもできる。このとき、対角成分は a_{ii} であるから転置しても、そのままである。

演習 6-20　つぎの行列の転置行列を求めよ。

$$\tilde{\boldsymbol{A}} = \begin{pmatrix} 1 & 2 \\ 3 & 4 \end{pmatrix}$$

解）　転置行列は

$$^{t}\tilde{\boldsymbol{A}} = \begin{pmatrix} 1 & 3 \\ 2 & 4 \end{pmatrix}$$

となる。

---

2 次正方行列の転置は、非対角成分の交換となる。転置の意味は、3 次正方行列のほうがわかりやすい。たとえば

$$\tilde{\boldsymbol{A}} = \begin{pmatrix} a_{11} & a_{12} & a_{13} \\ a_{21} & a_{22} & a_{23} \\ a_{31} & a_{32} & a_{33} \end{pmatrix} = [a_{ij}] \ \ (i = 1,2,3 \ \ j = 1,2,3)$$

の転置行列は

$$^{t}\tilde{\boldsymbol{A}} = \begin{pmatrix} a_{11} & a_{21} & a_{31} \\ a_{12} & a_{22} & a_{32} \\ a_{13} & a_{23} & a_{33} \end{pmatrix} = [a_{ji}] \ \ (j = 1,2,3 \ \ i = 1,2,3)$$

となる。

演習 6-21　つぎの行列の転置行列を求めよ。

$$\tilde{\boldsymbol{A}} = \begin{pmatrix} 1 & 2 & 3 \\ 4 & 5 & 6 \\ 7 & 8 & 9 \end{pmatrix}$$

解）　転置行列は

$$^{t}\tilde{\boldsymbol{A}} = \begin{pmatrix} 1 & 4 & 7 \\ 2 & 5 & 8 \\ 3 & 6 & 9 \end{pmatrix}$$

となる。

ここで、転置行列がもとの行列と同じとき、つまり

$$ {}^t\tilde{\boldsymbol{A}} = \tilde{\boldsymbol{A}} $$

のとき、この行列 $\tilde{\boldsymbol{A}}$ を**対称行列** (symmetric matrix) と呼ぶ。

成分の対応関係は

$$ A_{ji} = A_{ij} $$

となる。対称行列の例は

$$ \tilde{\boldsymbol{A}} = \begin{pmatrix} 1 & 2 & 3 \\ 2 & 5 & 6 \\ 3 & 6 & 9 \end{pmatrix} $$

である。

演習 6-22　任意の正方行列 $\tilde{\boldsymbol{A}}$ に対し、$\tilde{\boldsymbol{S}} = \tilde{\boldsymbol{A}} + {}^t\tilde{\boldsymbol{A}}$ が対称行列となることを確かめよ。

解）　成分で考えると

$$ S_{ij} = A_{ij} + A_{ji} \qquad S_{ji} = A_{ji} + A_{ij} $$

となり

$$ S_{ij} = S_{ji} $$

となるので対称行列となる。

これに対し

$$ {}^t\tilde{\boldsymbol{A}} = -\tilde{\boldsymbol{A}} $$

という関係が成立するとき、行列 $\tilde{\boldsymbol{A}}$ を**交代行列** (alternating matrix) と呼んでいる。交代行列の例は

$$ \tilde{\boldsymbol{A}} = \begin{pmatrix} 0 & -2 & 3 \\ 2 & 0 & 6 \\ -3 & -6 & 0 \end{pmatrix} $$

となる。このように、交代行列では、対角成分が必ず 0 となる。

演習 6-23　任意の正方行列 $\tilde{\boldsymbol{A}}$ に対し、$\tilde{\boldsymbol{T}} = \tilde{\boldsymbol{A}} - {}^t\tilde{\boldsymbol{A}}$ が交代行列となることを確かめよ。

解）　まず、$\tilde{A}$ と ${}^t\tilde{A}$ の対角成分は共通であるから、行列 $\tilde{T}$ の対角成分はすべて 0 となる。

つぎに、非対角成分は

$$T_{ij} = A_{ij} - A_{ji} \qquad T_{ji} = A_{ji} - A_{ij}$$

となるので

$$T_{ij} = -T_{ji}$$

となり、$\tilde{T}$ は交代行列である。

任意の正方行列 $\tilde{A}$ に対し、$\tilde{S} = \tilde{A} + {}^t\tilde{A}$ が対称行列であり、$\tilde{T} = \tilde{A} - {}^t\tilde{A}$ が交代行列であるということは

$$2\tilde{A} = \tilde{S} + T \qquad \tilde{A} = \frac{\tilde{S} + \tilde{T}}{2}$$

となり、正方行列は必ず対称行列と交代行列の和に分解できることを示している。

演習 6-24　つぎの行列を対称行列と交代行列の和に分解せよ。

$$\tilde{A} = \begin{pmatrix} 1 & 2 & 3 \\ 4 & 5 & 6 \\ 7 & 8 & 9 \end{pmatrix}$$

解）　転置行列は

$${}^t\tilde{A} = \begin{pmatrix} 1 & 4 & 7 \\ 2 & 5 & 8 \\ 3 & 6 & 9 \end{pmatrix}$$

となる。したがって

$$\tilde{S} = \tilde{A} + {}^t\tilde{A} = \begin{pmatrix} 1 & 2 & 3 \\ 4 & 5 & 6 \\ 7 & 8 & 9 \end{pmatrix} + \begin{pmatrix} 1 & 4 & 7 \\ 2 & 5 & 8 \\ 3 & 6 & 9 \end{pmatrix} = \begin{pmatrix} 2 & 6 & 10 \\ 6 & 10 & 14 \\ 10 & 14 & 18 \end{pmatrix}$$

$$\tilde{T} = \tilde{A} - {}^t\tilde{A} = \begin{pmatrix} 1 & 2 & 3 \\ 4 & 5 & 6 \\ 7 & 8 & 9 \end{pmatrix} - \begin{pmatrix} 1 & 4 & 7 \\ 2 & 5 & 8 \\ 3 & 6 & 9 \end{pmatrix} = \begin{pmatrix} 0 & -2 & -4 \\ 2 & 0 & -2 \\ 4 & 2 & 0 \end{pmatrix}$$

よって

$$\tilde{A} = \frac{\tilde{S}+\tilde{T}}{2} = \begin{pmatrix} 1 & 3 & 5 \\ 3 & 5 & 7 \\ 5 & 7 & 9 \end{pmatrix} + \begin{pmatrix} 0 & -1 & -2 \\ 1 & 0 & -1 \\ 2 & 1 & 0 \end{pmatrix}$$

となって、確かに対称行列と交代行列の和となっている。

転置行列がもとの行列の逆行列となるとき、つまり

$$^t\tilde{A} = \tilde{A}^{-1}$$

のとき、この行列 $\tilde{A}$ を**直交行列** (orthogonal matrix) と呼ぶ。

あるいは

$$^t\tilde{A}\tilde{A} = \tilde{A}\,^t\tilde{A} = \tilde{E}$$

となる行列のことである。

演習 6-25　つぎの行列が直交行列であることを確かめよ。

$$\tilde{A} = \frac{1}{\sqrt{2}}\begin{pmatrix} 1 & -1 \\ 1 & 1 \end{pmatrix}$$

解)　転置行列は

$$^t\tilde{A} = \frac{1}{\sqrt{2}}\begin{pmatrix} 1 & 1 \\ -1 & 1 \end{pmatrix}$$

となる。

$$\tilde{A}\,^t\tilde{A} = \frac{1}{\sqrt{2}}\begin{pmatrix} 1 & -1 \\ 1 & 1 \end{pmatrix}\frac{1}{\sqrt{2}}\begin{pmatrix} 1 & 1 \\ -1 & 1 \end{pmatrix} = \frac{1}{2}\begin{pmatrix} 2 & 0 \\ 0 & 2 \end{pmatrix} = \begin{pmatrix} 1 & 0 \\ 0 & 1 \end{pmatrix} = \tilde{E}$$

となって、直交行列であることが確かめられる。

直交行列については、その機能や応用について第 7 章であらためて紹介する。

6. 6.　行列の階数

最後に、正方行列の特徴ではないが、連立方程式の解の性質を考える場合に重要な**階数** (rank) について紹介しておきたい。まず、つぎの 3 元連立 1 次方程式を解法してみよう。

$$\begin{cases} 3x+5y+6z=5 \\ 2x+4y+5z=3 \\ 3x+7y+9z=4 \end{cases}$$

演習 6-26　上記の連立方程式の拡大係数行列に行基本変形を施して解を求めよ。

解）

$$\begin{pmatrix} 3 & 5 & 6 & 5 \\ 2 & 4 & 5 & 3 \\ 3 & 7 & 9 & 4 \end{pmatrix} \to \begin{pmatrix} 3 & 5 & 6 & 5 \\ 0 & 2 & 3 & -1 \\ 0 & 2 & 3 & -1 \end{pmatrix}\begin{matrix} \\ 3r_2-2r_1 \\ r_3-r_1 \end{matrix} \to \begin{pmatrix} 3 & 5 & 6 & 5 \\ 0 & 2 & 3 & -1 \\ 0 & 0 & 0 & 0 \end{pmatrix}\begin{matrix} \\ \\ r_3-r_2 \end{matrix}$$

となる。

ここで、最後の行列を方程式のかたちに戻すと

$$3x+5y+6z= \ 5$$

$$2y+3z=-1$$

と変形できる。

これは変数が 3 個あるのに、方程式は 2 個しかない場合に対応している。よって、t を任意定数とすると

$$x=t, \quad y=-3t+7, \quad z=2t-5$$

が表記の連立 1 次方程式の解となる。

このとき、t は任意であるから、無数の解が存在することになる。さて、ここで、この係数行列を取り出してみると

$$\begin{pmatrix} 3 & 5 & 6 \\ 2 & 4 & 5 \\ 3 & 7 & 9 \end{pmatrix}$$

であるが、行基本変形を行うと

$$\begin{pmatrix} 3 & 5 & 6 \\ 0 & 2 & 3 \\ 0 & 2 & 3 \end{pmatrix}\begin{matrix} \\ 3r_2-2r_1 \\ r_3-r_1 \end{matrix} \to \begin{pmatrix} 3 & 5 & 6 \\ 0 & 2 & 3 \\ 0 & 0 & 0 \end{pmatrix}\begin{matrix} \\ \\ r_3-r_2 \end{matrix}$$

となって、成分が 0 だけからなる行ができる。

これは、適当な行基本変形によって、方程式が 2 つに減ってしまうことを意味

している。このとき、行列の階数は 2 となる。

一般には、行基本変形を行ったとき、成分が 0 以外の行の数を、その行列の階数と呼んでいる。よって、行列の階数は実質的な方程式の数に対応する。

ところで、最初の方程式の定数を変えて、つぎのような 3 元連立 1 次方程式を考えてみる。

$$\begin{cases} 3x+5y+6z=5 \\ 2x+4y+5z=3 \\ 3x+7y+9z=5 \end{cases}$$

演習 6-27　上記の連立方程式の係数拡大行列

$$\begin{pmatrix} 3 & 5 & 6 & 5 \\ 2 & 4 & 5 & 3 \\ 3 & 7 & 9 & 5 \end{pmatrix}$$

を行基本変形により整理せよ。

解）

$$\begin{pmatrix} 3 & 5 & 6 & 5 \\ 2 & 4 & 5 & 3 \\ 3 & 7 & 9 & 5 \end{pmatrix} \rightarrow \begin{pmatrix} 3 & 5 & 6 & 5 \\ 0 & 2 & 3 & -1 \\ 0 & 2 & 3 & 0 \end{pmatrix}\begin{matrix} \\ 3r_2-2r_1 \\ r_3-r_1 \end{matrix} \rightarrow \begin{pmatrix} 3 & 5 & 6 & 5 \\ 0 & 2 & 3 & -1 \\ 0 & 0 & 0 & 1 \end{pmatrix}_{r_3-r_2}$$

となる。

ここで問題が生じる。最後の行を方程式に直すと

$$0\times x+0\times y+0\times z=1$$

となっており、これを満足する解が存在しない。

つまり、係数行列に成分がすべて 0 である行があるときは、拡大係数行列においても 0 でないと、解が存在しないことになる。

これを階数で表すと

$$\tilde{\boldsymbol{A}}\vec{\boldsymbol{x}}=\vec{\boldsymbol{p}}$$

の連立 1 次方程式において、行列の階数を rank $\tilde{\boldsymbol{A}}$ と表記すると

$$\text{rank}\ \tilde{\boldsymbol{A}}=\text{rank}\ [\tilde{\boldsymbol{A}}, \vec{\boldsymbol{p}}]$$

のときに解があるということになる。演習 6-27 の例は

$$\mathrm{rank}\,\tilde{\boldsymbol{A}} \neq \mathrm{rank}\ [\tilde{\boldsymbol{A}}, \vec{\boldsymbol{p}}]$$

となるので、解がない。

6. 7.　解の自由度

以上のように、連立方程式において、係数行列と拡大係数行列の階数が一致していれば、解が存在することになる。ただし、解がある場合においても、係数行列の階数によって、解の特徴が変わってくる。それをまとめてみよう。

いま、求める連立方程式の変数の数を n 、係数行列の階数を r とする。すると、$n=r$ のときは、ただ 1 組の解しか存在しない。このとき、解の**自由度** (degree of freedom) はゼロという。

これに対し、$n>r$ のとき、つまり変数の数よりも行列の階数が小さいときは、方程式の実質的な数よりも変数の数が多い場合に相当する。よって、無数の解が得られ、$n-r$ を自由度という。たとえば、変数の数よりも、係数行列の階数が 1 だけ小さい場合には、その解の自由度は 1 となる。例として

$$\begin{cases} 3x+5y+6z=12 \\ 2x+4y+5z=9 \\ \ \,x+\ \,y+\ \,z=3 \end{cases}$$

という 3 元連立 1 次方程式を取り扱う。

演習 6-28　係数行列 $\begin{pmatrix} 3 & 5 & 6 \\ 2 & 4 & 5 \\ 1 & 1 & 1 \end{pmatrix}$ に行基本変形を施して、その階数を求めよ。

解）

$$\begin{pmatrix} 3 & 5 & 6 \\ 2 & 4 & 5 \\ 1 & 1 & 1 \end{pmatrix} \ r_1-r_2 \rightarrow \begin{pmatrix} 1 & 1 & 1 \\ 2 & 4 & 5 \\ 1 & 1 & 1 \end{pmatrix} \ r_3-r_1 \rightarrow \begin{pmatrix} 1 & 1 & 1 \\ 2 & 4 & 5 \\ 0 & 0 & 0 \end{pmatrix}$$

となるので、階数は 2 である。

変数の数が3個あり、階数は2であるので、その自由度は 3−2 = 1 となる。このとき、連立方程式は

$$\begin{cases} 2x+4y+5z=9 \\ x+y+z=3 \end{cases}$$

となり、実際 t を任意の定数とすると

$$x=t, \quad y=-3t+6, \quad z=2t-3$$

が表記の連立1次方程式を満足することがわかる。つまり、解は無数に存在するが、t を指定すれば、解は決まる。つまり、解には自由度があるが、それは1となることがわかる。

演習 6-29　つぎの連立1次方程式の係数行列の階数を求めよ。

$$\begin{cases} x+y+z=3 \\ 2x+2y+2z=6 \\ 3x+3y+3z=3 \end{cases}$$

解）　係数行列に行基本変形を施すと

$$\begin{pmatrix} 1 & 1 & 1 \\ 2 & 2 & 2 \\ 3 & 3 & 3 \end{pmatrix} \; r_2-2r_1,\ r_3-3r_1 \quad \rightarrow \quad \begin{pmatrix} 1 & 1 & 1 \\ 0 & 0 & 0 \\ 0 & 0 & 0 \end{pmatrix}$$

となって、階数が1となる。

したがって、解の自由度は 3−1 = 2 ということになる。この解は、任意の定数を u, w とすると

$$x=u, \quad y=w, \quad z=3-u-w$$

と与えられる。

つまり、解に自由度が2あることを意味している。このように係数行列の階数によって、連立方程式の解の性質がわかるのである。行列の階数については第9章のジョルダン標準形で利用する。

第 7 章　線形空間と線形変換

線形代数の応用分野として、連立 1 次方程式の解法を主として紹介してきた。しかし、理工系の専門分野においては、図形への応用も重要な位置を占める。このとき、行列には、ベクトルを変換するという機能がある。

本章では、まず 2 次元平面や 3 次元空間が、ベクトルが張る空間という概念を紹介し、その後でベクトルを変換するという行列の機能について紹介する。

7. 1.　線形空間

2 **次元平面** (two dimensional plane) は互いに平行ではないふたつのベクトル $\vec{a}, \vec{b}$ を使えば、図 7-1 に示すように、その**線形結合** (linear combination) ですべての平面を張ることができる。「張る」の英語は "span" であり、2 次元平面のベクトルをすべて、2 個のベクトルの線形結合で網羅できるという意味になる。

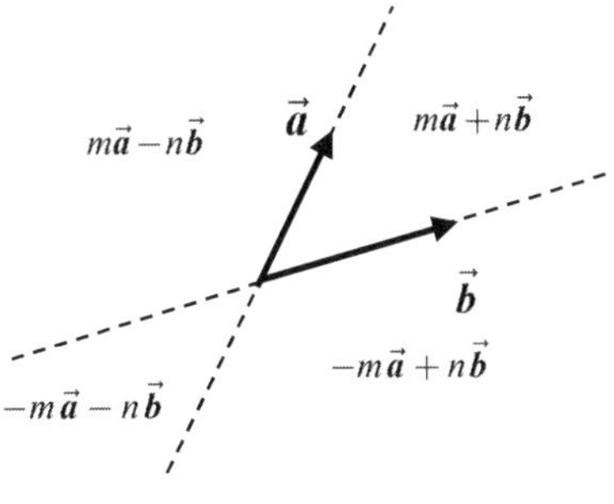

図 7-1　2 次元平面は平行ではない 2 個のベクトルで、すべての平面を表現できる。

これは、2 次元平面の任意のベクトル $\vec{x}$ はすべて

$$\vec{x} = m\vec{a} + n\vec{b}$$

という線形結合で表されることを示している。ただし、m, n は任意の実数であり、k を任意の実数として

$$\vec{b} \neq k\vec{a}$$

という条件が必要となる。これは、これらベクトルが平行ではないという条件となる。

この考えは、3 次元空間に拡張できて、互いに同じ平面内にない 3 個のベクトルを使うと、3 次元空間における任意のベクトルは

$$\vec{x} = k\vec{a} + m\vec{b} + n\vec{c}$$

のような線形結合で表されることになる。ここで、k, m, n は任意の実数である。このような空間を**線形空間** (linear space) あるいは**ベクトル空間** (vector space) と呼んでいる。

理工学の専門分野においては、いろいろな物理現象はベクトルで表現でき、それが 3 次元空間で生じるため、線形空間が重用されることになる。

7. 2.　線形従属と線形独立

3 次元線形空間において、ベクトル $\vec{a}, \vec{b}, \vec{c}$ を考える。これらのベクトル間に

$$\vec{c} = m\vec{a} + n\vec{b}$$

という関係があるとき、ベクトル $\vec{c}$ は**線形従属** (linearly dependent) であると言う。このとき、これら 3 個のベクトルでは 3 次元線形空間を張ることはできない。

3 個のベクトルが**線形独立** (linearly independent) となるためには、p, q, r を任意の実数としたとき

$$p\vec{a} + q\vec{b} + r\vec{c} = \vec{0}$$

という関係が成立するのが

$$p = q = r = 0$$

の場合のみという条件が必要となる。

以上のことを線形代数の行列式を使って表現すると

$$\tilde{A} = (\vec{a} \quad \vec{b} \quad \vec{c})$$

という行列をつくったときに、その行列式が

$$\left|\tilde{\boldsymbol{A}}\right| \neq 0$$

となることが、ベクトル $\vec{\boldsymbol{a}}, \vec{\boldsymbol{b}}, \vec{\boldsymbol{c}}$ が線形独立となるための条件である。
　たとえば

$$\vec{\boldsymbol{c}} = m\vec{\boldsymbol{a}} + n\vec{\boldsymbol{b}}$$

のように、$\vec{\boldsymbol{c}}$ が線形独立ではない場合に

$$\tilde{\boldsymbol{A}} = (\vec{\boldsymbol{a}} \quad \vec{\boldsymbol{b}} \quad \vec{\boldsymbol{c}}) = (\vec{\boldsymbol{a}} \quad \vec{\boldsymbol{b}} \quad m\vec{\boldsymbol{a}} + n\vec{\boldsymbol{b}})$$

という行列をつくる。ここで

$$\vec{\boldsymbol{a}} = \begin{pmatrix} a_x \\ a_y \\ a_z \end{pmatrix} \qquad \vec{\boldsymbol{b}} = \begin{pmatrix} b_x \\ b_y \\ b_z \end{pmatrix} \qquad \vec{\boldsymbol{c}} = \begin{pmatrix} c_x \\ c_y \\ c_z \end{pmatrix}$$

であるとすると

$$\left|\tilde{\boldsymbol{A}}\right| = \begin{vmatrix} a_x & b_x & c_x \\ a_y & b_y & c_y \\ a_z & b_z & c_z \end{vmatrix} = \begin{vmatrix} a_x & b_x & ma_x + nb_x \\ a_y & b_y & ma_y + nb_y \\ a_z & b_z & ma_z + nb_z \end{vmatrix}$$

となる。ここで、行列式の列基本変形を行う。1 列目の m 倍と 2 列目の n 倍を 3 列目から引けば

$$\begin{vmatrix} a_x & b_x & ma_x + nb_x \\ a_y & b_y & ma_y + nb_y \\ a_z & b_z & ma_z + nb_z \end{vmatrix} = \begin{vmatrix} a_x & b_x & 0 \\ a_y & b_y & 0 \\ a_z & b_z & 0 \end{vmatrix} = 0$$

となる。

　つまり、3 次元ベクトルが線形従属であれば、その成分からなる行列の行列式は必ず 0 となる。これを利用することで、ベクトルが線形独立かどうかを判定できるのである。

演習 7-1　つぎの 3 個の 3 次元ベクトルが線形独立であるかを確かめよ。

$$\vec{\boldsymbol{a}} = \begin{pmatrix} 1 \\ 0 \\ 1 \end{pmatrix} \qquad \vec{\boldsymbol{b}} = \begin{pmatrix} 1 \\ 1 \\ 0 \end{pmatrix} \qquad \vec{\boldsymbol{c}} = \begin{pmatrix} 1 \\ 1 \\ 1 \end{pmatrix}$$

解） これらのベクトルを列成分とする行列

$$\tilde{\boldsymbol{A}} = (\vec{\boldsymbol{a}} \quad \vec{\boldsymbol{b}} \quad \vec{\boldsymbol{c}})$$

をつくり、その行列式を計算すると

$$|\tilde{\boldsymbol{A}}| = \begin{vmatrix} 1 & 1 & 1 \\ 0 & 1 & 1 \\ 1 & 0 & 1 \end{vmatrix} = 1\begin{vmatrix} 1 & 1 \\ 0 & 1 \end{vmatrix} - 1\begin{vmatrix} 0 & 1 \\ 1 & 1 \end{vmatrix} + 1\begin{vmatrix} 0 & 1 \\ 1 & 0 \end{vmatrix} = 1 - 1(-1) - 1 = 1 \neq 0$$

となる。よって、これらベクトルは線形独立である。

同様の手法は、3 次元よりも高次の n 次元ベクトルにおいても利用することが可能である。

7. 3. 基底

3 **次元線形空間** (three dimensional linear space) を張るためには、線形独立なベクトルが 3 個あればなんでもよい。これらベクトルを線形空間の**基底** (basis) と呼んでいる。そして、代表的な基底は、互いに直交した**単位ベクトル** (unit vector) である。3 次元線形空間では

$$\vec{\boldsymbol{e}}_x = \begin{pmatrix} 1 \\ 0 \\ 0 \end{pmatrix} \qquad \vec{\boldsymbol{e}}_y = \begin{pmatrix} 0 \\ 1 \\ 0 \end{pmatrix} \qquad \vec{\boldsymbol{e}}_z = \begin{pmatrix} 0 \\ 0 \\ 1 \end{pmatrix}$$

というベクトルが基本となる。これらを**標準基底** (standard basis) と呼んでいる。そして、3 次元線形空間のすべてのベクトルは、これら標準基底ベクトルの線形結合として表すことができる。

たとえば

$$\begin{pmatrix} 5 \\ -4 \\ 8 \end{pmatrix} = \begin{pmatrix} 5 \\ 0 \\ 0 \end{pmatrix} + \begin{pmatrix} 0 \\ -4 \\ 0 \end{pmatrix} + \begin{pmatrix} 0 \\ 0 \\ 8 \end{pmatrix} = 5\begin{pmatrix} 1 \\ 0 \\ 0 \end{pmatrix} - 4\begin{pmatrix} 0 \\ 1 \\ 0 \end{pmatrix} + 8\begin{pmatrix} 0 \\ 0 \\ 1 \end{pmatrix} = 5\vec{\boldsymbol{e}}_x - 4\vec{\boldsymbol{e}}_y + 8\vec{\boldsymbol{e}}_z$$

のように任意の 3 次元ベクトルを表現することができる。より一般には、a, b, c を任意の実数として

$$\begin{pmatrix} a \\ b \\ c \end{pmatrix} = a\vec{\boldsymbol{e}}_x + b\vec{\boldsymbol{e}}_y + c\vec{\boldsymbol{e}}_z$$

と表記できる。

われわれが住んでいる世界は 3 次元であり、すべての物理現象は 3 次元空間で生じることから、多くの物理量は 3 次元ベクトルで表される。これが、物理法則においてベクトルが大活躍する理由である。

ところで、x, y, z という 3 次元空間を表す変数に、時間 t を変数として加えたものに **4 次元空間** (four dimensional space) がある。ベクトルを使えば、時間 t_1 に位置 $\vec{\boldsymbol{r}}_1 = (x_1 \quad y_1 \quad z_1)$ にいた物体が、時間 t_2 には位置 $\vec{\boldsymbol{r}}_2 = (x_2 \quad y_2 \quad z_2)$ に移動したという現象は

$$\vec{\boldsymbol{D}}_1 = \begin{pmatrix} x_1 \\ y_1 \\ z_1 \\ t_1 \end{pmatrix} \quad \rightarrow \quad \vec{\boldsymbol{D}}_2 = \begin{pmatrix} x_2 \\ y_2 \\ z_2 \\ t_2 \end{pmatrix}$$

と表記することができる。よって、簡単に図示することはできないが、4 次元ベクトルによって張られている空間は線形空間である。

同様の拡張はどんどん進めることができ、n 次元ベクトルによって張られている空間は、n 次元線形空間と定義することができる。そして、その空間を網羅するためには、n 個の基底ベクトルが必要となるが、最も簡単な系は、つぎの標準基底である。

$$\vec{\boldsymbol{e}}_1 = \begin{pmatrix} 1 \\ 0 \\ 0 \\ \vdots \\ 0 \end{pmatrix} \quad \vec{\boldsymbol{e}}_2 = \begin{pmatrix} 0 \\ 1 \\ 0 \\ \vdots \\ 0 \end{pmatrix} \quad \vec{\boldsymbol{e}}_3 = \begin{pmatrix} 0 \\ 0 \\ 1 \\ \vdots \\ 0 \end{pmatrix} \quad \cdots\cdot \quad \vec{\boldsymbol{e}}_n = \left.\begin{pmatrix} 0 \\ 0 \\ 0 \\ \vdots \\ 1 \end{pmatrix}\right\} n$$

これらのベクトルの線形結合で、n 次元空間のすべてのベクトルを表示できることになる。

7.4. グラムシュミットの正規直交基底

一般の線形空間において基底ベクトルの選び方は、無数にある。実は、任意のベクトルが与えられたときに、それをもとに大きさが 1 で、互いに直交した基底をつくる方法がある。

n 次元線形空間において、つぎの n 次元ベクトルが与えられているとする。

$$\vec{\boldsymbol{a}} = \begin{pmatrix} a_1 \\ a_2 \\ \vdots \\ a_n \end{pmatrix}$$

まず、この大きさを 1 にしてみよう。その操作は簡単で

$$\vec{\boldsymbol{e}}_1 = \frac{\vec{\boldsymbol{a}}}{|\vec{\boldsymbol{a}}|} = \frac{\vec{\boldsymbol{a}}}{\sqrt{a_1{}^2 + a_2{}^2 + ... + a_n{}^2}}$$

とすればよい。

この操作を**正規化** (normalization) あるいは**規格化**と呼んでいる。その他の基底ベクトルを決めるには、この正規化基底ベクトルに直交するベクトルを求めていけばよい。このとき、ベクトルの内積を利用する。

このベクトルと平行ではない任意の n 次元ベクトル $\vec{\boldsymbol{b}}$ を選ぶ。そして、正規化基底ベクトル $\vec{\boldsymbol{e}}_1$ との内積

$$\vec{\boldsymbol{e}}_1 \cdot \vec{\boldsymbol{b}} = g$$

を計算する。

演習 7-2 新たなベクトルを

$$\vec{\boldsymbol{c}} = \vec{\boldsymbol{b}} - g\vec{\boldsymbol{e}}_1$$

として、最初の基底ベクトル $\vec{\boldsymbol{e}}_1$ との内積を計算せよ。

解)

$$\vec{\boldsymbol{e}}_1 \cdot \vec{\boldsymbol{c}} = \vec{\boldsymbol{e}}_1 \cdot \vec{\boldsymbol{b}} - g\,\vec{\boldsymbol{e}}_1 \cdot \vec{\boldsymbol{e}}_1 = g - g = 0$$

となり、内積は 0 となる。

つまり、ベクトル $\vec{c}=\vec{b}-g\vec{e}_1$ と基底ベクトル $\vec{e}_1$ は直交関係にある。そのうえで、その大きさを 1 にする操作である

$$\vec{e}_2=\frac{\vec{c}}{|\vec{c}|}$$

を行う。これで、2 個目の正規化基底ベクトル $\vec{e}_2$ をつくることができた。

それでは、3 個目のベクトルはどうやって求めるかというと、再び内積を利用する。すでに求めた 2 個の正規化基底ベクトルと線形独立な任意のベクトル $\vec{d}$ を選び、2 個の基底ベクトルとの内積をとる。その値が

$$\vec{e}_1\cdot\vec{d}=l \qquad \vec{e}_2\cdot\vec{d}=m$$

のように、l と m であるとき、新たに

$$\vec{k}=\vec{d}-l\vec{e}_1-m\vec{e}_2$$

というベクトルをつくる。

演習 7-3　ベクトル $\vec{k}$ と、最初の 2 つの基底 $\vec{e}_1, \vec{e}_2$ との内積を計算せよ。

解）　ベクトル $\vec{k}$ と $\vec{e}_1$ との内積は

$$\vec{e}_1\cdot\vec{k}=\vec{e}_1\cdot\vec{d}-l\vec{e}_1\cdot\vec{e}_1-m\vec{e}_1\cdot\vec{e}_2=l-l-0=0$$

となって 0 となる。

つぎに、ベクトル $\vec{k}$ と $\vec{e}_2$ との内積は

$$\vec{e}_2\cdot\vec{k}=\vec{e}_2\cdot\vec{d}-l\,\vec{e}_2\cdot\vec{e}_1-m\,\vec{e}_2\cdot\vec{e}_2=m-0-m=0$$

となり、これも 0 となる。

したがって、ベクトル $\vec{k}$ は、2 つ基底 $\vec{e}_1, \vec{e}_2$ と直交関係にあることがわかる。そのうえで、このベクトルを正規化すると

$$\vec{e}_3 = \frac{\vec{k}}{|\vec{k}|}$$

となり、これが、3 番目の正規化基底ベクトルとなる。

以上の操作を順次繰り返していけば、手間はかかるものの、すべての基底ベクトルをつくることができる。このようにして、得られた基底ベクトルの系を**正規直交基底** (normalized orthogonal basis) と呼んでいる。

また、内積を利用して正規化基底ベクトルをつくる方法を**グラムシュミットの正規直交化法** (Gram-Schmidt orthogonalization process) と呼んでいる。

演習 7-4　つぎの 3 次元ベクトル $\vec{a}_1$, $\vec{a}_2$, $\vec{a}_3$ は互いに線形独立ではあるが、正規直交基底ではない。これらのベクトルをグラムシュミットの方法を用いて、正規直交化せよ。

$$\vec{a}_1 = \begin{pmatrix} 1 \\ 1 \\ 0 \end{pmatrix} \qquad \vec{a}_2 = \begin{pmatrix} 1 \\ 0 \\ 1 \end{pmatrix} \qquad \vec{a}_3 = \begin{pmatrix} 0 \\ 1 \\ 1 \end{pmatrix}$$

解）　まず、線形独立かどうかを確かめてみよう。これらベクトルを列とする行列の行列式は

$$\begin{vmatrix} 1 & 1 & 0 \\ 1 & 0 & 1 \\ 0 & 1 & 1 \end{vmatrix} = \begin{vmatrix} 0 & 1 \\ 1 & 1 \end{vmatrix} - \begin{vmatrix} 1 & 1 \\ 0 & 1 \end{vmatrix} = -2 \neq 0$$

となるので、線形独立である。ただし、1 行目の成分で余因子展開している。

まず、最初のベクトルを正規化すると

$$\vec{e}_1 = \frac{\vec{a}_1}{|\vec{a}_1|} = \frac{1}{\sqrt{2}} \begin{pmatrix} 1 \\ 1 \\ 0 \end{pmatrix}$$

となる。つぎに、ベクトル $\vec{a}_2$ との内積をとる。

$$\vec{e}_1 \cdot \vec{a}_2 = \frac{1}{\sqrt{2}} \begin{pmatrix} 1 \\ 1 \\ 0 \end{pmatrix} \begin{pmatrix} 1 & 0 & 1 \end{pmatrix} = \frac{1}{\sqrt{2}}$$

ここで

$$\vec{b}_2 = \vec{a}_2 - \frac{1}{\sqrt{2}}\vec{e}_1 = \begin{pmatrix} 1 \\ 0 \\ 1 \end{pmatrix} - \frac{1}{2}\begin{pmatrix} 1 \\ 1 \\ 0 \end{pmatrix} = \frac{1}{2}\begin{pmatrix} 1 \\ -1 \\ 2 \end{pmatrix}$$

というベクトルをつくる。

　そして、正規化すると

$$\vec{e}_2 = \frac{\vec{b}_2}{\left|\vec{b}_2\right|} = \frac{1}{2}\begin{pmatrix} 1 \\ -1 \\ 2 \end{pmatrix} \Bigg/ \frac{\sqrt{6}}{2} = \frac{1}{\sqrt{6}}\begin{pmatrix} 1 \\ -1 \\ 2 \end{pmatrix}$$

のように、つぎの基底ベクトルが得られる。これら基底ベクトルとベクトル $\vec{a}_3$ の内積をとると

$$\vec{e}_1 \cdot \vec{a}_3 = \frac{1}{\sqrt{2}}\begin{pmatrix} 1 \\ 1 \\ 0 \end{pmatrix}\begin{pmatrix} 0 & 1 & 1 \end{pmatrix} = \frac{1}{\sqrt{2}}$$

$$\vec{e}_2 \cdot \vec{a}_3 = \frac{1}{\sqrt{6}}\begin{pmatrix} 1 \\ -1 \\ 2 \end{pmatrix}\begin{pmatrix} 0 & 1 & 1 \end{pmatrix} = \frac{1}{\sqrt{6}}$$

となる。ここで 3 番目のベクトルを

$$\vec{c}_3 = \vec{a}_3 - \frac{1}{\sqrt{2}}\vec{e}_1 - \frac{1}{\sqrt{6}}\vec{e}_2 = \begin{pmatrix} 0 \\ 1 \\ 1 \end{pmatrix} - \frac{1}{2}\begin{pmatrix} 1 \\ 1 \\ 0 \end{pmatrix} - \frac{1}{6}\begin{pmatrix} 1 \\ -1 \\ 2 \end{pmatrix} = \frac{2}{3}\begin{pmatrix} -1 \\ 1 \\ 1 \end{pmatrix}$$

としたうえで、正規化すると

$$\vec{e}_3 = \frac{\vec{c}_3}{\left|\vec{c}_3\right|} = \frac{1}{\sqrt{3}}\begin{pmatrix} -1 \\ 1 \\ 1 \end{pmatrix}$$

となる。したがって、正規直交基底は

$$\vec{e}_1 = \frac{1}{\sqrt{2}}\begin{pmatrix} 1 \\ 1 \\ 0 \end{pmatrix} \qquad \vec{e}_2 = \frac{1}{\sqrt{6}}\begin{pmatrix} 1 \\ -1 \\ 2 \end{pmatrix} \qquad \vec{e}_3 = \frac{1}{\sqrt{3}}\begin{pmatrix} -1 \\ 1 \\ 1 \end{pmatrix}$$

と与えられる。

同様の手法は、3 次元より高次のベクトルからなる線形空間にも容易に拡張が可能である。以上のように、n 次元線形空間は、n 個の線形独立なベクトルで張ることが可能である。また、その正規直交基底は、任意のベクトルから出発して、グラムシュミットの方法を用いて整備することが可能となる。

7. 5.　行列と線形変換

いま、 $\vec{r}=(x,\ y)$ という 2 次元ベクトルに、2 次正方行列 $\tilde{A}$

$$\tilde{A}=\begin{pmatrix} a & b \\ c & d \end{pmatrix}$$

を、左から掛けてみよう。すると

$$\tilde{A}\vec{r}=\begin{pmatrix} a & b \\ c & d \end{pmatrix}\begin{pmatrix} x \\ y \end{pmatrix}=\begin{pmatrix} ax+by \\ cx+dy \end{pmatrix}$$

となって、新たな 2 次元ベクトル

$$\vec{r}'=\begin{pmatrix} x' \\ y' \end{pmatrix}=\begin{pmatrix} ax+by \\ cx+dy \end{pmatrix}$$

ができる。

つまり、ベクトルに行列を作用させると、別のベクトルに変わることになる。このとき

$$x'=ax+by \qquad y'=cx+dy$$

となり、新しいベクトルの成分は、もとのベクトルの成分の線形結合（1 次結合）となっている。このため、このような変換を**線形変換** (linear transformation) と呼んでいる。1 次変換と呼ぶこともある。

具体例で見てみよう。それぞれ行列とベクトルを

$$\tilde{A}=\begin{pmatrix} a & b \\ c & d \end{pmatrix}=\begin{pmatrix} 0 & -1 \\ 1 & 0 \end{pmatrix} \qquad \vec{r}=\begin{pmatrix} x \\ y \end{pmatrix}=\begin{pmatrix} 2 \\ 1 \end{pmatrix}$$

とすると

$$\tilde{A}\vec{r}=\begin{pmatrix} 0 & -1 \\ 1 & 0 \end{pmatrix}\begin{pmatrix} 2 \\ 1 \end{pmatrix}=\begin{pmatrix} -1 \\ 2 \end{pmatrix}=\vec{r}'=\begin{pmatrix} x' \\ y' \end{pmatrix}$$

となる。

したがって、 $\vec{r}=(2,\ 1)$ というベクトルは、この行列 $\tilde{A}$ の作用で、ベクトル $\vec{r}'=(-1,\ 2)$ に変換されることになる。

たとえば、あるベクトル $\vec{\boldsymbol{r}}=(x,\ y)$ を位置ベクトルとみなし、これが y 軸に沿って対称な位置へ移動すると、 $\vec{\boldsymbol{r}}'=(-x,\ y)$ となるが、この変換は

$$\begin{pmatrix} -1 & 0 \\ 0 & 1 \end{pmatrix}\begin{pmatrix} x \\ y \end{pmatrix}=\begin{pmatrix} -x \\ y \end{pmatrix}$$

と書くことができる。

つまり、行列

$$\begin{pmatrix} -1 & 0 \\ 0 & 1 \end{pmatrix}$$

が、この線形変換を担うことになる。

ここで、図 7-2 を参照しながら、原点を中心に、座標を反時計まわりに角度 θ だけ回転させる変換を考えてみよう。実は、回転操作は線形空間（ベクトル空間）における線形変換の代表であり、理工系への応用においても重要な位置を占めている。

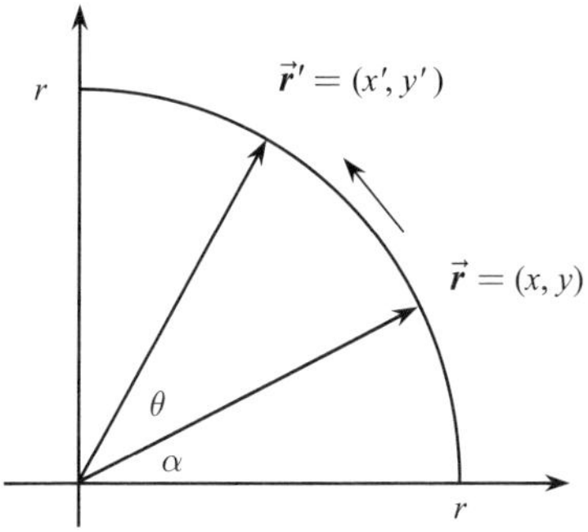

図 7-2　$(x, y)=(r\cos\alpha, r\sin\alpha)$ を原点のまわりに反時計方向に θ だけ回転させると (x', y') となる。

任意の 2 次元ベクトルを

$$\vec{\boldsymbol{r}}=\begin{pmatrix} x \\ y \end{pmatrix}=\begin{pmatrix} r\cos\alpha \\ r\sin\alpha \end{pmatrix}$$

とする。

すると、原点を中心に反時計まわりに θ だけ回転してできるベクトルは

$$\vec{r}'=\begin{pmatrix} x' \\ y' \end{pmatrix}=\begin{pmatrix} r\cos(\alpha+\theta) \\ r\sin(\alpha+\theta) \end{pmatrix}$$

となる。

三角関数の加法定理をつかって、右辺の成分を展開すると

$$\begin{pmatrix} x' \\ y' \end{pmatrix}=\begin{pmatrix} r\cos\alpha\cos\theta - r\sin\alpha\sin\theta \\ r\sin\alpha\cos\theta + r\cos\alpha\sin\theta \end{pmatrix}=\begin{pmatrix} x\cos\theta - y\sin\theta \\ x\sin\theta + y\cos\theta \end{pmatrix}$$

となる。

このとき

$$x' = x\cos\theta - y\sin\theta \qquad y' = x\sin\theta + y\cos\theta$$

となり、新たなベクトルの成分は、回転前のベクトル成分の線形結合となっていることがわかる。

この線形変換を行列表現になおすと

$$\vec{r}'=\begin{pmatrix} x' \\ y' \end{pmatrix}=\begin{pmatrix} \cos\theta & -\sin\theta \\ \sin\theta & \cos\theta \end{pmatrix}\begin{pmatrix} x \\ y \end{pmatrix}$$

となる。

これが、線形空間（ベクトル空間）における回転という線形変換に対応した行列、つまり**回転行列** (rotation matrix)

$$\tilde{\boldsymbol{R}}(\theta)=\begin{pmatrix} \cos\theta & -\sin\theta \\ \sin\theta & \cos\theta \end{pmatrix}$$

となる。

ここで、具体例で考えてみよう。いま角度を $\pi/3$ だけ回転する行列は

$$\tilde{\boldsymbol{R}}(\pi/3)=\begin{pmatrix} \cos\left(\dfrac{\pi}{3}\right) & -\sin\left(\dfrac{\pi}{3}\right) \\ \sin\left(\dfrac{\pi}{3}\right) & \cos\left(\dfrac{\pi}{3}\right) \end{pmatrix}=\begin{pmatrix} \dfrac{1}{2} & -\dfrac{\sqrt{3}}{2} \\ \dfrac{\sqrt{3}}{2} & \dfrac{1}{2} \end{pmatrix}$$

と与えられる。

試しに (1 , 0) という単位ベクトルに $\tilde{\boldsymbol{R}}(\pi/3)$ を作用させると

$$\begin{pmatrix} \dfrac{1}{2} & -\dfrac{\sqrt{3}}{2} \\ \dfrac{\sqrt{3}}{2} & \dfrac{1}{2} \end{pmatrix}\begin{pmatrix} 1 \\ 0 \end{pmatrix}=\begin{pmatrix} \dfrac{1}{2} \\ \dfrac{\sqrt{3}}{2} \end{pmatrix}=\begin{pmatrix} \cos\left(\dfrac{\pi}{3}\right) \\ \sin\left(\dfrac{\pi}{3}\right) \end{pmatrix}$$

となり、確かに $\pi/3$ だけの回転に対応している。

演習 7-5　$\pi/3$ だけ回転させたベクトルを、さらに $\pi/3$ だけ回転する操作に対応する行列を求めよ。

解）　この行列は

$$\tilde{\boldsymbol{R}}(\pi/3)\tilde{\boldsymbol{R}}(\pi/3)=\tilde{\boldsymbol{R}}^2(\pi/3)=\begin{pmatrix}\dfrac{1}{2} & -\dfrac{\sqrt{3}}{2}\\ \dfrac{\sqrt{3}}{2} & \dfrac{1}{2}\end{pmatrix}\begin{pmatrix}\dfrac{1}{2} & -\dfrac{\sqrt{3}}{2}\\ \dfrac{\sqrt{3}}{2} & \dfrac{1}{2}\end{pmatrix}$$

となる。これを計算すると

$$\tilde{\boldsymbol{R}}^2(\pi/3)=\begin{pmatrix}-\dfrac{1}{2} & -\dfrac{\sqrt{3}}{2}\\ \dfrac{\sqrt{3}}{2} & -\dfrac{1}{2}\end{pmatrix}$$

となる。

さらに

$$\tilde{\boldsymbol{R}}^2\left(\frac{\pi}{3}\right)=\begin{pmatrix}-\dfrac{1}{2} & -\dfrac{\sqrt{3}}{2}\\ \dfrac{\sqrt{3}}{2} & -\dfrac{1}{2}\end{pmatrix}=\begin{pmatrix}\cos\left(\dfrac{2\pi}{3}\right) & -\sin\left(\dfrac{2\pi}{3}\right)\\ \sin\left(\dfrac{2\pi}{3}\right) & \cos\left(\dfrac{2\pi}{3}\right)\end{pmatrix}=\tilde{\boldsymbol{R}}\left(\frac{2\pi}{3}\right)$$

となるので、これは $\theta=2\pi/3$ の回転に対応した行列であることもわかる。これは、少し考えれば当たり前のことで、$\pi/3$ だけ 2 度回転する操作は $2\pi/3$ だけ回転する操作に他ならないからである。

したがって

$$\begin{pmatrix}\cos\left(\dfrac{\pi}{3}\right) & -\sin\left(\dfrac{\pi}{3}\right)\\ \sin\left(\dfrac{\pi}{3}\right) & \cos\left(\dfrac{\pi}{3}\right)\end{pmatrix}^2=\begin{pmatrix}\cos\left(\dfrac{2\pi}{3}\right) & -\sin\left(\dfrac{2\pi}{3}\right)\\ \sin\left(\dfrac{2\pi}{3}\right) & \cos\left(\dfrac{2\pi}{3}\right)\end{pmatrix}$$

という関係にあることがわかる。

これから容易に

n 回の θ 回転　→　回転行列を n 回掛ける

n 回の θ 回転　→　$n\theta$ だけ回転する

の 2 つの操作は等価であるから

$$\begin{pmatrix} \cos\theta & -\sin\theta \\ \sin\theta & \cos\theta \end{pmatrix}^n = \begin{pmatrix} \cos n\theta & -\sin n\theta \\ \sin n\theta & \cos n\theta \end{pmatrix}$$

となることもわかる。

これは、**三角関数** (trigonometric function) で知られている**ド・モアブルの定理** (De Moivre's theorem) である。

この回転行列の関係を利用して三角関数の**倍角の公式** (double-angle formula) が簡単に導かれる。

演習 7-6　角度 θ の回転を 2 回行う操作は

$$\begin{pmatrix} \cos\theta & -\sin\theta \\ \sin\theta & \cos\theta \end{pmatrix}^2 = \begin{pmatrix} \cos 2\theta & -\sin 2\theta \\ \sin 2\theta & \cos 2\theta \end{pmatrix}$$

の行列で表すことができる。この関係をもとに、倍角の公式を導け。

解）　左辺を計算すると

$$\begin{pmatrix} \cos\theta & -\sin\theta \\ \sin\theta & \cos\theta \end{pmatrix}^2 = \begin{pmatrix} \cos\theta & -\sin\theta \\ \sin\theta & \cos\theta \end{pmatrix}\begin{pmatrix} \cos\theta & -\sin\theta \\ \sin\theta & \cos\theta \end{pmatrix}$$

$$= \begin{pmatrix} \cos^2\theta - \sin^2\theta & -2\sin\theta\cos\theta \\ +2\sin\theta\cos\theta & \cos^2\theta - \sin^2\theta \end{pmatrix}$$

となる。

ここで、右辺と対応する成分を見ると

$$\cos 2\theta = \cos^2\theta - \sin^2\theta \qquad \sin 2\theta = 2\sin\theta\cos\theta$$

という関係にあることがわかる。これは、まさに倍角の公式である。

演習 7-7　任意のベクトル (x, y) に対して角度 $\pi/3$ の回転を 3 回施したベクトルを求めよ。

解）　この回転に対応した行列は

$$\begin{pmatrix} \cos\left(\dfrac{\pi}{3}\right) & -\sin\left(\dfrac{\pi}{3}\right) \\ \sin\left(\dfrac{\pi}{3}\right) & \cos\left(\dfrac{\pi}{3}\right) \end{pmatrix}^3 = \begin{pmatrix} \cos\left\{3\left(\dfrac{\pi}{3}\right)\right\} & -\sin\left\{3\left(\dfrac{\pi}{3}\right)\right\} \\ \sin\left\{3\left(\dfrac{\pi}{3}\right)\right\} & \cos\left\{3\left(\dfrac{\pi}{3}\right)\right\} \end{pmatrix} = \begin{pmatrix} \cos\pi & -\sin\pi \\ \sin\pi & \cos\pi \end{pmatrix} = \begin{pmatrix} -1 & 0 \\ 0 & -1 \end{pmatrix}$$

よって

$$\begin{pmatrix} x' \\ y' \end{pmatrix} = \begin{pmatrix} -1 & 0 \\ 0 & -1 \end{pmatrix}\begin{pmatrix} x \\ y \end{pmatrix} = \begin{pmatrix} -x \\ -y \end{pmatrix}$$

となる。

$(\pi/3)\times 3=\pi$ であるから、いまの回転は、ちょうど原点を中心に、反時計まわりに π だけ回転したことに相当する。

演習 7-8　$\pi/3$ という回転を 6 回行った場合の回転行列を求めよ。

解）　対応する回転行列は

$$\begin{pmatrix} \cos\left(\dfrac{\pi}{3}\right) & -\sin\left(\dfrac{\pi}{3}\right) \\ \sin\left(\dfrac{\pi}{3}\right) & \cos\left(\dfrac{\pi}{3}\right) \end{pmatrix}^6 = \begin{pmatrix} \cos 2\pi & -\sin 2\pi \\ \sin 2\pi & \cos 2\pi \end{pmatrix} = \begin{pmatrix} 1 & 0 \\ 0 & 1 \end{pmatrix}$$

となり、単位行列となる。

$\pi/3$ の回転を 6 回行うと、2π の回転となる。これは、1 周に相当するので、もとの位置に戻ることになる。よって、何もしない変換と等価となり、単位行列となる。

演習 7-9　2 次の単位行列の n 乗根を求めよ。

解）　単位行列の n 乗根を

$$\begin{pmatrix} \cos\theta & -\sin\theta \\ \sin\theta & \cos\theta \end{pmatrix}$$

と置くと

$$\begin{pmatrix} \cos\theta & -\sin\theta \\ \sin\theta & \cos\theta \end{pmatrix}^n = \begin{pmatrix} 1 & 0 \\ 0 & 1 \end{pmatrix}$$

となる。ここで

$$\begin{pmatrix} \cos\theta & -\sin\theta \\ \sin\theta & \cos\theta \end{pmatrix}^n = \begin{pmatrix} \cos n\theta & -\sin n\theta \\ \sin n\theta & \cos n\theta \end{pmatrix}$$

$$\begin{pmatrix} 1 & 0 \\ 0 & 1 \end{pmatrix} = \begin{pmatrix} \cos 2\pi & -\sin 2\pi \\ \sin 2\pi & \cos 2\pi \end{pmatrix}$$

という対応関係にあるから

$$n\theta = 2\pi$$

となる。よって

$$\theta = \frac{2\pi}{n}$$

となり、求める行列は

$$\begin{pmatrix} \cos\left(\frac{2\pi}{n}\right) & -\sin\left(\frac{2\pi}{n}\right) \\ \sin\left(\frac{2\pi}{n}\right) & \cos\left(\frac{2\pi}{n}\right) \end{pmatrix}$$

となる。

このかたちの行列は、n 乗、つまり n 回掛けると単位行列になるので、**べき単行列** (unipotent matrix) と呼ばれる。$n = 4$ のとき

$$\begin{pmatrix} \cos\left(\frac{\pi}{2}\right) & -\sin\left(\frac{\pi}{2}\right) \\ \sin\left(\frac{\pi}{2}\right) & \cos\left(\frac{\pi}{2}\right) \end{pmatrix} = \begin{pmatrix} 0 & -1 \\ 1 & 0 \end{pmatrix}$$

となるが

$$\begin{pmatrix} 0 & -1 \\ 1 & 0 \end{pmatrix}^2 = \begin{pmatrix} 0 & -1 \\ 1 & 0 \end{pmatrix}\begin{pmatrix} 0 & -1 \\ 1 & 0 \end{pmatrix} = \begin{pmatrix} -1 & 0 \\ 0 & -1 \end{pmatrix}$$

$$\begin{pmatrix} 0 & -1 \\ 1 & 0 \end{pmatrix}^4 = \begin{pmatrix} -1 & 0 \\ 0 & -1 \end{pmatrix}^2 = \begin{pmatrix} 1 & 0 \\ 0 & 1 \end{pmatrix}$$

となり、確かに 4 乗根であることが確かめられる。

7. 6.　直交変換と直交行列

直交変換 (orthogonal transformation) とは、ベクトルの大きさが変化しない変換のことである。実は、原点を中心に回転する操作は、直交変換の一種である。また、原点を共有する**直交座標系** (orthogonal coordinate system) どうしの変換でもある。その代表が直交座標から**極座標** (polar coordinate) への変換であり、理工系への応用では重要な線形変換となる。

2 次元平面における直交変換の代表は、原点を中心とした回転となり

$$\tilde{\boldsymbol{R}} = \begin{pmatrix} \cos\theta & -\sin\theta \\ \sin\theta & \cos\theta \end{pmatrix}$$

という行列となる。

ここで、この行列の転置行列を求めると

$${}^t\tilde{\boldsymbol{R}} = \begin{pmatrix} \cos\theta & \sin\theta \\ -\sin\theta & \cos\theta \end{pmatrix}$$

となる。

> **演習 7-10**　回転行列における ${}^t\tilde{\boldsymbol{R}}\tilde{\boldsymbol{R}}$ を計算せよ。

解)

$${}^t\tilde{\boldsymbol{R}}\,\tilde{\boldsymbol{R}} = \begin{pmatrix} \cos\theta & \sin\theta \\ -\sin\theta & \cos\theta \end{pmatrix}\begin{pmatrix} \cos\theta & -\sin\theta \\ \sin\theta & \cos\theta \end{pmatrix}$$

$$= \begin{pmatrix} \cos^2\theta + \sin^2\theta & 0 \\ 0 & \sin^2\theta + \cos^2\theta \end{pmatrix} = \begin{pmatrix} 1 & 0 \\ 0 & 1 \end{pmatrix}$$

となる。

つまり、転置行列が逆行列となっている。第 6 章で紹介したように

$$ {}^t\tilde{\boldsymbol{R}} = \tilde{\boldsymbol{R}}^{-1} $$

となる行列を**直交行列** (orthogonal matrix) と呼んでいる。実は、直交変換に対応した行列は、直交行列となる。

ここで、一般の 2 次正方行列において直交行列がどのようなものかを求めてみよう。行列を

$$ \tilde{\boldsymbol{A}} = \begin{pmatrix} a & b \\ c & d \end{pmatrix} \quad \text{とすると} \quad {}^t\tilde{\boldsymbol{A}} = \begin{pmatrix} a & c \\ b & d \end{pmatrix} $$

ここで

$$ {}^t\tilde{\boldsymbol{A}}\tilde{\boldsymbol{A}} = \begin{pmatrix} a & c \\ b & d \end{pmatrix}\begin{pmatrix} a & b \\ c & d \end{pmatrix} = \begin{pmatrix} a^2+c^2 & ab+cd \\ ab+cd & b^2+d^2 \end{pmatrix} $$

となる。

> **演習 7-11** 表記の行列 ${}^t\tilde{\boldsymbol{A}}\tilde{\boldsymbol{A}}$ が単位行列になる条件を求めよ。

解） 単位行列となるための条件は

$$ a^2+c^2=1 \qquad ab+cd=0 \qquad b^2+d^2=1 $$

となる。

まず、$a^2+c^2=1$ という条件から

$$ a=\cos\theta \qquad c=\sin\theta $$

と置く。$ab+cd=0$ に代入すると

$$ b\cos\theta + d\sin\theta = 0 \quad \text{から} \quad b = -d\frac{\sin\theta}{\cos\theta} $$

となる。$b^2+d^2=1$ に代入すると

$$ d^2\frac{\sin^2\theta}{\cos^2\theta} + d^2 = 1 $$

したがって

$$ d^2\left(\frac{\sin^2\theta+\cos^2\theta}{\cos^2\theta}\right) = d^2\left(\frac{1}{\cos^2\theta}\right) = 1 $$

から

$$ d^2 = \cos^2\theta \qquad d = \pm\cos\theta $$

となる。つぎに

$$b = -d\frac{\sin\theta}{\cos\theta} = -\left(\pm\cos\theta\frac{\sin\theta}{\cos\theta}\right) = \mp\sin\theta$$

となり、結局

$$\tilde{\boldsymbol{A}} = \begin{pmatrix} \cos\theta & -\sin\theta \\ \sin\theta & \cos\theta \end{pmatrix} \quad \text{あるいは} \quad \tilde{\boldsymbol{B}} = \begin{pmatrix} \cos\theta & \sin\theta \\ \sin\theta & -\cos\theta \end{pmatrix}$$

が直交行列となる。

ここで、行列 $\tilde{\boldsymbol{A}}$ は原点を中心とした反時計まわりの角度 θ の回転

$$\tilde{\boldsymbol{A}} = \begin{pmatrix} \cos\theta & -\sin\theta \\ \sin\theta & \cos\theta \end{pmatrix} = \tilde{\boldsymbol{R}}(\theta)$$

に対応している。

それでは、一般式から得られるもうひとつの直交行列 $\tilde{\boldsymbol{B}}$ が有する変換機能はどのようなものなのだろうか。

演習 7-12　2 次元線形空間において、行列

$$\tilde{\boldsymbol{B}} = \begin{pmatrix} \cos\theta & \sin\theta \\ \sin\theta & -\cos\theta \end{pmatrix}$$

による 1 次変換がどのようなものかを確かめよ。

解）　この行列をベクトル

$$\vec{r} = \begin{pmatrix} x \\ y \end{pmatrix} = \begin{pmatrix} r\cos\alpha \\ r\sin\alpha \end{pmatrix}$$

に作用させると

$$\begin{pmatrix} \cos\theta & \sin\theta \\ \sin\theta & -\cos\theta \end{pmatrix}\begin{pmatrix} r\cos\alpha \\ r\sin\alpha \end{pmatrix} = r\begin{pmatrix} \cos\alpha\cos\theta + \sin\alpha\sin\theta \\ \cos\alpha\sin\theta - \sin\alpha\cos\theta \end{pmatrix} = r\begin{pmatrix} \cos(\alpha-\theta) \\ \sin(\theta-\alpha) \end{pmatrix}$$

$$= \begin{pmatrix} r\cos(\alpha-\theta) \\ -r\sin(\alpha-\theta) \end{pmatrix}$$

となる。

よって、原点を中心に角度 θ だけ逆方向（時計まわり）に回転したうえで、x

軸に沿って鏡像の位置に反転する変換である。

このように、直交行列が有する操作は単純な回転だけではない。さらに、θ は任意であるので、直交行列の数は無限に存在することになる。その中で特殊な場合として $\theta=\pi/2$ をとると

$$\tilde{\boldsymbol{A}}=\begin{pmatrix}0 & -1\\ 1 & 0\end{pmatrix}\quad \text{あるいは}\quad \tilde{\boldsymbol{B}}=\begin{pmatrix}0 & 1\\ 1 & 0\end{pmatrix}$$

が直交行列として得られる。

ここで行列 $\tilde{\boldsymbol{A}}$ は

$$\tilde{\boldsymbol{A}}\begin{pmatrix}x\\ y\end{pmatrix}=\begin{pmatrix}0 & -1\\ 1 & 0\end{pmatrix}\begin{pmatrix}x\\ y\end{pmatrix}=\begin{pmatrix}-y\\ x\end{pmatrix}$$

となり、x と y を入れ換え、y を x 軸に関して鏡像の位置へ変換する操作である。

つぎに $\tilde{\boldsymbol{B}}$ の作用は

$$\tilde{\boldsymbol{B}}\begin{pmatrix}x\\ y\end{pmatrix}=\begin{pmatrix}0 & 1\\ 1 & 0\end{pmatrix}\begin{pmatrix}x\\ y\end{pmatrix}=\begin{pmatrix}y\\ x\end{pmatrix}$$

となって、x と y の入れ換えとなる。

演習 7-13　$\theta=\pi$ の場合の

$$\tilde{\boldsymbol{A}}=\begin{pmatrix}\cos\theta & -\sin\theta\\ \sin\theta & \cos\theta\end{pmatrix}\quad \text{および}\quad \tilde{\boldsymbol{B}}=\begin{pmatrix}\cos\theta & \sin\theta\\ \sin\theta & -\cos\theta\end{pmatrix}$$

の直交行列が有する変換操作を示せ。

解）　$\theta=\pi$ を代入すると

$$\tilde{\boldsymbol{A}}=\begin{pmatrix}-1 & 0\\ 0 & -1\end{pmatrix}\quad \text{および}\quad \tilde{\boldsymbol{B}}=\begin{pmatrix}-1 & 0\\ 0 & 1\end{pmatrix}$$

となる。まず

$$\tilde{\boldsymbol{A}}\begin{pmatrix}x\\ y\end{pmatrix}=\begin{pmatrix}-1 & 0\\ 0 & -1\end{pmatrix}\begin{pmatrix}x\\ y\end{pmatrix}=\begin{pmatrix}-x\\ -y\end{pmatrix}$$

であるから、原点を中心にして反対称位置に移動する変換である。

つぎに

$$\tilde{\boldsymbol{B}}\begin{pmatrix} x \\ y \end{pmatrix}=\begin{pmatrix} -1 & 0 \\ 0 & 1 \end{pmatrix}\begin{pmatrix} x \\ y \end{pmatrix}=\begin{pmatrix} -x \\ y \end{pmatrix}$$

となるので、y 軸に関して反転する変換である。

ところで、直交行列では

$${}^t\tilde{\boldsymbol{A}}\tilde{\boldsymbol{A}}=\tilde{\boldsymbol{E}}$$

という関係にあるから、行列式は

$$\left|{}^t\tilde{\boldsymbol{A}}\tilde{\boldsymbol{A}}\right|=\left|{}^t\tilde{\boldsymbol{A}}\right|\left|\tilde{\boldsymbol{A}}\right|=1 \qquad \text{から} \qquad \left|{}^t\tilde{\boldsymbol{A}}\right|=\left|\tilde{\boldsymbol{A}}\right|$$

より

$$\left|\tilde{\boldsymbol{A}}\right|=\pm 1$$

となる。これを確かめてみよう。まず

$$\tilde{\boldsymbol{A}}=\begin{pmatrix} \cos\theta & -\sin\theta \\ \sin\theta & \cos\theta \end{pmatrix}$$

の行列式は

$$\left|\tilde{\boldsymbol{A}}\right|=\begin{vmatrix} \cos\theta & -\sin\theta \\ \sin\theta & \cos\theta \end{vmatrix}=\cos\theta\times\cos\theta-(-\sin\theta)\times\sin\theta=\cos^2\theta+\sin^2\theta=1$$

となって 1 となる。一方

$$\tilde{\boldsymbol{B}}=\begin{pmatrix} \cos\theta & \sin\theta \\ \sin\theta & -\cos\theta \end{pmatrix}$$

の行列式は

$$\left|\tilde{\boldsymbol{B}}\right|=\begin{vmatrix} \cos\theta & \sin\theta \\ \sin\theta & -\cos\theta \end{vmatrix}=\cos\theta\times(-\cos\theta)-\sin\theta\times\sin\theta=-\cos^2\theta-\sin^2\theta=-1$$

となって−1 となる。

7. 7.　直交変換と内積

実は、直交変換とは、ベクトル空間において、任意の 2 個のベクトルの内積を変えない線形変換となる。つまり、ベクトルの大きさと、ベクトル間の角度が維持される変換のことなのである。それを確かめてみよう。

2 個のベクトルを

$$\vec{x}=\begin{pmatrix} x_1 \\ x_2 \end{pmatrix},\quad \vec{y}=\begin{pmatrix} y_1 \\ y_2 \end{pmatrix}$$

とし、直交行列を

$$\tilde{A}=\begin{pmatrix} a_{11} & a_{12} \\ a_{21} & a_{22} \end{pmatrix}$$

とすると、直交変換は

$$\tilde{A}\vec{x}=\begin{pmatrix} a_{11} & a_{12} \\ a_{21} & a_{22} \end{pmatrix}\begin{pmatrix} x_1 \\ x_2 \end{pmatrix}=\begin{pmatrix} a_{11}x_1+a_{12}x_2 \\ a_{21}x_1+a_{22}x_2 \end{pmatrix}$$

$$\tilde{A}\vec{y}=\begin{pmatrix} a_{11} & a_{12} \\ a_{21} & a_{22} \end{pmatrix}\begin{pmatrix} y_1 \\ y_2 \end{pmatrix}=\begin{pmatrix} a_{11}y_1+a_{12}y_2 \\ a_{21}y_1+a_{22}y_2 \end{pmatrix}$$

となる。ここでは

$$\vec{x}\cdot\vec{y}=(\tilde{A}\vec{x})\cdot(\tilde{A}\vec{y})$$

となることを示せばよい。

実は、右辺の内積を、そのまま計算すると、とても煩雑となる。そこで、汎用性も意識して工夫をしてみよう。

まず、内積は

$$\vec{x}\cdot\vec{y}=(x_1, x_2)\begin{pmatrix} y_1 \\ y_2 \end{pmatrix}=x_1y_1+x_2y_2$$

と与えられるが、$\vec{x}$ を縦ベクトルとすれば、横ベクトル (x_1, x_2) は、その転置ベクトル ${}^t\vec{x}$ とみなせるから

$$(x_1, x_2)\begin{pmatrix} y_1 \\ y_2 \end{pmatrix}={}^t\vec{x}\,\vec{y}$$

と表記することができ、内積は

$$\vec{x}\cdot\vec{y}={}^t\vec{x}\,\vec{y}$$

と置ける。ここで

$$\tilde{A}\vec{x}=\begin{pmatrix} a_{11} & a_{12} \\ a_{21} & a_{22} \end{pmatrix}\begin{pmatrix} x_1 \\ x_2 \end{pmatrix}=\begin{pmatrix} a_{11}x_1+a_{12}x_2 \\ a_{21}x_1+a_{22}x_2 \end{pmatrix}$$

となるが、この転置ベクトルは

$${}^t(\tilde{A}\vec{x})=(a_{11}x_1+a_{12}x_2 \quad a_{21}x_1+a_{22}x_2)$$

となる。このとき、右辺は

$$(a_{11}x_1 + a_{12}x_2 \quad a_{21}x_1 + a_{22}x_2) = (x_1 \quad x_2)\begin{pmatrix} a_{11} & a_{21} \\ a_{12} & a_{22} \end{pmatrix}$$

と分解できるので ${}^t\vec{\boldsymbol{x}}\,{}^t\tilde{\boldsymbol{A}}$ となる。つまり

$${}^t(\tilde{\boldsymbol{A}}\vec{\boldsymbol{x}}) = {}^t\vec{\boldsymbol{x}}\,{}^t\tilde{\boldsymbol{A}}$$

という関係にあることがわかる。

演習 7-14　直交行列 $\tilde{\boldsymbol{A}}$ による直交変換後の内積が、変換前の内積と一致することを確かめよ。

解）　変換後の内積は

$$(\tilde{\boldsymbol{A}}\vec{\boldsymbol{x}})\cdot(\tilde{\boldsymbol{A}}\vec{\boldsymbol{y}}) = {}^t(\tilde{\boldsymbol{A}}\vec{\boldsymbol{x}})\tilde{\boldsymbol{A}}\vec{\boldsymbol{y}} = {}^t\vec{\boldsymbol{x}}\,{}^t\tilde{\boldsymbol{A}}\tilde{\boldsymbol{A}}\vec{\boldsymbol{y}}$$

となる。

ここで、直交行列の性質から

$${}^t\tilde{\boldsymbol{A}}\,\tilde{\boldsymbol{A}} = \tilde{\boldsymbol{E}} = \begin{pmatrix} 1 & 0 \\ 0 & 1 \end{pmatrix}$$

であるので

$${}^t\vec{\boldsymbol{x}}\,{}^t\tilde{\boldsymbol{A}}\tilde{\boldsymbol{A}}\vec{\boldsymbol{y}} = {}^t\vec{\boldsymbol{x}}\,\tilde{\boldsymbol{E}}\,\vec{\boldsymbol{y}} = {}^t\vec{\boldsymbol{x}}\,\vec{\boldsymbol{y}}$$

となる。したがって

$$(\tilde{\boldsymbol{A}}\vec{\boldsymbol{x}})\cdot(\tilde{\boldsymbol{A}}\vec{\boldsymbol{y}}) = {}^t\vec{\boldsymbol{x}}\,\vec{\boldsymbol{y}} = \vec{\boldsymbol{x}}\cdot\vec{\boldsymbol{y}}$$

となり、変換前の内積と一致することが確かめられる。

直交行列の応用については、第8章でも紹介する。

第 8 章　固有値と固有ベクトル

8. 1.　固有値と固有ベクトル

正方行列 $\tilde{\boldsymbol{A}}$ において

$$\tilde{\boldsymbol{A}}\,\vec{\boldsymbol{r}} = \lambda\,\vec{\boldsymbol{r}}$$

という関係を満たすベクトル $\vec{\boldsymbol{r}}$ とスカラー値 λ が存在するとき、ベクトル $\vec{\boldsymbol{r}}$ を行列 $\tilde{\boldsymbol{A}}$ の**固有ベクトル** (eigen vector) 、λ を**固有値** (eigen value) と呼ぶ。

つまり、ベクトル $\vec{\boldsymbol{r}}$ に行列 $\tilde{\boldsymbol{A}}$ を作用させると、$\vec{\boldsymbol{r}}$ の方向は変化せずに、大きさだけが λ 倍になるという関係である。

本来、固有値や固有ベクトルという概念は量子力学で重用されることになる。このとき、行列の固有ベクトルはミクロ粒子の状態に、固有値はその物理量に対応する（『量子力学 I 』村上、飯田、小林（飛翔舎、2023）を参照されたい）。

ただし、本書では、固有ベクトルと固有値を利用して、その行列を対角成分だけの行列に変形できるという効用について紹介する。

2 次正方行列

$$\tilde{\boldsymbol{A}} = \begin{pmatrix} a_{11} & a_{12} \\ a_{21} & a_{22} \end{pmatrix}$$

を考える。このとき、一般には 2 個の固有値が存在する。それら固有値を λ_1 および λ_2 としよう。

このとき、固有値 λ_1 に対応する固有ベクトルを $\vec{\boldsymbol{r}}_1 = (x_1 \quad y_1)$ とすると

$$\tilde{\boldsymbol{A}}\,\vec{\boldsymbol{r}}_1 = \lambda_1 \vec{\boldsymbol{r}}_1 \qquad \begin{pmatrix} a_{11} & a_{12} \\ a_{21} & a_{22} \end{pmatrix}\begin{pmatrix} x_1 \\ y_1 \end{pmatrix} = \lambda_1 \begin{pmatrix} x_1 \\ y_1 \end{pmatrix}$$

という関係が成立する。成分で書けば

$$\begin{pmatrix} a_{11}\,x_1 + a_{12}\,y_1 \\ a_{21}\,x_1 + a_{22}\,y_1 \end{pmatrix} = \begin{pmatrix} \lambda_1\,x_1 \\ \lambda_1\,y_1 \end{pmatrix}$$

となる。つまり

$$\begin{pmatrix} (a_{11}-\lambda_1)x_1 + a_{12}\,y_1 \\ a_{21}\,x_1 + (a_{22}-\lambda_1)\,y_1 \end{pmatrix} = \begin{pmatrix} 0 \\ 0 \end{pmatrix}$$

という連立方程式が成立することを意味している。

同様にして、固有値 λ_2 に対応する固有ベクトルを $\vec{r}_2 = (x_2 \;\; y_2)$ とすると

$$\tilde{A}\,\vec{r}_2 = \lambda_2\,\vec{r}_2 \qquad \begin{pmatrix} a_{11} & a_{12} \\ a_{21} & a_{22} \end{pmatrix}\begin{pmatrix} x_2 \\ y_2 \end{pmatrix} = \lambda_2 \begin{pmatrix} x_2 \\ y_2 \end{pmatrix}$$

という関係が成立する。

ここで、固有ベクトルを列成分とする行列 $\tilde{P}$ を考える。

$$\tilde{P} = (\vec{r}_1 \quad \vec{r}_2) = \begin{pmatrix} x_1 & x_2 \\ y_1 & y_2 \end{pmatrix}$$

すると、行列 $\tilde{A}$ と $\tilde{P}$ の掛け算は

$$\tilde{A}\tilde{P} = \tilde{A}(\vec{r}_1 \quad \vec{r}_2) = (\lambda_1\vec{r}_1 \quad \lambda_2\vec{r}_2)$$

あるいは

$$\tilde{A}\tilde{P} = \tilde{A}\begin{pmatrix} x_1 & x_2 \\ y_1 & y_2 \end{pmatrix} = \begin{pmatrix} \lambda_1\,x_1 & \lambda_2\,x_2 \\ \lambda_1\,y_1 & \lambda_2\,y_2 \end{pmatrix}$$

となる。

演習 8-1　つぎの行列演算を実施せよ。

$$\begin{pmatrix} x_1 & x_2 \\ y_1 & y_2 \end{pmatrix}\begin{pmatrix} \lambda_1 & 0 \\ 0 & \lambda_2 \end{pmatrix} = \tilde{P}\begin{pmatrix} \lambda_1 & 0 \\ 0 & \lambda_2 \end{pmatrix}$$

解）

$$\begin{pmatrix} x_1 & x_2 \\ y_1 & y_2 \end{pmatrix}\begin{pmatrix} \lambda_1 & 0 \\ 0 & \lambda_2 \end{pmatrix} = \begin{pmatrix} \lambda_1\,x_1 & \lambda_2\,x_2 \\ \lambda_1\,y_1 & \lambda_2\,y_2 \end{pmatrix}$$

となる。

したがって

$$\tilde{A}\tilde{P} = \begin{pmatrix} \lambda_1\,x_1 & \lambda_2\,x_2 \\ \lambda_1\,y_1 & \lambda_2\,y_2 \end{pmatrix} = \begin{pmatrix} x_1 & x_2 \\ y_1 & y_2 \end{pmatrix}\begin{pmatrix} \lambda_1 & 0 \\ 0 & \lambda_2 \end{pmatrix}$$

から

$$\tilde{\boldsymbol{A}}\tilde{\boldsymbol{P}} = \tilde{\boldsymbol{P}}\begin{pmatrix} \lambda_1 & 0 \\ 0 & \lambda_2 \end{pmatrix}$$

となる。

演習 8-2　上記の等式に、左から行列 $\tilde{\boldsymbol{P}}$ の逆行列 $\tilde{\boldsymbol{P}}^{-1}$ を作用させよ。

解）　左から $\tilde{\boldsymbol{P}}^{-1}$ を作用させると

$$\tilde{\boldsymbol{P}}^{-1}\tilde{\boldsymbol{A}}\,\tilde{\boldsymbol{P}} = \tilde{\boldsymbol{P}}^{-1}\tilde{\boldsymbol{P}}\begin{pmatrix} \lambda_1 & 0 \\ 0 & \lambda_2 \end{pmatrix}$$

となる。ここで

$$\tilde{\boldsymbol{P}}^{-1}\tilde{\boldsymbol{P}} = \tilde{\boldsymbol{E}} = \begin{pmatrix} 1 & 0 \\ 0 & 1 \end{pmatrix}$$

であるから

$$\tilde{\boldsymbol{P}}^{-1}\tilde{\boldsymbol{A}}\,\tilde{\boldsymbol{P}} = \begin{pmatrix} \lambda_1 & 0 \\ 0 & \lambda_2 \end{pmatrix}$$

となる。

このように、固有ベクトルを列ベクトルとする行列 $\tilde{\boldsymbol{P}}$ を使えば、行列 $\tilde{\boldsymbol{A}}$ を**対角行列** (diagonal matrix) に変形できる。そして、対角成分が固有値となっている。この操作を行列の**対角化** (diagonalization) と呼んでいる。また、この手法は 2 次正方行列だけでなく、より高次の正方行列にも適用することができる。

8. 2.　固有方程式

固有ベクトルと固有値が求められれば、行列の対角化が可能であることがわかった。それでは、肝心の固有値はどうやって求めればよいのであろうか。

行列 $\tilde{\boldsymbol{A}}$ に対して

$$\tilde{\boldsymbol{A}}\,\vec{\boldsymbol{r}} = \lambda\,\vec{\boldsymbol{r}} \qquad \begin{pmatrix} a_{11} & a_{12} \\ a_{21} & a_{22} \end{pmatrix}\begin{pmatrix} x \\ y \end{pmatrix} = \lambda\begin{pmatrix} x \\ y \end{pmatrix}$$

の関係を満足するベクトル $\vec{r}=(x,y)$ を固有ベクトル、λ を固有値と呼ぶのであった。ここで

$$\lambda\begin{pmatrix}x\\y\end{pmatrix}=\begin{pmatrix}\lambda & 0\\0 & \lambda\end{pmatrix}\begin{pmatrix}x\\y\end{pmatrix}=\lambda\tilde{\boldsymbol{E}}\begin{pmatrix}x\\y\end{pmatrix}$$

と変形でき

$$(\tilde{\boldsymbol{A}}-\lambda\tilde{\boldsymbol{E}})\,\vec{r}=0 \qquad \begin{pmatrix}a_{11}-\lambda & a_{12}\\a_{21} & a_{22}-\lambda\end{pmatrix}\begin{pmatrix}x\\y\end{pmatrix}=\begin{pmatrix}0\\0\end{pmatrix}$$

となる。

　これは、同次連立方程式である。第 5 章で紹介したように、この方程式が、$x=0$ かつ $y=0$ という自明解以外の解を持つ条件は、係数行列の行列式が 0 となることであった。よって

$$\begin{vmatrix}a_{11}-\lambda & a_{12}\\a_{21} & a_{22}-\lambda\end{vmatrix}=0 \quad \text{あるいは} \quad \left|\,\tilde{\boldsymbol{A}}-\lambda\tilde{\boldsymbol{E}}\,\right|=0$$

が条件となる。このようにして作られる方程式を**固有方程式** (eigen equation) あるいは**特性方程式** (characteristics equation) と呼んでいる。

　同じことであるが

$$\left|\,\lambda\tilde{\boldsymbol{E}}-\tilde{\boldsymbol{A}}\,\right|=0$$

という式を採用する場合もある。

　そして、この方程式を解くことで、固有値を求めることができる。具体例の方がわかりやすいので、さっそく行列の固有値を求めてみよう。

演習 8-3　つぎの 2 次正方行列の固有値を求めよ。

$$\tilde{\boldsymbol{A}}=\begin{pmatrix}4 & 1\\-2 & 1\end{pmatrix}$$

解）　固有値を λ とすると

$$\lambda\tilde{\boldsymbol{E}}-\tilde{\boldsymbol{A}}=\lambda\begin{pmatrix}1 & 0\\0 & 1\end{pmatrix}-\begin{pmatrix}4 & 1\\-2 & 1\end{pmatrix}=\begin{pmatrix}\lambda-4 & -1\\2 & \lambda-1\end{pmatrix}$$

となる。固有方程式は

$$\begin{vmatrix} \lambda-4 & -1 \\ 2 & \lambda-1 \end{vmatrix} = (\lambda-4)(\lambda-1)+2 = \lambda^2-5\lambda+6 = (\lambda-2)(\lambda-3) = 0$$

となり、固有値として $\lambda = 2\,,3$ が得られる。

つぎに固有ベクトルを求めてみよう。$\lambda=2$ に対応した固有ベクトル $\vec{r}_1 = \begin{pmatrix} x_1 \\ y_1 \end{pmatrix}$ は、$\tilde{A}\,\vec{r}_1 = 2\,\vec{r}_1$ を満足するので

$$\begin{pmatrix} 4 & 1 \\ -2 & 1 \end{pmatrix}\begin{pmatrix} x_1 \\ y_1 \end{pmatrix} = 2\begin{pmatrix} x_1 \\ y_1 \end{pmatrix}$$

より

$$\begin{pmatrix} 4x_1+y_1 \\ -2x_1+y_1 \end{pmatrix} = \begin{pmatrix} 2x_1 \\ 2y_1 \end{pmatrix} \qquad \text{から} \qquad \begin{pmatrix} 2x_1+y_1 \\ -2x_1-y_1 \end{pmatrix} = \begin{pmatrix} 0 \\ 0 \end{pmatrix}$$

という条件式が課される。

0 ではない任意定数を t_1 と置くと、$x = t_1,\ y = -2t_1$ が一般解として得られる。よって、固有ベクトルには任意性があり

$$\vec{r}_1 = t_1\begin{pmatrix} 1 \\ -2 \end{pmatrix}$$

と与えられる。

演習 8-4　固有値 $\lambda = 3$ に対応した固有ベクトル $\vec{r}_2 = \begin{pmatrix} x_2 \\ y_2 \end{pmatrix}$ を求めよ。

解)　固有ベクトルは $\tilde{A}\,\vec{r}_2 = 3\,\vec{r}_2$ を満足するので

$$\begin{pmatrix} 4 & 1 \\ -2 & 1 \end{pmatrix}\begin{pmatrix} x_2 \\ y_2 \end{pmatrix} = 3\begin{pmatrix} x_2 \\ y_2 \end{pmatrix}$$

より

$$\begin{pmatrix} x_2+\ y_2 \\ -2x_2-2y_2 \end{pmatrix} = \begin{pmatrix} 0 \\ 0 \end{pmatrix}$$

という条件が課される。

0 ではない任意定数を t_2 と置くと $x = t_2,\ y = -t_2$ が一般解として得られる。よって固有ベクトルは

$$\vec{r}_2 = t_2 \begin{pmatrix} 1 \\ -1 \end{pmatrix}$$

となる。

行列の固有値と、固有ベクトルを求めることができたので、対角化を行ってみよう。ここで、t_1, t_2 は任意であるので、それぞれ 1 と置いて

$$\tilde{P} = (\vec{r}_1 \quad \vec{r}_2) = \begin{pmatrix} 1 & 1 \\ -2 & -1 \end{pmatrix}$$

という変換行列をつくる。2 次正方行列

$$\tilde{A} = \begin{pmatrix} a & b \\ c & d \end{pmatrix}$$

の逆行列は

$$\tilde{A}^{-1} = \frac{1}{ad - bc} \begin{pmatrix} d & -b \\ -c & a \end{pmatrix}$$

と与えられるので

$$\tilde{P}^{-1} = \frac{1}{-1+2} \begin{pmatrix} -1 & -1 \\ 2 & 1 \end{pmatrix} = \begin{pmatrix} -1 & -1 \\ 2 & 1 \end{pmatrix}$$

となる。

これらの行列を使ってつぎの操作を行うと

$$\tilde{P}^{-1}\tilde{A}\tilde{P} = \begin{pmatrix} -1 & -1 \\ 2 & 1 \end{pmatrix} \begin{pmatrix} 4 & 1 \\ -2 & 1 \end{pmatrix} \begin{pmatrix} 1 & 1 \\ -2 & -1 \end{pmatrix} = \begin{pmatrix} -2 & -2 \\ 6 & 3 \end{pmatrix} \begin{pmatrix} 1 & 1 \\ -2 & -1 \end{pmatrix} = \begin{pmatrix} 2 & 0 \\ 0 & 3 \end{pmatrix}$$

となり、確かに対角化することができる。また、対角行列の対角成分は固有値となっている。

8. 3.　行列のべき乗

対角行列の 2 乗と 3 乗は

$$\begin{pmatrix} \lambda_1 & 0 \\ 0 & \lambda_2 \end{pmatrix}^2 = \begin{pmatrix} \lambda_1 & 0 \\ 0 & \lambda_2 \end{pmatrix} \begin{pmatrix} \lambda_1 & 0 \\ 0 & \lambda_2 \end{pmatrix} = \begin{pmatrix} \lambda_1{}^2 & 0 \\ 0 & \lambda_2{}^2 \end{pmatrix}$$

$$\begin{pmatrix} \lambda_1 & 0 \\ 0 & \lambda_2 \end{pmatrix}^3 = \begin{pmatrix} \lambda_1{}^2 & 0 \\ 0 & \lambda_2{}^2 \end{pmatrix} \begin{pmatrix} \lambda_1 & 0 \\ 0 & \lambda_2 \end{pmatrix} = \begin{pmatrix} \lambda_1{}^3 & 0 \\ 0 & \lambda_2{}^3 \end{pmatrix}$$

となるので、n 乗は

$$\begin{pmatrix} \lambda_1 & 0 \\ 0 & \lambda_2 \end{pmatrix}^n = \begin{pmatrix} \lambda_1{}^n & 0 \\ 0 & \lambda_2{}^n \end{pmatrix}$$

となり、計算が簡単である。

これが、対角化の効用のひとつである。ただし、われわれが欲しいのは、対角化する前の行列 $\tilde{\boldsymbol{A}}$ のべき乗 $\tilde{\boldsymbol{A}}^n$ である。ここでは

$$\tilde{\boldsymbol{A}} = \tilde{\boldsymbol{P}} \begin{pmatrix} \lambda_1 & 0 \\ 0 & \lambda_2 \end{pmatrix} \tilde{\boldsymbol{P}}^{-1}$$

という関係を利用する。すると、行列 $\tilde{\boldsymbol{A}}$ の $\boldsymbol{n}$ 乗は

$$\tilde{\boldsymbol{A}}^n = \underbrace{\tilde{\boldsymbol{P}} \begin{pmatrix} \lambda_1 & 0 \\ 0 & \lambda_2 \end{pmatrix} \tilde{\boldsymbol{P}}^{-1} \tilde{\boldsymbol{P}} \begin{pmatrix} \lambda_1 & 0 \\ 0 & \lambda_2 \end{pmatrix} \tilde{\boldsymbol{P}}^{-1} \tilde{\boldsymbol{P}} \cdots \tilde{\boldsymbol{P}}^{-1} \tilde{\boldsymbol{P}} \begin{pmatrix} \lambda_1 & 0 \\ 0 & \lambda_2 \end{pmatrix} \tilde{\boldsymbol{P}}^{-1}}_{n}$$

となる。ここで

$$\tilde{\boldsymbol{P}}^{-1} \tilde{\boldsymbol{P}} = \tilde{\boldsymbol{E}}$$

であるから、結局

$$\tilde{\boldsymbol{A}}^n = \tilde{\boldsymbol{P}} \underbrace{\begin{pmatrix} \lambda_1 & 0 \\ 0 & \lambda_2 \end{pmatrix} \begin{pmatrix} \lambda_1 & 0 \\ 0 & \lambda_2 \end{pmatrix} \cdots \begin{pmatrix} \lambda_1 & 0 \\ 0 & \lambda_2 \end{pmatrix}}_{n} \tilde{\boldsymbol{P}}^{-1} = \tilde{\boldsymbol{P}} \begin{pmatrix} \lambda_1 & 0 \\ 0 & \lambda_2 \end{pmatrix}^n \tilde{\boldsymbol{P}}^{-1}$$

となり、行列の $\boldsymbol{n}$ 乗は

$$\tilde{\boldsymbol{A}}^n = \tilde{\boldsymbol{P}} \begin{pmatrix} \lambda_1{}^n & 0 \\ 0 & \lambda_2{}^n \end{pmatrix} \tilde{\boldsymbol{P}}^{-1}$$

という関係を使って計算できることになる。

演習 8-5 $\tilde{\boldsymbol{A}} = \begin{pmatrix} 4 & 1 \\ -2 & 1 \end{pmatrix}$ のとき $\tilde{\boldsymbol{A}}^n$ を計算せよ。

解） この行列の対角化は

$$\tilde{\boldsymbol{P}}^{-1} \tilde{\boldsymbol{A}} \tilde{\boldsymbol{P}} = \begin{pmatrix} 2 & 0 \\ 0 & 3 \end{pmatrix}$$

であったので

$$(\tilde{\boldsymbol{P}}^{-1}\tilde{\boldsymbol{A}}\tilde{\boldsymbol{P}})^n = \begin{pmatrix} 2 & 0 \\ 0 & 3 \end{pmatrix}^n = \begin{pmatrix} 2^n & 0 \\ 0 & 3^n \end{pmatrix}$$

となり

$$\tilde{\boldsymbol{A}}^n = \tilde{\boldsymbol{P}} \begin{pmatrix} 2^n & 0 \\ 0 & 3^n \end{pmatrix} \tilde{\boldsymbol{P}}^{-1}$$

となる。したがって

$$\tilde{\boldsymbol{A}}^n = \begin{pmatrix} 1 & 1 \\ -2 & -1 \end{pmatrix}\begin{pmatrix} 2^n & 0 \\ 0 & 3^n \end{pmatrix}\begin{pmatrix} -1 & -1 \\ 2 & 1 \end{pmatrix} = \begin{pmatrix} 1 & 1 \\ -2 & -1 \end{pmatrix}\begin{pmatrix} -2^n & -2^n \\ 2\cdot 3^n & 3^n \end{pmatrix}$$

$$= \begin{pmatrix} -2^n + 2\cdot 3^n & -2^n + 3^n \\ 2^{n+1} - 2\cdot 3^n & 2^{n+1} - 3^n \end{pmatrix}$$

となる。

このように、行列の対角化ができれば、それを利用して、もとの行列のべき乗を計算することができる。

たとえば $\tilde{\boldsymbol{A}}^2$ は

$$\tilde{\boldsymbol{A}}^2 = \begin{pmatrix} -2^2 + 2\cdot 3^2 & -2^2 + 3^2 \\ 2^3 - 2\cdot 3^2 & 2^3 - 3^2 \end{pmatrix} = \begin{pmatrix} 14 & 5 \\ -10 & -1 \end{pmatrix}$$

と与えられる。

もちろん、2 乗であれば、実際の掛け算により

$$\tilde{\boldsymbol{A}}^2 = \begin{pmatrix} 4 & 1 \\ -2 & 1 \end{pmatrix}\begin{pmatrix} 4 & 1 \\ -2 & 1 \end{pmatrix} = \begin{pmatrix} 16-2 & 4+1 \\ -8-2 & -2+1 \end{pmatrix} = \begin{pmatrix} 14 & 5 \\ -10 & -1 \end{pmatrix}$$

となって、同じ解が得られる。しかし、$n=5$ となると行列の 5 回の掛け算は大変手間がかかる。一方、対角化の手法を使えば

$$\tilde{\boldsymbol{A}}^5 = \begin{pmatrix} -2^5 + 2\cdot 3^5 & -2^5 + 3^5 \\ 2^6 - 2\cdot 3^5 & 2^6 - 3^5 \end{pmatrix} = \begin{pmatrix} 486-32 & -32+243 \\ 64-486 & 64-243 \end{pmatrix} = \begin{pmatrix} 454 & 211 \\ -422 & -179 \end{pmatrix}$$

と解が簡単に得られる。

試しに、$\tilde{\boldsymbol{A}}^5$ を計算してみよう。すると

$$\tilde{\boldsymbol{A}}^4 = \tilde{\boldsymbol{A}}^2\tilde{\boldsymbol{A}}^2 = \begin{pmatrix} 14 & 5 \\ -10 & -1 \end{pmatrix}\begin{pmatrix} 14 & 5 \\ -10 & -1 \end{pmatrix} = \begin{pmatrix} 146 & 65 \\ -130 & -49 \end{pmatrix}$$

$$\tilde{\boldsymbol{A}}^5 = \tilde{\boldsymbol{A}}^4\tilde{\boldsymbol{A}} = \begin{pmatrix} 146 & 65 \\ -130 & -49 \end{pmatrix}\begin{pmatrix} 4 & 1 \\ -2 & 1 \end{pmatrix} = \begin{pmatrix} 454 & 211 \\ -422 & -179 \end{pmatrix}$$

となって、確かに、同じ解が得られる。

演習 8-6　つぎの 2 次正方行列の固有値と固有ベクトルを求めよ。

$$\tilde{\boldsymbol{B}} = \begin{pmatrix} 5 & 2 \\ 2 & 2 \end{pmatrix}$$

解）　固有方程式は $\left| \lambda\tilde{\boldsymbol{E}} - \tilde{\boldsymbol{B}} \right| = 0$ であるから

$$\begin{vmatrix} \lambda-5 & -2 \\ -2 & \lambda-2 \end{vmatrix} = (\lambda-5)(\lambda-2) - 4 = \lambda^2 - 7\lambda + 6 = (\lambda-1)(\lambda-6) = 0$$

となり、固有値は $\lambda = 1, 6$ となる。

固有ベクトル $\vec{\boldsymbol{r}}_1 = \begin{pmatrix} x_1 \\ y_1 \end{pmatrix}$, $\vec{\boldsymbol{r}}_2 = \begin{pmatrix} x_2 \\ y_2 \end{pmatrix}$ は

$$\begin{pmatrix} 5 & 2 \\ 2 & 2 \end{pmatrix}\begin{pmatrix} x_1 \\ y_1 \end{pmatrix} = 1\begin{pmatrix} x_1 \\ y_1 \end{pmatrix} \qquad \begin{pmatrix} 5 & 2 \\ 2 & 2 \end{pmatrix}\begin{pmatrix} x_2 \\ y_2 \end{pmatrix} = 6\begin{pmatrix} x_2 \\ y_2 \end{pmatrix}$$

を満足する。

よって

$$\begin{cases} 5x_1 + 2y_1 = x_1 \\ 2x_1 + 2y_1 = y_1 \end{cases} \qquad \begin{cases} 5x_2 + 2y_2 = 6x_2 \\ 2x_2 + 2y_2 = 6y_2 \end{cases}$$

から

$$2x_1 = -y_1 \quad \text{および} \quad x_2 = 2y_2$$

という条件式が得られる。0 ではない任意の定数を t_1 および t_2 と置くと、固有ベクトルは

$$\vec{\boldsymbol{r}}_1 = t_1\begin{pmatrix} -1 \\ 2 \end{pmatrix} \qquad \vec{\boldsymbol{r}}_2 = t_2\begin{pmatrix} 2 \\ 1 \end{pmatrix}$$

となる。

演習 8-7　つぎの 2 次正方行列を対角化し、その n 乗を計算せよ。

$$\tilde{\boldsymbol{B}} = \begin{pmatrix} 5 & 2 \\ 2 & 2 \end{pmatrix}$$

解）　演習 8-6 の結果より、この行列の固有ベクトルは

$$\vec{r}_1 = t_1\begin{pmatrix} -1 \\ 2 \end{pmatrix} \quad および \quad \vec{r}_2 = t_2\begin{pmatrix} 2 \\ 1 \end{pmatrix}$$

となるが、t_1 と t_2 は任意であるから 1 と置いて

$$\tilde{\boldsymbol{P}} = (\vec{r}_1 \quad \vec{r}_2) = \begin{pmatrix} -1 & 2 \\ 2 & 1 \end{pmatrix}$$

という変換行列をつくる。2 次正方行列の逆行列は

$$\tilde{\boldsymbol{P}}^{-1} = \frac{1}{-1-4}\begin{pmatrix} 1 & -2 \\ -2 & -1 \end{pmatrix} = \frac{1}{5}\begin{pmatrix} -1 & 2 \\ 2 & 1 \end{pmatrix}$$

となる。よって

$$\tilde{\boldsymbol{P}}^{-1}\tilde{\boldsymbol{B}}\,\tilde{\boldsymbol{P}} = \frac{1}{5}\begin{pmatrix} -1 & 2 \\ 2 & 1 \end{pmatrix}\begin{pmatrix} 5 & 2 \\ 2 & 2 \end{pmatrix}\begin{pmatrix} -1 & 2 \\ 2 & 1 \end{pmatrix} = \frac{1}{5}\begin{pmatrix} -1 & 2 \\ 2 & 1 \end{pmatrix}\begin{pmatrix} -1 & 12 \\ 2 & 6 \end{pmatrix}$$

$$= \frac{1}{5}\begin{pmatrix} 5 & 0 \\ 0 & 30 \end{pmatrix} = \begin{pmatrix} 1 & 0 \\ 0 & 6 \end{pmatrix}$$

のように対角化できる。ここで

$$(\tilde{\boldsymbol{P}}^{-1}\tilde{\boldsymbol{B}}\,\tilde{\boldsymbol{P}})^n = \begin{pmatrix} 1 & 0 \\ 0 & 6 \end{pmatrix}^n = \begin{pmatrix} 1 & 0 \\ 0 & 6^n \end{pmatrix}$$

であり

$$(\tilde{\boldsymbol{P}}^{-1}\tilde{\boldsymbol{B}}\,\tilde{\boldsymbol{P}})^n = \tilde{\boldsymbol{P}}^{-1}\tilde{\boldsymbol{B}}^n\tilde{\boldsymbol{P}}$$

であるから

$$\tilde{\boldsymbol{B}}^n = \tilde{\boldsymbol{P}}\,\tilde{\boldsymbol{P}}^{-1}\tilde{\boldsymbol{B}}^n\tilde{\boldsymbol{P}}\,\tilde{\boldsymbol{P}}^{-1} = \tilde{\boldsymbol{P}}\,(\tilde{\boldsymbol{P}}^{-1}\tilde{\boldsymbol{B}}^n\tilde{\boldsymbol{P}})\,\tilde{\boldsymbol{P}}^{-1} = \tilde{\boldsymbol{P}}\begin{pmatrix} 1 & 0 \\ 0 & 6^n \end{pmatrix}\tilde{\boldsymbol{P}}^{-1}$$

となる。したがって

$$\tilde{\boldsymbol{B}}^n = \frac{1}{5}\begin{pmatrix} -1 & 2 \\ 2 & 1 \end{pmatrix}\begin{pmatrix} 1 & 0 \\ 0 & 6^n \end{pmatrix}\begin{pmatrix} -1 & 2 \\ 2 & 1 \end{pmatrix} = \frac{1}{5}\begin{pmatrix} -1 & 2 \\ 2 & 1 \end{pmatrix}\begin{pmatrix} -1 & 2 \\ 2\cdot 6^n & 6^n \end{pmatrix}$$

$$= \frac{1}{5}\begin{pmatrix} 1+4\cdot 6^n & -2+2\cdot 6^n \\ -2+2\cdot 6^n & 4+6^n \end{pmatrix}$$

と与えられる。

ここで

$$\tilde{\boldsymbol{B}}^2 = \begin{pmatrix} 5 & 2 \\ 2 & 2 \end{pmatrix}\begin{pmatrix} 5 & 2 \\ 2 & 2 \end{pmatrix} = \begin{pmatrix} 29 & 14 \\ 14 & 8 \end{pmatrix}$$

$$\tilde{\boldsymbol{B}}^3 = \begin{pmatrix} 29 & 14 \\ 14 & 8 \end{pmatrix}\begin{pmatrix} 5 & 2 \\ 2 & 2 \end{pmatrix} = \begin{pmatrix} 145+28 & 58+28 \\ 70+16 & 28+16 \end{pmatrix} = \begin{pmatrix} 173 & 86 \\ 86 & 44 \end{pmatrix}$$

となるが、いま求めた式の n に 2, 3 を代入すると

$$\tilde{\boldsymbol{B}}^2 = \frac{1}{5}\begin{pmatrix} 1+4\cdot 6^2 & -2+2\cdot 6^2 \\ -2+2\cdot 6^2 & 4+6^2 \end{pmatrix} = \frac{1}{5}\begin{pmatrix} 145 & 70 \\ 70 & 40 \end{pmatrix} = \begin{pmatrix} 29 & 14 \\ 14 & 8 \end{pmatrix}$$

$$\tilde{\boldsymbol{B}}^3 = \frac{1}{5}\begin{pmatrix} 1+4\cdot 6^3 & -2+2\cdot 6^3 \\ -2+2\cdot 6^3 & 4+6^3 \end{pmatrix} = \frac{1}{5}\begin{pmatrix} 865 & 430 \\ 430 & 220 \end{pmatrix} = \begin{pmatrix} 173 & 86 \\ 86 & 44 \end{pmatrix}$$

となって、確かに同じ結果が得られる。しかし、$n = 10$ となると、行列どうしの掛け算を 10 回も計算する必要があり、一般式を使うほうが賢明である。

8. 4.　3 次正方行列

いままでは、2 次正方行列の例を示してきたが、同様の手法は、高次の正方行列に対しても、そのまま適用できる。

演習 8-8　つぎの正方行列の固有値と固有ベクトルを求め対角化せよ。

$$\tilde{\boldsymbol{A}} = \begin{pmatrix} 1 & -1 & 3 \\ 0 & -1 & 1 \\ 0 & 3 & 1 \end{pmatrix}$$

解）　固有値を λ とすると、固有方程式 $\left|\lambda\tilde{\boldsymbol{E}} - \tilde{\boldsymbol{A}}\right| = 0$ は

$$\begin{vmatrix} \lambda-1 & 1 & -3 \\ 0 & \lambda+1 & -1 \\ 0 & -3 & \lambda-1 \end{vmatrix} = 0$$

と与えられる。第 1 列目で余因子展開すると

$$(\lambda-1)\begin{vmatrix} \lambda+1 & -1 \\ -3 & \lambda-1 \end{vmatrix} = (\lambda-1)\{(\lambda+1)(\lambda-1)-3\}$$

$$= (\lambda-1)(\lambda-2)(\lambda+2)$$

よって固有方程式は

$$(\lambda-1)(\lambda-2)(\lambda+2)=0$$

となり、固有値として $\lambda=1,2,-2$ が得られる。

　まず、固有値 $\lambda=1$ に対応する固有ベクトルを

$$\vec{r}_1=\begin{pmatrix}x_1\\y_1\\z_1\end{pmatrix}$$

と置くと

$$\begin{pmatrix}1&-1&3\\0&-1&1\\0&3&1\end{pmatrix}\begin{pmatrix}x_1\\y_1\\z_1\end{pmatrix}=1\begin{pmatrix}x_1\\y_1\\z_1\end{pmatrix}\qquad\begin{pmatrix}x_1-y_1+3z_1\\-y_1+z_1\\3y_1+z_1\end{pmatrix}=1\begin{pmatrix}x_1\\y_1\\z_1\end{pmatrix}$$

$$\begin{pmatrix}-y_1+3z_1\\-2y_1+z_1\\3y_1\end{pmatrix}=\begin{pmatrix}0\\0\\0\end{pmatrix}$$

から

$$y_1=z_1=0$$

となる。

　よって、この関係を満足するのは、任意の数を t と置いて

$$\vec{r}_1=t\begin{pmatrix}1\\0\\0\end{pmatrix}$$

となる。つぎに固有値 $\lambda=2$ に対応する固有ベクトルを

$$\vec{r}_2=\begin{pmatrix}x_2\\y_2\\z_2\end{pmatrix}$$

と置くと

$$\begin{pmatrix}1&-1&3\\0&-1&1\\0&3&1\end{pmatrix}\begin{pmatrix}x_2\\y_2\\z_2\end{pmatrix}=2\begin{pmatrix}x_2\\y_2\\z_2\end{pmatrix}\qquad\begin{pmatrix}-x_2-y_2+3z_2\\-3y_2+z_2\\3y_2-z_2\end{pmatrix}=\begin{pmatrix}0\\0\\0\end{pmatrix}$$

よって

$$z_2=3y_2\qquad x_2=3z_2-y_2=8y_2$$

を満足する。したがって、任意の数を u と置くと、固有ベクトルは

$$\vec{r}_2 = u\begin{pmatrix} 8 \\ 1 \\ 3 \end{pmatrix}$$

と与えられる。最後に固有値 $\lambda = -2$ に対応する固有ベクトルを

$$\vec{r}_3 = \begin{pmatrix} x_3 \\ y_3 \\ z_3 \end{pmatrix}$$

と置くと

$$\begin{pmatrix} 1 & -1 & 3 \\ 0 & -1 & 1 \\ 0 & 3 & 1 \end{pmatrix}\begin{pmatrix} x_3 \\ y_3 \\ z_3 \end{pmatrix} = -2\begin{pmatrix} x_3 \\ y_3 \\ z_3 \end{pmatrix} \qquad \begin{pmatrix} 3x_3 - y_3 + 3z_3 \\ y_3 + z_3 \\ 3y_3 + 3z_3 \end{pmatrix} = \begin{pmatrix} 0 \\ 0 \\ 0 \end{pmatrix}$$

を満足する。よって条件は

$$3x_3 = 4y_3 \qquad y_3 = -z_3$$

となり、任意の数を v と置くと固有ベクトルは

$$\vec{z} = v\begin{pmatrix} 4 \\ 3 \\ -3 \end{pmatrix}$$

と与えられる。

ここで、それぞれ $t = 1$, $u = 1$, $v = 1$ と置いて変換行列 $\tilde{\boldsymbol{P}}$ をつくると

$$\tilde{\boldsymbol{P}} = (\vec{r}_1 \quad \vec{r}_2 \quad \vec{r}_3) = \begin{pmatrix} 1 & 8 & 4 \\ 0 & 1 & 3 \\ 0 & 3 & -3 \end{pmatrix}$$

が得られる。逆行列は

$$\tilde{\boldsymbol{P}}^{-1} = \begin{pmatrix} 1 & -3 & -5/3 \\ 0 & 1/4 & 1/4 \\ 0 & 1/4 & -1/12 \end{pmatrix}$$

となる[9]。よって、行列の対角化は

[9] この逆行列の導出方法は第 2 章を参照されたい。導出方法としては、行基本変形などがあるので自分でぜひトライしてほしい。

$$\tilde{P}^{-1}\tilde{A}\tilde{P} = \begin{pmatrix} 1 & -3 & -5/3 \\ 0 & 1/4 & 1/4 \\ 0 & 1/4 & -1/12 \end{pmatrix}\begin{pmatrix} 1 & -1 & 3 \\ 0 & -1 & 1 \\ 0 & 3 & 1 \end{pmatrix}\begin{pmatrix} 1 & 8 & 4 \\ 0 & 1 & 3 \\ 0 & 3 & -3 \end{pmatrix}$$

という操作で可能となる。

まず、右 2 つの行列の掛け算を実行すると

$$\begin{pmatrix} 1 & -1 & 3 \\ 0 & -1 & 1 \\ 0 & 3 & 1 \end{pmatrix}\begin{pmatrix} 1 & 8 & 4 \\ 0 & 1 & 3 \\ 0 & 3 & -3 \end{pmatrix} = \begin{pmatrix} 1 & 16 & -8 \\ 0 & 2 & -6 \\ 0 & 6 & 6 \end{pmatrix}$$

よって

$$\tilde{P}^{-1}\tilde{A}\tilde{P} = \begin{pmatrix} 1 & -3 & -5/3 \\ 0 & 1/4 & 1/4 \\ 0 & 1/4 & -1/12 \end{pmatrix}\begin{pmatrix} 1 & 16 & -8 \\ 0 & 2 & -6 \\ 0 & 6 & 6 \end{pmatrix} = \begin{pmatrix} 1 & 0 & 0 \\ 0 & 2 & 0 \\ 0 & 0 & -2 \end{pmatrix}$$

と対角化でき、対角成分が固有値になっていることが確かめられる。

以上の操作においては、変換行列 $\tilde{P} = (\vec{r}_1 \quad \vec{r}_2 \quad \vec{r}_3)$ の列ベクトルとなる固有ベクトルの大きさは任意である。そこで、すべての固有ベクトルの絶対値を 1 にすることも可能である。この操作を**正規化** (normalization) と呼んでいる。

8. 5.　固有ベクトルの正規化

2 次正方行列

$$\tilde{A} = \begin{pmatrix} 4 & 1 \\ -2 & 1 \end{pmatrix}$$

の固有ベクトルは t_1, t_2 を任意の定数として

$$\vec{r}_1 = t_1\begin{pmatrix} 1 \\ -2 \end{pmatrix} \qquad \vec{r}_2 = t_2\begin{pmatrix} 1 \\ -1 \end{pmatrix}$$

と与えられる。

前節では、t_1 , t_2 は任意であるので 1 と置いたが、固有ベクトルの大きさを 1 とする正規化もよく行われる。

演習 8-9　固有ベクトル $\vec{r}_1 = t_1 \begin{pmatrix} 1 \\ -2 \end{pmatrix}$ を正規化せよ。

解）　固有ベクトルの大きさは

$$|\vec{r}_1| = |t_1| \sqrt{1^2 + (-2)^2} = \sqrt{5}\ |t_1|$$

であるから、大きさ 1 に正規化すると

$$\vec{e}_1 = \frac{\vec{r}_1}{|\vec{r}_1|} = \frac{1}{\sqrt{5}} \begin{pmatrix} 1 \\ -2 \end{pmatrix}$$

となる。

これを**正規化固有ベクトル** (normalized eigenvector) と呼んでいる。

つぎの固有ベクトル $\vec{r}_2 = t_2 \begin{pmatrix} 1 \\ -1 \end{pmatrix}$ は、大きさが

$$|\vec{r}_2| = |t_2| \sqrt{1^2 + (-1)^2} = \sqrt{2}\ |t_2|$$

であるので、正規化固有ベクトルは

$$\vec{e}_2 = \frac{\vec{r}_2}{|\vec{r}_2|} = \frac{1}{\sqrt{2}} \begin{pmatrix} 1 \\ -1 \end{pmatrix}$$

となる。

演習 8-10　正規化固有ベクトルで変換行列をつくり、次の行列を対角化せよ。

$$\tilde{A} = \begin{pmatrix} 4 & 1 \\ -2 & 1 \end{pmatrix}$$

解）　正規化固有ベクトルを並べて

$$\tilde{U} = (\vec{e}_1 \quad \vec{e}_2) = \begin{pmatrix} 1/\sqrt{5} & 1/\sqrt{2} \\ -2/\sqrt{5} & -1/\sqrt{2} \end{pmatrix}$$

という行列をつくる。この逆行列は

$$\tilde{U}^{-1} = \frac{1}{-1/\sqrt{10}+2/\sqrt{10}}\begin{pmatrix} -1/\sqrt{2} & -1/\sqrt{2} \\ 2/\sqrt{5} & 1/\sqrt{5} \end{pmatrix} = \begin{pmatrix} -\sqrt{5} & -\sqrt{5} \\ 2\sqrt{2} & \sqrt{2} \end{pmatrix}$$

となる。

これら行列を使って、対角化を行うと

$$\tilde{U}^{-1}\tilde{A}\tilde{U} = \begin{pmatrix} -\sqrt{5} & -\sqrt{5} \\ 2\sqrt{2} & \sqrt{2} \end{pmatrix}\begin{pmatrix} 4 & 1 \\ -2 & 1 \end{pmatrix}\begin{pmatrix} 1/\sqrt{5} & 1/\sqrt{2} \\ -2/\sqrt{5} & -1/\sqrt{2} \end{pmatrix}$$

$$= \begin{pmatrix} -\sqrt{5} & -\sqrt{5} \\ 2\sqrt{2} & \sqrt{2} \end{pmatrix}\begin{pmatrix} 2/\sqrt{5} & 3/\sqrt{2} \\ -4/\sqrt{5} & -3/\sqrt{2} \end{pmatrix} = \begin{pmatrix} 2 & 0 \\ 0 & 3 \end{pmatrix}$$

となる。

確かに対角化可能であり、対角行列の対角成分は固有値となっている。ところで、従来の方法では、固有ベクトル

$$\vec{r}_1 = \begin{pmatrix} 1 \\ -2 \end{pmatrix} \qquad \vec{r}_2 = \begin{pmatrix} 1 \\ -1 \end{pmatrix}$$

から、変換行列

$$\tilde{P} = (\vec{r}_1 \ \ \vec{r}_2) = \begin{pmatrix} 1 & 1 \\ -2 & -1 \end{pmatrix}$$

をつくり、逆行列

$$\tilde{P}^{-1} = \begin{pmatrix} -1 & -1 \\ 2 & 1 \end{pmatrix}$$

とともに、つぎの変換をする。

$$\tilde{P}^{-1}\tilde{A}\tilde{P} = \begin{pmatrix} -1 & -1 \\ 2 & 1 \end{pmatrix}\begin{pmatrix} 4 & 1 \\ -2 & 1 \end{pmatrix}\begin{pmatrix} 1 & 1 \\ -2 & -1 \end{pmatrix}$$

これにより対角化が可能となり

$$\tilde{P}^{-1}\tilde{A}\tilde{P} = \begin{pmatrix} 2 & 0 \\ 0 & 3 \end{pmatrix}$$

となるのであった。

このように、変換行列が異なっても

$$\tilde{\boldsymbol{P}}^{-1}\tilde{\boldsymbol{A}}\tilde{\boldsymbol{P}}=\tilde{\boldsymbol{U}}^{-1}\tilde{\boldsymbol{A}}\tilde{\boldsymbol{U}}=\begin{pmatrix}\lambda_1 & 0\\ 0 & \lambda_2\end{pmatrix}$$

のように、固有値を対角成分として対角化されるのは

$$\tilde{\boldsymbol{U}}^{-1}\tilde{\boldsymbol{U}}=\tilde{\boldsymbol{E}} \qquad \tilde{\boldsymbol{P}}^{-1}\tilde{\boldsymbol{P}}=\tilde{\boldsymbol{E}}$$

という関係にあり

$$\left|\tilde{\boldsymbol{U}}^{-1}\right|=\frac{1}{\left|\tilde{\boldsymbol{U}}\right|} \qquad \left|\tilde{\boldsymbol{P}}^{-1}\right|=\frac{1}{\left|\tilde{\boldsymbol{P}}\right|}$$

となるからである。このとき

$$\left|\tilde{\boldsymbol{P}}^{-1}\tilde{\boldsymbol{A}}\tilde{\boldsymbol{P}}\right|=\left|\tilde{\boldsymbol{P}}^{-1}\right|\left|\tilde{\boldsymbol{A}}\right|\left|\tilde{\boldsymbol{P}}\right|=\left|\tilde{\boldsymbol{A}}\right|$$

$$\left|\tilde{\boldsymbol{U}}^{-1}\tilde{\boldsymbol{A}}\tilde{\boldsymbol{U}}\right|=\left|\tilde{\boldsymbol{U}}^{-1}\right|\left|\tilde{\boldsymbol{A}}\right|\left|\tilde{\boldsymbol{U}}\right|=\left|\tilde{\boldsymbol{A}}\right|$$

となり、両者の行列式が一致することがわかる。また、固有値を λ_1, λ_2 とすると

$$\left|\tilde{\boldsymbol{A}}\right|=\lambda_1\lambda_2$$

となる。

8.6. 対称行列の対角化

対角線に沿って対称位置にある成分が同じ行列のことを**対称行列** (symmetric matrix) と呼んでいる。2 次の対称行列 $\tilde{\boldsymbol{A}}$ の一般式は

$$\tilde{\boldsymbol{A}}=\begin{pmatrix}a & b\\ b & c\end{pmatrix}$$

となる。対称行列では、その**転置行列** (transposed matrix) がもとの行列に一致し

$${}^{t}\tilde{\boldsymbol{A}}=\tilde{\boldsymbol{A}}$$

となる。

さらに、対称行列の固有ベクトルを正規直交化すると、この基底からつくられる行列は**直交行列** (orthogonal matrix) となる。

直交行列については第 7 章で紹介したが、特徴のひとつとして、その転置行列が逆行列となるという性質があるのであった。

それでは、2 次の対称行列において $a=c$ と置いた

$$\tilde{\boldsymbol{S}} = \begin{pmatrix} a & b \\ b & a \end{pmatrix}$$

の固有値を求めてみよう。この行列の固有方程式は $\left|\lambda\vec{\boldsymbol{E}} - \vec{\boldsymbol{S}}\right| = 0$ より

$$\begin{vmatrix} \lambda - a & -b \\ -b & \lambda - a \end{vmatrix} = (\lambda - a)^2 - b^2 = (\lambda - a + b)(\lambda - a - b) = 0$$

となる。よって、固有値は

$$\lambda = a + b,\ \ a - b$$

となる。

演習 8-11　対称行列 $\tilde{\boldsymbol{S}} = \begin{pmatrix} a & b \\ b & a \end{pmatrix}$ の固有値 $\lambda = a + b$ に対応した正規化固有ベクトルを求めよ。

解）　固有ベクトルを $\vec{\boldsymbol{r}} = (x \quad y)$ とすると

$$\tilde{\boldsymbol{S}}\,\vec{\boldsymbol{r}} = \begin{pmatrix} a & b \\ b & a \end{pmatrix}\begin{pmatrix} x \\ y \end{pmatrix} = (a+b)\vec{\boldsymbol{r}} = (a+b)\begin{pmatrix} x \\ y \end{pmatrix}$$

より

$$\begin{pmatrix} ax + by \\ bx + ay \end{pmatrix} = \begin{pmatrix} ax + bx \\ ay + by \end{pmatrix} \quad \text{から} \quad \begin{pmatrix} -bx + by \\ bx - by \end{pmatrix} = \begin{pmatrix} 0 \\ 0 \end{pmatrix}$$

よって $x = y$ から、任意の定数を t として固有ベクトルは

$$\vec{\boldsymbol{r}} = t\begin{pmatrix} 1 \\ 1 \end{pmatrix}$$

となる。ここで、$t > 0$ とすると

$$\left|\vec{\boldsymbol{r}}\right| = t\sqrt{1^2 + 1^2} = \sqrt{2}\,t$$

から、$\left|\vec{\boldsymbol{r}}\right| = 1$ の正規化固有ベクトル $\vec{\boldsymbol{u}}$ は

$$\vec{\boldsymbol{u}} = \frac{1}{\sqrt{2}}\begin{pmatrix} 1 \\ 1 \end{pmatrix}$$

となる。

つぎに固有値 $\lambda = a - b$ の固有ベクトル $\vec{r}$ が満足すべき条件は

$$\tilde{S}\,\vec{r} = \begin{pmatrix} a & b \\ b & a \end{pmatrix}\begin{pmatrix} x \\ y \end{pmatrix} = (a-b)\,\vec{r} = (a-b)\begin{pmatrix} x \\ y \end{pmatrix}$$

より

$$\begin{pmatrix} ax+by \\ bx+ay \end{pmatrix} = \begin{pmatrix} ax-bx \\ ay-by \end{pmatrix} \quad \text{から} \quad \begin{pmatrix} bx+by \\ bx+by \end{pmatrix} = \begin{pmatrix} 0 \\ 0 \end{pmatrix}$$

よって $x = -y$ から、任意の定数を t として

$$\vec{r} = t\begin{pmatrix} -1 \\ 1 \end{pmatrix}$$

となるので、正規化して

$$\vec{v} = \frac{1}{\sqrt{2}}\begin{pmatrix} -1 \\ 1 \end{pmatrix}$$

となる。

ここで、ベクトル $\vec{u}$ と $\vec{v}$ の内積をとってみよう。すると

$$\vec{u}\cdot\vec{v} = \frac{1}{2}(1 \quad 1)\begin{pmatrix} -1 \\ 1 \end{pmatrix} = 0$$

となって直交することがわかる。

実は、対称行列の固有ベクトルは直交することが知られている。よって、それを正規化固有ベクトルの

$$\vec{u} = \frac{1}{\sqrt{2}}\begin{pmatrix} 1 \\ 1 \end{pmatrix} \quad \text{と} \quad \vec{v} = \frac{1}{\sqrt{2}}\begin{pmatrix} -1 \\ 1 \end{pmatrix}$$

は、2 次元線形空間の正規直交基底を形成することになる。

演習 8-12　対称行列 $\tilde{S} = \begin{pmatrix} a & b \\ b & a \end{pmatrix}$ の正規化固有ベクトルからなる変換行列の逆行列が、その転置行列となることを確かめよ。

解）　正規化固有ベクトルからなる変換行列は

$$\tilde{U} = (\vec{u} \quad \vec{v}) = \begin{pmatrix} 1/\sqrt{2} & -1/\sqrt{2} \\ 1/\sqrt{2} & 1/\sqrt{2} \end{pmatrix}$$

となる。この逆行列は、2 次正方行列の公式から

$$\tilde{\boldsymbol{U}}^{-1} = \frac{1}{1/2+1/2}\begin{pmatrix} 1/\sqrt{2} & 1/\sqrt{2} \\ -1/\sqrt{2} & 1/\sqrt{2} \end{pmatrix} = \begin{pmatrix} 1/\sqrt{2} & 1/\sqrt{2} \\ -1/\sqrt{2} & 1/\sqrt{2} \end{pmatrix}$$

となる。よって

$$\tilde{\boldsymbol{U}}^{-1} = {}^t\tilde{\boldsymbol{U}}$$

となっていることが確かめられる。

ここで、対称行列の対角化を行ってみよう。すると

$$\tilde{\boldsymbol{U}}^{-1}\tilde{\boldsymbol{S}}\tilde{\boldsymbol{U}} = \frac{1}{\sqrt{2}}\begin{pmatrix} 1 & 1 \\ -1 & 1 \end{pmatrix}\begin{pmatrix} a & b \\ b & a \end{pmatrix}\frac{1}{\sqrt{2}}\begin{pmatrix} 1 & -1 \\ 1 & 1 \end{pmatrix} = \frac{1}{2}\begin{pmatrix} 1 & 1 \\ -1 & 1 \end{pmatrix}\begin{pmatrix} a & b \\ b & a \end{pmatrix}\begin{pmatrix} 1 & -1 \\ 1 & 1 \end{pmatrix}$$

$$= \frac{1}{2}\begin{pmatrix} 1 & 1 \\ -1 & 1 \end{pmatrix}\begin{pmatrix} a+b & -a+b \\ b+a & -b+a \end{pmatrix} = \begin{pmatrix} a+b & 0 \\ 0 & a-b \end{pmatrix}$$

となって対角化することができ、対角成分は固有値となっている。

演習 8-13　つぎの対称行列を対角化せよ。

$$\tilde{\boldsymbol{S}} = \begin{pmatrix} 2 & 2 \\ 2 & -1 \end{pmatrix}$$

解)　固有値を λ とすると、固有方程式は

$$\begin{vmatrix} \lambda-2 & 2 \\ 2 & \lambda+1 \end{vmatrix} = (\lambda-2)(\lambda+1)-4 = \lambda^2-\lambda-6 = (\lambda-3)(\lambda+2) = 0$$

となり、固有値として $\lambda = 3, -2$ が得られる。

つぎに、これら固有値に対応した固有ベクトル

$$\vec{r}_1 = \begin{pmatrix} x_1 \\ y_1 \end{pmatrix} \qquad \vec{r}_2 = \begin{pmatrix} x_2 \\ y_2 \end{pmatrix}$$

は

$$\begin{pmatrix} 2 & 2 \\ 2 & -1 \end{pmatrix}\begin{pmatrix} x_1 \\ y_1 \end{pmatrix} = 3\begin{pmatrix} x_1 \\ y_1 \end{pmatrix} \qquad \begin{pmatrix} 2 & 2 \\ 2 & -1 \end{pmatrix}\begin{pmatrix} x_2 \\ y_2 \end{pmatrix} = -2\begin{pmatrix} x_2 \\ y_2 \end{pmatrix}$$

より

$$\begin{cases} 2x_1 + 2y_1 = 3x_1 \\ 2x_1 - \ \ y_1 = 3y_1 \end{cases} \qquad \begin{cases} 2x_2 + 2y_2 = -2x_2 \\ 2x_2 - \ \ y_2 = -2y_2 \end{cases}$$

という条件式が得られる。

0 ではない任意の実数を t_1, t_2 と置くと、一般解として最初の式からは $x_1 = 2t_1$, $y_1 = t_1$ が、つぎの式からは $x_2 = t_2, y_2 = -2t_2$ が得られる。

よって固有ベクトルは

$$\vec{r}_1 = t_1\begin{pmatrix} 2 \\ 1 \end{pmatrix} \qquad \vec{r}_2 = t_2\begin{pmatrix} 1 \\ -2 \end{pmatrix}$$

と与えられる。これらを正規化すると

$$\vec{e}_1 = \frac{1}{\sqrt{2^2+1^2}}\begin{pmatrix} 2 \\ 1 \end{pmatrix} = \begin{pmatrix} 2/\sqrt{5} \\ 1/\sqrt{5} \end{pmatrix} \qquad \vec{e}_2 = \frac{1}{\sqrt{1^2+2^2}}\begin{pmatrix} 1 \\ -2 \end{pmatrix} = \begin{pmatrix} 1/\sqrt{5} \\ -2/\sqrt{5} \end{pmatrix}$$

となる。

よって、直交行列となる変換行列は

$$\tilde{U} = (\vec{e}_1 \quad \vec{e}_2) = \begin{pmatrix} \frac{2}{\sqrt{5}} & \frac{1}{\sqrt{5}} \\ \frac{1}{\sqrt{5}} & \frac{-2}{\sqrt{5}} \end{pmatrix}$$

となる。この転置行列は

$${}^t\tilde{U} = \begin{pmatrix} \frac{2}{\sqrt{5}} & \frac{1}{\sqrt{5}} \\ \frac{1}{\sqrt{5}} & \frac{-2}{\sqrt{5}} \end{pmatrix}$$

となる。実際に対角化すると

$${}^t\tilde{U}\tilde{S}\tilde{U} = \begin{pmatrix} \frac{2}{\sqrt{5}} & \frac{1}{\sqrt{5}} \\ \frac{1}{\sqrt{5}} & \frac{-2}{\sqrt{5}} \end{pmatrix}\begin{pmatrix} 2 & 2 \\ 2 & -1 \end{pmatrix}\begin{pmatrix} \frac{2}{\sqrt{5}} & \frac{1}{\sqrt{5}} \\ \frac{1}{\sqrt{5}} & \frac{-2}{\sqrt{5}} \end{pmatrix} = \begin{pmatrix} \frac{6}{\sqrt{5}} & \frac{3}{\sqrt{5}} \\ \frac{-2}{\sqrt{5}} & \frac{4}{\sqrt{5}} \end{pmatrix}\begin{pmatrix} \frac{2}{\sqrt{5}} & \frac{1}{\sqrt{5}} \\ \frac{1}{\sqrt{5}} & \frac{-2}{\sqrt{5}} \end{pmatrix} = \begin{pmatrix} 3 & 0 \\ 0 & -2 \end{pmatrix}$$

となり、固有値が対角成分となることも確認できる。

ちなみに、${}^t\tilde{U}$ が $\tilde{U}$ の逆行列かどうかを確かめてみると

$$ {}^t\tilde{\boldsymbol{U}}\,\tilde{\boldsymbol{U}} = \begin{pmatrix} \dfrac{2}{\sqrt{5}} & \dfrac{1}{\sqrt{5}} \\ \dfrac{1}{\sqrt{5}} & \dfrac{-2}{\sqrt{5}} \end{pmatrix} \begin{pmatrix} \dfrac{2}{\sqrt{5}} & \dfrac{1}{\sqrt{5}} \\ \dfrac{1}{\sqrt{5}} & \dfrac{-2}{\sqrt{5}} \end{pmatrix} = \begin{pmatrix} \dfrac{4}{5}+\dfrac{1}{5} & \dfrac{2}{5}-\dfrac{2}{5} \\ \dfrac{2}{5}-\dfrac{2}{5} & \dfrac{1}{5}+\dfrac{4}{5} \end{pmatrix} = \begin{pmatrix} 1 & 0 \\ 0 & 1 \end{pmatrix} $$

となって確かに

$$ {}^t\tilde{\boldsymbol{U}} = \tilde{\boldsymbol{U}}^{-1} $$

となり、転置行列が逆行列となっており、直交行列であることが確かめられる。このように、対称行列は、直交行列によって対角化できる。ただし、変換行列が直交行列となるためには、固有ベクトルを正規化する必要がある。

8. 7.　固有値が複素数の場合

固有方程式に実数解がない場合でも、固有値を複素数とすることで、対角化が可能となる。複素数解を許せば、すべての固有方程式は解を持つことになり、固有値が得られることになる。

例としてつぎの行列を取り上げてみよう。

$$ \tilde{\boldsymbol{A}} = \begin{pmatrix} 1 & -1 \\ 1 & 1 \end{pmatrix} $$

固有方程式は

$$ \begin{vmatrix} \lambda-1 & 1 \\ -1 & \lambda-1 \end{vmatrix} = (\lambda-1)^2+1 = \lambda^2-2\lambda+2 = 0 $$

この方程式は実数の範囲では解がないが、複素数まで範囲を広げると

$$ \lambda = \frac{2\pm\sqrt{4-8}}{2} = 1\pm i $$

となるので、固有値として $\lambda = 1+i, \lambda = 1-i$ が得られる。

演習 8-14　固有値 $\lambda = 1+i$ に対応した固有ベクトル $\vec{\boldsymbol{r}}_1 = (x_1 \quad y_1)$ を求めよ。

解)　$\tilde{\boldsymbol{A}}\vec{\boldsymbol{r}}_1 = \lambda\vec{\boldsymbol{r}}_1$ であり固有値 $\lambda = 1+i$ であるから

$$\begin{pmatrix}1 & -1\\ 1 & 1\end{pmatrix}\begin{pmatrix}x_1\\ y_1\end{pmatrix}=(1+i)\begin{pmatrix}x_1\\ y_1\end{pmatrix} \qquad \begin{pmatrix}x_1-y_1\\ x_1+y_1\end{pmatrix}=\begin{pmatrix}x_1+ix_1\\ y_1+iy_1\end{pmatrix}$$

$$\begin{pmatrix}-y_1-ix_1\\ x_1-iy_1\end{pmatrix}=\begin{pmatrix}0\\ 0\end{pmatrix}$$

したがって $x_1=iy_1$ であるから、t_1を任意の定数として固有ベクトルは

$$\vec{r}_1=t_1\begin{pmatrix}i\\ 1\end{pmatrix}$$

となる。

つぎに、固有値 $\lambda=1-i$ に対応する固有ベクトル $\vec{r}_2=(x_2 \quad y_2)$ は

$$\begin{pmatrix}1 & -1\\ 1 & 1\end{pmatrix}\begin{pmatrix}x_2\\ y_2\end{pmatrix}=(1-i)\begin{pmatrix}x_2\\ y_2\end{pmatrix} \qquad \begin{pmatrix}x_2-y_2\\ x_2+y_2\end{pmatrix}=\begin{pmatrix}x_2-ix_2\\ y_2-iy_2\end{pmatrix}$$

から

$$\begin{pmatrix}-y_2+ix_2\\ x_2+iy_2\end{pmatrix}=\begin{pmatrix}0\\ 0\end{pmatrix}$$

よって、$x_2=-iy_2$ であるから、t_2を任意の定数として固有ベクトルに

$$\vec{r}_2=t_2\begin{pmatrix}-i\\ 1\end{pmatrix}$$

を選ぶ。

それでは、つぎに対角化を行ってみよう。$t_1=t_2=1$ と置くと

$$\tilde{\boldsymbol{P}}=(\vec{r}_1 \quad \vec{r}_2)=\begin{pmatrix}i & -i\\ 1 & 1\end{pmatrix}$$

という行列をつくる。

この逆行列は

$$\tilde{\boldsymbol{P}}^{-1}=\frac{1}{i+i}\begin{pmatrix}1 & i\\ -1 & i\end{pmatrix}=\frac{1}{2i}\begin{pmatrix}1 & i\\ -1 & i\end{pmatrix}=-\frac{i}{2}\begin{pmatrix}1 & i\\ -1 & i\end{pmatrix}=\frac{1}{2}\begin{pmatrix}-i & 1\\ i & 1\end{pmatrix}$$

と与えられる。

対角化を行うと

$$\tilde{\boldsymbol{P}}^{-1}\tilde{\boldsymbol{A}}\tilde{\boldsymbol{P}}=\frac{1}{2}\begin{pmatrix}-i & 1\\ i & 1\end{pmatrix}\begin{pmatrix}1 & -1\\ 1 & 1\end{pmatrix}\begin{pmatrix}i & -i\\ 1 & 1\end{pmatrix}=\frac{1}{2}\begin{pmatrix}-i & 1\\ i & 1\end{pmatrix}\begin{pmatrix}i-1 & -i-1\\ i+1 & -i+1\end{pmatrix}$$

$$=\frac{1}{2}\begin{pmatrix} 2+2i & 0 \\ 0 & 2-2i \end{pmatrix}=\begin{pmatrix} 1+i & 0 \\ 0 & 1-i \end{pmatrix}$$

となる。

このように固有値が複素数の場合でも、対角化は可能であり、行列の対角成分は固有値となる。ここでは、深入りしないが、量子力学では、成分の複素数の行列が大活躍する。

8. 8.　固有値が重解の場合

いままでは固有値がすべて異なる場合を扱ってきたが、固有方程式が**重解** (multiple root) を持つ場合もある。このとき、行列の対角化が不可能となる場合がある。

> **演習 8-15**　つぎの行列の固有値と固有ベクトルを求めよ。
>
> $$\tilde{\boldsymbol{A}}=\begin{pmatrix} 2 & -1 \\ 1 & 4 \end{pmatrix}$$

解）　固有方程式は

$$\left|\lambda\tilde{\boldsymbol{E}}-\tilde{\boldsymbol{A}}\right|=\begin{vmatrix} \lambda-2 & 1 \\ -1 & \lambda-4 \end{vmatrix}=(\lambda-2)(\lambda-4)+1=(\lambda-3)^2=0$$

したがって、固有値は $\lambda=3$ となり重解となる。固有ベクトルを

$$\vec{\boldsymbol{r}}=\begin{pmatrix} x \\ y \end{pmatrix}$$

と置くと

$$\tilde{\boldsymbol{A}}\vec{\boldsymbol{r}}=\begin{pmatrix} 2 & -1 \\ 1 & 4 \end{pmatrix}\begin{pmatrix} x \\ y \end{pmatrix}=3\vec{\boldsymbol{r}}=3\begin{pmatrix} x \\ y \end{pmatrix}$$

という関係にある。したがって

$$\begin{pmatrix} 2x-y \\ x+4y \end{pmatrix}=\begin{pmatrix} 3x \\ 3y \end{pmatrix}\qquad\qquad\begin{pmatrix} -x-y \\ x+y \end{pmatrix}=\begin{pmatrix} 0 \\ 0 \end{pmatrix}$$

固有ベクトルの条件は

$$x+y=0$$

であるから、固有ベクトルは t を任意の定数として

$$\vec{\boldsymbol{r}}=t\begin{pmatrix}1\\-1\end{pmatrix}$$

となる。

このように、固有ベクトルは 1 個しかない。

そこで、$t=1\,,2$ として

$$\vec{\boldsymbol{r}}_1=\begin{pmatrix}1\\-1\end{pmatrix}\qquad\qquad\vec{\boldsymbol{r}}_2=\begin{pmatrix}2\\-2\end{pmatrix}$$

のように、2 個のベクトルをつくり、変換行列を

$$\tilde{\boldsymbol{P}}=(\vec{\boldsymbol{r}}_1\quad\vec{\boldsymbol{r}}_2)=\begin{pmatrix}1&2\\-1&-2\end{pmatrix}$$

としてみよう。すると、行列式が

$$\left|\tilde{\boldsymbol{P}}\right|=-2+2=0$$

となって、特異行列となるため逆行列が存在しない。つまり

$$\tilde{\boldsymbol{P}}^{-1}=\frac{1}{-2+2}\begin{pmatrix}-2&-2\\1&1\end{pmatrix}$$

としたときに分母は 0 となる。

このため、残念ながら対角化ができないことになる。この対処方法としては、対角行列にほぼ近いものに変形する手法が開発されており、ジョルダン標準形と呼ばれている。詳細については第 9 章で解説する。

それでは、重解の場合に対角化可能な行列とは、どのような行列であろうか。それは

$$\begin{pmatrix}\lambda&0\\0&\lambda\end{pmatrix}$$

である。

確かに、この場合は、λ が重解となる。ただし、もともと対角行列であるから、対角化という操作の必要がない行列である。

8. 9.　ケーリーハミルトンの定理

2 次正方行列 $\tilde{\boldsymbol{A}}$ の固有方程式が

$$\lambda^2 + a\lambda + b = 0$$

と与えられているとする。

このとき、固有方程式を行列の演算として、固有値 λ のところに行列 $\tilde{\boldsymbol{A}}$ を代入すると

$$\tilde{\boldsymbol{A}}^2 + a\tilde{\boldsymbol{A}} + b\tilde{\boldsymbol{E}} = \tilde{\boldsymbol{O}}$$

が成立する。

これを、**ケーリーハミルトンの定理** (Cayley-Hamilton theorem) と呼んでいる。右辺はゼロ行列であることに注意されたい。これは高次の正方行列に対しても成立し、たとえば 3 次正方行列 $\tilde{\boldsymbol{A}}$ の固有方程式が

$$\lambda^3 + a\lambda^2 + b\lambda + c = 0$$

と与えられているとき、固有方程式を行列の演算として、固有値 λ のところに行列を代入すると

$$\tilde{\boldsymbol{A}}^3 + a\tilde{\boldsymbol{A}}^2 + b\tilde{\boldsymbol{A}} + c\tilde{\boldsymbol{E}} = \tilde{\boldsymbol{O}}$$

が成立する。

ケーリーハミルトンの定理を具体例で確かめてみよう。

任意の 2 次正方行列を

$$\tilde{\boldsymbol{A}} = \begin{pmatrix} a_{11} & a_{12} \\ a_{21} & a_{22} \end{pmatrix}$$

と置く。

この行列の固有値を λ とすると、固有方程式は

$$\begin{vmatrix} \lambda - a_{11} & -a_{12} \\ -a_{21} & \lambda - a_{22} \end{vmatrix} = (\lambda - a_{11})(\lambda - a_{22}) - a_{12}a_{21} = 0$$

となる。

よって、固有方程式は

$$\lambda^2 - (a_{11} + a_{22})\lambda + a_{11}a_{22} - a_{12}a_{21} = 0$$

という 2 次方程式となる。

演習 8-16 固有方程式 $\lambda^2-(a_{11}+a_{22})\lambda+a_{11}a_{22}-a_{12}a_{21}=0$ のλに 2 次正方行列 $\tilde{\boldsymbol{A}}$ を代入せよ。

解） まず

$$\tilde{\boldsymbol{A}}^2=\begin{pmatrix}a_{11} & a_{12}\\ a_{21} & a_{22}\end{pmatrix}\begin{pmatrix}a_{11} & a_{12}\\ a_{21} & a_{22}\end{pmatrix}=\begin{pmatrix}a_{11}a_{11}+a_{12}a_{21} & a_{11}a_{12}+a_{12}a_{22}\\ a_{21}a_{11}+a_{22}a_{21} & a_{21}a_{12}+a_{22}a_{22}\end{pmatrix}$$

となる。つぎに

$$-(a_{11}+a_{22})\tilde{\boldsymbol{A}}=-(a_{11}+a_{22})\begin{pmatrix}a_{11} & a_{12}\\ a_{21} & a_{22}\end{pmatrix}=-\begin{pmatrix}a_{11}a_{11}+a_{11}a_{22} & a_{11}a_{12}+a_{22}a_{12}\\ a_{11}a_{21}+a_{22}a_{21} & a_{11}a_{22}+a_{22}a_{22}\end{pmatrix}$$

と計算でき、定数項は

$$(a_{11}a_{22}-a_{12}a_{21})\tilde{\boldsymbol{E}}=\begin{pmatrix}a_{11}a_{22}-a_{12}a_{21} & 0\\ 0 & a_{11}a_{22}-a_{12}a_{21}\end{pmatrix}$$

となる。ここで

$$\tilde{\boldsymbol{A}}^2-(a_{11}+a_{22})\tilde{\boldsymbol{A}}+(a_{11}a_{22}-a_{12}a_{21})\tilde{\boldsymbol{E}}$$

の (1 , 1) 成分は

$$a_{11}a_{11}+a_{12}a_{21}-a_{11}a_{11}-a_{11}a_{22}+a_{11}a_{22}-a_{12}a_{21}=0$$

のように 0 となり、同様にして他の成分もすべて 0 となるので

$$\tilde{\boldsymbol{A}}^2-(a_{11}+a_{22})\tilde{\boldsymbol{A}}+(a_{11}a_{22}-a_{12}a_{21})\tilde{\boldsymbol{E}}=\tilde{\boldsymbol{O}}$$

という関係が成立する。

したがって固有値が $\lambda=a, b$ のとき、固有方程式は

$$(\lambda-a)(\lambda-b)=0$$

となるので

$$(\tilde{\boldsymbol{A}}-a\tilde{\boldsymbol{E}})(\tilde{\boldsymbol{A}}-b\tilde{\boldsymbol{E}})=\tilde{\boldsymbol{O}}$$

という関係が成立することになる。

演習 8-17 ケーリーハミルトンの定理を利用して、行列 $\tilde{\boldsymbol{A}}$ の 2 乗を計算せよ。

$$\tilde{\boldsymbol{A}}=\begin{pmatrix}2 & 2\\ 2 & -1\end{pmatrix}$$

解）　固有値を λ とすると、固有方程式は

$$\begin{vmatrix} \lambda-2 & -2 \\ -2 & \lambda+1 \end{vmatrix} = (\lambda-2)(\lambda+1)-4 = \lambda^2-\lambda-6=0$$

となる。

ケーリーハミルトンの定理より

$$\tilde{\boldsymbol{A}}^2 - \tilde{\boldsymbol{A}} - 6\tilde{\boldsymbol{E}} = \tilde{\boldsymbol{O}}$$

が成立するので

$$\tilde{\boldsymbol{A}}^2 = \tilde{\boldsymbol{A}} + 6\tilde{\boldsymbol{E}}$$

したがって

$$\begin{pmatrix} 2 & 2 \\ 2 & -1 \end{pmatrix}^2 = \begin{pmatrix} 2 & 2 \\ 2 & -1 \end{pmatrix} + 6\begin{pmatrix} 1 & 0 \\ 0 & 1 \end{pmatrix} = \begin{pmatrix} 8 & 2 \\ 2 & 5 \end{pmatrix}$$

となる。

実際に計算してみると

$$\begin{pmatrix} 2 & 2 \\ 2 & -1 \end{pmatrix}^2 = \begin{pmatrix} 2 & 2 \\ 2 & -1 \end{pmatrix}\begin{pmatrix} 2 & 2 \\ 2 & -1 \end{pmatrix} = \begin{pmatrix} 8 & 2 \\ 2 & 5 \end{pmatrix}$$

となって、同じ結果が得られる。

さらに

$$\tilde{\boldsymbol{A}}^2 = \tilde{\boldsymbol{A}} + 6\tilde{\boldsymbol{E}}$$

を利用すれば

$$\tilde{\boldsymbol{A}}^3 = \tilde{\boldsymbol{A}}^2\tilde{\boldsymbol{A}} = (\tilde{\boldsymbol{A}} + 6\tilde{\boldsymbol{E}})\tilde{\boldsymbol{A}} = \tilde{\boldsymbol{A}}^2 + 6\tilde{\boldsymbol{A}} = 7\tilde{\boldsymbol{A}} + 6\tilde{\boldsymbol{E}}$$

と計算することができる。

同様にして

$$\tilde{\boldsymbol{A}}^3 = 7\tilde{\boldsymbol{A}} + 6\tilde{\boldsymbol{E}}$$

を利用すれば

$$\tilde{\boldsymbol{A}}^4 = \tilde{\boldsymbol{A}}^3\tilde{\boldsymbol{A}} = (7\tilde{\boldsymbol{A}} + 6\tilde{\boldsymbol{E}})\tilde{\boldsymbol{A}} = 7\tilde{\boldsymbol{A}}^2 + 6\tilde{\boldsymbol{A}} = 13\tilde{\boldsymbol{A}} + 42\tilde{\boldsymbol{E}}$$

$$\tilde{\boldsymbol{A}}^5 = \tilde{\boldsymbol{A}}^4\tilde{\boldsymbol{A}} = (13\tilde{\boldsymbol{A}} + 42\tilde{\boldsymbol{E}})\tilde{\boldsymbol{A}} = 13\tilde{\boldsymbol{A}}^2 + 42\tilde{\boldsymbol{A}} = 55\tilde{\boldsymbol{A}} + 78\tilde{\boldsymbol{E}}$$

のように、高次の項を計算することが可能となる。

ところで、固有値 λ が重解の場合には

$$(\tilde{\boldsymbol{A}} - \lambda\tilde{\boldsymbol{E}})^2 = \tilde{\boldsymbol{O}}$$

となる。

この結果は、固有値が重解ならば行列 $\tilde{\boldsymbol{A}}-\lambda\tilde{\boldsymbol{E}}$ は**べきゼロ行列** (nilpotent matrix) となることを意味している。べきゼロ行列とは、そのべき乗がゼロ行列 $\tilde{\boldsymbol{O}}$ となる行列のことであった。

演習 8-18　行列 $\tilde{\boldsymbol{A}}=\begin{pmatrix}2 & -1\\1 & 4\end{pmatrix}$ において、$\tilde{\boldsymbol{A}}-\lambda\tilde{\boldsymbol{E}}$ がべきゼロ行列となることを確かめよ。

解）　演習 8-15 で求めたように、この行列の固有値は $\lambda=3$ であり、重解であった。ここで

$$\tilde{\boldsymbol{A}}-\lambda\tilde{\boldsymbol{E}}=\begin{pmatrix}2 & -1\\1 & 4\end{pmatrix}-3\begin{pmatrix}1 & 0\\0 & 1\end{pmatrix}=\begin{pmatrix}-1 & -1\\1 & 1\end{pmatrix}$$

となる。すると

$$\begin{pmatrix}-1 & -1\\1 & 1\end{pmatrix}^2=\begin{pmatrix}-1 & -1\\1 & 1\end{pmatrix}\begin{pmatrix}-1 & -1\\1 & 1\end{pmatrix}=\begin{pmatrix}0 & 0\\0 & 0\end{pmatrix}$$

より

$$(\tilde{\boldsymbol{A}}-\lambda\tilde{\boldsymbol{E}})^2=\tilde{\boldsymbol{O}}$$

となり、$\tilde{\boldsymbol{A}}-\lambda\tilde{\boldsymbol{E}}$ がべきゼロ行列となることが確かめられる。

この場合

$$(\tilde{\boldsymbol{A}}-\lambda\tilde{\boldsymbol{E}})^2=\tilde{\boldsymbol{O}}$$

より

$$\tilde{\boldsymbol{A}}^2-2\lambda\tilde{\boldsymbol{A}}+\lambda^2\tilde{\boldsymbol{E}}=\tilde{\boldsymbol{O}}$$

となる。また、当たり前ではあるが

$$(\tilde{\boldsymbol{A}}-\lambda\tilde{\boldsymbol{E}})^3=\tilde{\boldsymbol{O}},\ (\tilde{\boldsymbol{A}}-\lambda\tilde{\boldsymbol{E}})^4=\tilde{\boldsymbol{O}},\ \dots,\ (\tilde{\boldsymbol{A}}-\lambda\tilde{\boldsymbol{E}})^n=\tilde{\boldsymbol{O}}$$

も成立する。

演習 8-19　$(\tilde{\boldsymbol{A}}-\lambda\tilde{\boldsymbol{E}})^2=\tilde{\boldsymbol{O}}$ のとき、下記の式が成立するとして $\tilde{\boldsymbol{A}}^3$ を $\tilde{\boldsymbol{A}}$ の式に変形せよ。

$$(\tilde{\boldsymbol{A}}-\lambda\tilde{\boldsymbol{E}})^3=\tilde{\boldsymbol{O}}$$

解）　左辺を展開すると

$$\tilde{\boldsymbol{A}}^3 - 3\lambda\tilde{\boldsymbol{A}}^2 + 3\lambda^2\tilde{\boldsymbol{A}} - \lambda^3\tilde{\boldsymbol{E}} = \tilde{\boldsymbol{O}}$$

となる。

ここで $(\tilde{\boldsymbol{A}} - \lambda\tilde{\boldsymbol{E}})^2 = \tilde{\boldsymbol{O}}$ の展開式に -3λ を掛けると

$$-3\lambda\tilde{\boldsymbol{A}}^2 + 6\lambda^2\tilde{\boldsymbol{A}} - 3\lambda^3\tilde{\boldsymbol{E}} = \tilde{\boldsymbol{O}}$$

となり、上式からこれを引くと

$$\tilde{\boldsymbol{A}}^3 - 3\lambda^2\tilde{\boldsymbol{A}} + 2\lambda^3\tilde{\boldsymbol{E}} = \tilde{\boldsymbol{O}}$$

となって

$$\tilde{\boldsymbol{A}}^3 = 3\lambda^2\tilde{\boldsymbol{A}} - 2\lambda^3\tilde{\boldsymbol{E}}$$

が得られる。

たとえば、$\tilde{\boldsymbol{A}} = \begin{pmatrix} 2 & -1 \\ 1 & 4 \end{pmatrix}$ の固有値は $\lambda = 3$ で重解であった。よって

$$\tilde{\boldsymbol{A}}^3 = 27\tilde{\boldsymbol{A}} - 54\tilde{\boldsymbol{E}}$$

と計算できる。したがって

$$\tilde{\boldsymbol{A}}^3 = 27\begin{pmatrix} 2 & -1 \\ 1 & 4 \end{pmatrix} - 54\begin{pmatrix} 1 & 0 \\ 0 & 1 \end{pmatrix} = \begin{pmatrix} 54 & -27 \\ 27 & 108 \end{pmatrix} - \begin{pmatrix} 54 & 0 \\ 0 & 54 \end{pmatrix} = \begin{pmatrix} 0 & -27 \\ 27 & 54 \end{pmatrix}$$

となる。実際に $\tilde{\boldsymbol{A}}^3$ を計算すると

$$\tilde{\boldsymbol{A}}^2 = \begin{pmatrix} 2 & -1 \\ 1 & 4 \end{pmatrix}\begin{pmatrix} 2 & -1 \\ 1 & 4 \end{pmatrix} = \begin{pmatrix} 3 & -6 \\ 6 & 15 \end{pmatrix}$$

$$\tilde{\boldsymbol{A}}^3 = \begin{pmatrix} 3 & -6 \\ 6 & 15 \end{pmatrix}\begin{pmatrix} 2 & -1 \\ 1 & 4 \end{pmatrix} = \begin{pmatrix} 0 & -27 \\ 27 & 54 \end{pmatrix}$$

となって、確かに同じ解が得られる。

8. 10.　2 次曲線の標準化

行列の対角化には、そのべき乗計算が可能になるという効用だけではなく、いろいろな応用がある。ここでは、その一例として 2 次曲線の標準化について紹介する。

円、楕円、双曲線、放物線は **2 次曲線** (quadratic curve) と呼ばれる。その理由

は、これらの図形が

$$ax^2 + bxy + cy^2 + px + qy + r = 0$$

のように、x と y に関する 2 次式で表現できるからである。

たとえば、(−2, −3) に中心を有する半径 2 の円の方程式は

$$(x+2)^2 + (y+3)^2 = 2^2$$

と与えられるが、展開すると

$$x^2 + y^2 + 4x + 6y + 9 = 0$$

のような 2 次式となる。

しかし、一般式のままではどのような図形に対応した方程式であるのか、すぐにはわからない。そこで、曲線の種類がわかるような操作を考えてみよう。

8. 10. 1.　平行移動

まず、最初の操作は、x 軸ならびに y 軸に沿っての平行移動である。

演習 8-20　2 次曲線の一般式

$$ax^2 + bxy + cy^2 + px + qy + r = 0$$

に $x = x' - u$ ならびに $y = y' - w$ を代入せよ。

解）

$$a(x'-u)^2 + b(x'-u)(y'-w) + c(y'-w)^2 + p(x'-u) + q(y'-w) + r = 0$$

となる。

左辺を展開すると

$$ax'^2 + bx'y' + cy'^2 - (2au + bw - p)x' - (2cw + bu - q)y'$$
$$+ (au^2 + buw + cw^2 - pu - qw + r) = 0$$

となる。

ここで、x' と y' の係数が 0 となるように、つまり

$$2au + bw - p = 0 \qquad 2cw + bu - q = 0$$

となるように u, w を選ぶ。さらに定数項をまとめて

$$au^2 + buw + cw^2 - pu - qw + r = g$$

と置くと、最初の式は

$$ax'^2 + bx'y' + cy'^2 + g = 0$$

と変形できる。この変形は

$$x' = x + u \qquad y' = y + w$$

から、x 方向に u だけ、y 方向に w だけ平行移動する操作に相当する。この意味を先ほどの円で考えてみる。

演習 8-21　2 次式 $x^2 + y^2 + 4x + 6y + 9 = 0$ に対して

$$x' = x + 2 \qquad y' = y + 3$$

という変数変換を施せ。

解）　与式に、$x = x'-2$ および $y = y'-3$ を代入すると

$$(x'-2)^2 + (y'-3)^2 + 4(x'-2) + 6(y'-3) + 9 = 0$$

となり、整理すると

$$x'^2 + y'^2 - 4 = 0$$

となる。

この例からわかるように、いま行った平行移動は、2 次式に対応する図形の中心が xy 座標の原点に移動する変換に相当するのである。

円の場合は、この変形で図のかたちが判定できるが、一般の場合には、このままでは判定できない。

8. 10. 2.　標準形

実は、2 次式を変形して

$$AX^2 + BY^2 = C$$

というかたちに変換できれば、ただちに図のかたちがわかり

$A = B$ ならば　円

$A \neq B$ で両者の符合が同じならば　楕円

$A \neq B$ で両者の符合が異なるならば　双曲線

と判定できる[10]。これを 2 次曲線の標準形と呼んでいる。

それでは、どのような変換を行えばよいのだろうか。実は、それが直交変換である。ここで、一般式として

$$ax^2+2bxy+cy^2=d$$

のように xy の係数を $2b$ としたものを考える。

演習 8-22　つぎのベクトルと行列の積を計算せよ。

$$(x \quad y)\begin{pmatrix} a & b \\ b & c \end{pmatrix}\begin{pmatrix} x \\ y \end{pmatrix}$$

解）　まず

$$\begin{pmatrix} a & b \\ b & c \end{pmatrix}\begin{pmatrix} x \\ y \end{pmatrix}=\begin{pmatrix} ax+by \\ bx+cy \end{pmatrix}$$

であるので

$$(x \quad y)\begin{pmatrix} a & b \\ b & c \end{pmatrix}\begin{pmatrix} x \\ y \end{pmatrix}=(x \quad y)\begin{pmatrix} ax+by \\ bx+cy \end{pmatrix}=ax^2+2bxy+cy^2$$

となる。

したがって、一般式

$$ax^2+2bxy+cy^2=d$$

は

$$(x \quad y)\begin{pmatrix} a & b \\ b & c \end{pmatrix}\begin{pmatrix} x \\ y \end{pmatrix}=d$$

と書くことができる。ここで

$$\vec{\boldsymbol{x}}=\begin{pmatrix} x \\ y \end{pmatrix} \qquad \tilde{\boldsymbol{A}}=\begin{pmatrix} a & b \\ b & c \end{pmatrix}$$

と置くと

$${}^t\vec{\boldsymbol{x}}\,\tilde{\boldsymbol{A}}\,\vec{\boldsymbol{x}}=d$$

となる。

---

10 ただし、2 次曲線の一種である放物線は含まれないことに注意されたい。

　行列 $\tilde{\boldsymbol{A}}$ は対称行列であるから、8.6. 節で紹介したように、直交行列 $\tilde{\boldsymbol{U}}$ によって対角化できる。このとき、固有値を λ_1, λ_2 とすると

$$\tilde{\boldsymbol{U}}^{-1}\tilde{\boldsymbol{A}}\tilde{\boldsymbol{U}} = \begin{pmatrix} \lambda_1 & 0 \\ 0 & \lambda_2 \end{pmatrix}$$

となる。直交行列には

$${}^t\tilde{\boldsymbol{U}} = \tilde{\boldsymbol{U}}^{-1}$$

のように、自身の転置行列が逆行列になるという性質がある。

　ここで

$$\vec{\boldsymbol{x}} = \tilde{\boldsymbol{U}}\ \vec{\boldsymbol{X}}$$

という関係にあるベクトル

$$\vec{\boldsymbol{X}} = \begin{pmatrix} X \\ Y \end{pmatrix}$$

を導入してみよう。

演習 8-23　ベクトル $\vec{\boldsymbol{x}} = \tilde{\boldsymbol{U}}\,\vec{\boldsymbol{X}}$ を 2 次曲線を与える式である ${}^t\vec{\boldsymbol{x}}\ \tilde{\boldsymbol{A}}\ \vec{\boldsymbol{x}} = d$ に代入せよ。

解）　まず、ベクトル $\vec{\boldsymbol{x}} = \tilde{\boldsymbol{U}}\,\vec{\boldsymbol{X}}$ の転置ベクトルは

$${}^t\vec{\boldsymbol{x}} = {}^t(\tilde{\boldsymbol{U}}\,\vec{\boldsymbol{X}}) = {}^t\vec{\boldsymbol{X}}\,{}^t\tilde{\boldsymbol{U}}$$

となる。

　ここで、$\tilde{\boldsymbol{U}}$ は直交行列であるから

$${}^t\tilde{\boldsymbol{U}} = \tilde{\boldsymbol{U}}^{-1}$$

したがって

$${}^t\vec{\boldsymbol{x}}\ \tilde{\boldsymbol{A}}\ \vec{\boldsymbol{x}} = {}^t(\tilde{\boldsymbol{U}}\vec{\boldsymbol{X}})\,\tilde{\boldsymbol{A}}\tilde{\boldsymbol{U}}\vec{\boldsymbol{X}} = {}^t\vec{\boldsymbol{X}}\,{}^t\tilde{\boldsymbol{U}}\tilde{\boldsymbol{A}}\tilde{\boldsymbol{U}}\vec{\boldsymbol{X}} = {}^t\vec{\boldsymbol{X}}\tilde{\boldsymbol{U}}^{-1}\tilde{\boldsymbol{A}}\tilde{\boldsymbol{U}}\vec{\boldsymbol{X}}$$

となる。

$$\tilde{\boldsymbol{U}}^{-1}\tilde{\boldsymbol{A}}\tilde{\boldsymbol{U}} = \begin{pmatrix} \lambda_1 & 0 \\ 0 & \lambda_2 \end{pmatrix}$$

であるから

$$ {}^t\vec{X}\tilde{U}^{-1}\tilde{A}\tilde{U}\vec{X} = {}^t\vec{X}\begin{pmatrix} \lambda_1 & 0 \\ 0 & \lambda_2 \end{pmatrix}\vec{X} = (X \quad Y)\begin{pmatrix} \lambda_1 & 0 \\ 0 & \lambda_2 \end{pmatrix}\begin{pmatrix} X \\ Y \end{pmatrix} = d $$

となり

$$ \lambda_1 X^2 + \lambda_2 Y^2 = d $$

のような標準形に変形できる。

このように、行列の手法を利用することで、2 次曲線の一般式を標準形に変形することが可能となる。実際の問題で、これを確かめてみよう。

演習 8-24　つぎの 2 次曲線を標準化し、図のかたちを決定せよ。

$$ x^2 + 4xy + y^2 = 3 $$

解）　この 2 次曲線は行列とベクトルを使って

$$ (x \quad y)\begin{pmatrix} 1 & 2 \\ 2 & 1 \end{pmatrix}\begin{pmatrix} x \\ y \end{pmatrix} = 3 $$

と置ける。そのうえで、行列

$$ \tilde{A} = \begin{pmatrix} 1 & 2 \\ 2 & 1 \end{pmatrix} $$

の対角化を行う。固有方程式は

$$ \begin{vmatrix} \lambda - 1 & -2 \\ -2 & \lambda - 1 \end{vmatrix} = 0 $$

となる。したがって

$$ (\lambda - 1)^2 - 4 = \lambda^2 - 2\lambda - 3 = (\lambda + 1)(\lambda - 3) = 0 $$

となり、固有値は

$$ \lambda = -1,\ 3 $$

と求められる。

つぎに、これらの固有値に対応した固有ベクトルを求める。

まず、$\lambda = -1$ に対応した固有ベクトルは

$$ \begin{pmatrix} 1 & 2 \\ 2 & 1 \end{pmatrix}\begin{pmatrix} x \\ y \end{pmatrix} = -\begin{pmatrix} x \\ y \end{pmatrix} \qquad \begin{pmatrix} x + 2y \\ 2x + y \end{pmatrix} = \begin{pmatrix} -x \\ -y \end{pmatrix} \qquad \begin{pmatrix} 2x + 2y \\ 2x + 2y \end{pmatrix} = \begin{pmatrix} 0 \\ 0 \end{pmatrix} $$

より

$$x = -y$$

が条件となり、t を任意定数として

$$\vec{r} = t\begin{pmatrix} 1 \\ -1 \end{pmatrix}$$

となる。正規化すると

$$\vec{e}_1 = \frac{1}{\sqrt{2}}\begin{pmatrix} 1 \\ -1 \end{pmatrix}$$

が得られる。

　$\lambda = 3$ に対応した固有ベクトルの条件は

$$\begin{pmatrix} 1 & 2 \\ 2 & 1 \end{pmatrix}\begin{pmatrix} x \\ y \end{pmatrix} = 3\begin{pmatrix} x \\ y \end{pmatrix} \qquad \begin{pmatrix} -2x+2y \\ 2x-2y \end{pmatrix} = \begin{pmatrix} 0 \\ 0 \end{pmatrix}$$

より

$$x = y$$

となる。よって正規化固有ベクトルは

$$\vec{e}_2 = \frac{1}{\sqrt{2}}\begin{pmatrix} 1 \\ 1 \end{pmatrix}$$

となり、直交行列は

$$\tilde{U} = (\vec{e}_1 \quad \vec{e}_2) = \frac{1}{\sqrt{2}}\begin{pmatrix} 1 & 1 \\ -1 & 1 \end{pmatrix}$$

となる。さらに、逆行列は、この転置行列となるから

$$\tilde{U}^{-1} = {}^t\tilde{U} = \frac{1}{\sqrt{2}}\begin{pmatrix} 1 & -1 \\ 1 & 1 \end{pmatrix}$$

となる。ここで対角化すると

$$\tilde{U}^{-1}\tilde{A}\tilde{U} = \frac{1}{\sqrt{2}}\begin{pmatrix} 1 & -1 \\ 1 & 1 \end{pmatrix}\begin{pmatrix} 1 & 2 \\ 2 & 1 \end{pmatrix}\frac{1}{\sqrt{2}}\begin{pmatrix} 1 & 1 \\ -1 & 1 \end{pmatrix}$$

$$= \frac{1}{2}\begin{pmatrix} 1 & -1 \\ 1 & 1 \end{pmatrix}\begin{pmatrix} -1 & 3 \\ 1 & 3 \end{pmatrix} = \frac{1}{2}\begin{pmatrix} -2 & 0 \\ 0 & 6 \end{pmatrix} = \begin{pmatrix} -1 & 0 \\ 0 & 3 \end{pmatrix}$$

となり、確かに対角成分が固有値となっている。

　つぎに

$$\begin{pmatrix} X \\ Y \end{pmatrix} = \tilde{U}^{-1}\begin{pmatrix} x \\ y \end{pmatrix}$$

という直交変換を考える。このベクトルの転置は

$$(X \quad Y) = (x \quad y)^t\tilde{\boldsymbol{U}}^{-1} = (x \quad y)\tilde{\boldsymbol{U}}$$

となる。

ここで、$\tilde{\boldsymbol{U}}\tilde{\boldsymbol{U}}^{-1} = \tilde{\boldsymbol{E}}$ であるので

$$(x \quad y)\tilde{\boldsymbol{A}}\begin{pmatrix} x \\ y \end{pmatrix} = (x \quad y)\tilde{\boldsymbol{E}}\tilde{\boldsymbol{A}}\tilde{\boldsymbol{E}}\begin{pmatrix} x \\ y \end{pmatrix} = (x \quad y)\tilde{\boldsymbol{U}}\tilde{\boldsymbol{U}}^{-1}\tilde{\boldsymbol{A}}\tilde{\boldsymbol{U}}\tilde{\boldsymbol{U}}^{-1}\begin{pmatrix} x \\ y \end{pmatrix}$$

となるが、直交変換したベクトルを使うと

$$(x \quad y)\tilde{\boldsymbol{U}}\tilde{\boldsymbol{U}}^{-1}\tilde{\boldsymbol{A}}\tilde{\boldsymbol{U}}\tilde{\boldsymbol{U}}^{-1}\begin{pmatrix} x \\ y \end{pmatrix} = (X \quad Y)\tilde{\boldsymbol{U}}^{-1}\tilde{\boldsymbol{A}}\tilde{\boldsymbol{U}}\begin{pmatrix} X \\ Y \end{pmatrix}$$

と変形できる。さらに

$$\tilde{\boldsymbol{U}}^{-1}\tilde{\boldsymbol{A}}\tilde{\boldsymbol{U}} = \begin{pmatrix} -1 & 0 \\ 0 & 3 \end{pmatrix}$$

であるから、結局

$$(X \quad Y)\begin{pmatrix} -1 & 0 \\ 0 & 3 \end{pmatrix}\begin{pmatrix} X \\ Y \end{pmatrix} = 3$$

という式が得られる。

したがって標準形は

$$-X^2 + 3Y^2 = 3$$

となる。

つまり

$$-\frac{X^2}{3} + Y^2 = 1$$

となって、2 次式の $x^2 + 4xy + y^2 = 3$ は双曲線となることがわかる。

8. 10. 3. 座標変換

前節で行った

$$\begin{pmatrix} X \\ Y \end{pmatrix} = \tilde{\boldsymbol{U}}^{-1}\begin{pmatrix} x \\ y \end{pmatrix} = \frac{1}{\sqrt{2}}\begin{pmatrix} 1 & -1 \\ 1 & 1 \end{pmatrix}\begin{pmatrix} x \\ y \end{pmatrix}$$

というベクトルの直交変換について考えてみる。

原点のまわりに θ だけ回転する変換に対応した行列は

$$\begin{pmatrix} \cos\theta & -\sin\theta \\ \sin\theta & \cos\theta \end{pmatrix}$$

であった。

この行列に $\theta=-\pi/4$ を代入すると

$$\begin{pmatrix} \cos\left(-\dfrac{\pi}{4}\right) & -\sin\left(-\dfrac{\pi}{4}\right) \\ \sin\left(-\dfrac{\pi}{4}\right) & \cos\left(-\dfrac{\pi}{4}\right) \end{pmatrix} = \begin{pmatrix} \dfrac{1}{\sqrt{2}} & \dfrac{1}{\sqrt{2}} \\ -\dfrac{1}{\sqrt{2}} & \dfrac{1}{\sqrt{2}} \end{pmatrix} = \frac{1}{\sqrt{2}}\begin{pmatrix} 1 & 1 \\ -1 & 1 \end{pmatrix} = \tilde{\boldsymbol{U}}$$

となり、直交行列 $\tilde{\boldsymbol{U}}$ となる。

ただし、いまの変換は、この逆行列の $\tilde{\boldsymbol{U}}^{-1}$ に対応する。これは、回転行列に $\theta=\pi/4$ を代入したものであり

$$\begin{pmatrix} \cos\left(\dfrac{\pi}{4}\right) & -\sin\left(\dfrac{\pi}{4}\right) \\ \sin\left(\dfrac{\pi}{4}\right) & \cos\left(\dfrac{\pi}{4}\right) \end{pmatrix} = \begin{pmatrix} \dfrac{1}{\sqrt{2}} & -\dfrac{1}{\sqrt{2}} \\ \dfrac{1}{\sqrt{2}} & \dfrac{1}{\sqrt{2}} \end{pmatrix} = \frac{1}{\sqrt{2}}\begin{pmatrix} 1 & -1 \\ 1 & 1 \end{pmatrix} = {}^t\tilde{\boldsymbol{U}} = \tilde{\boldsymbol{U}}^{-1}$$

となる。

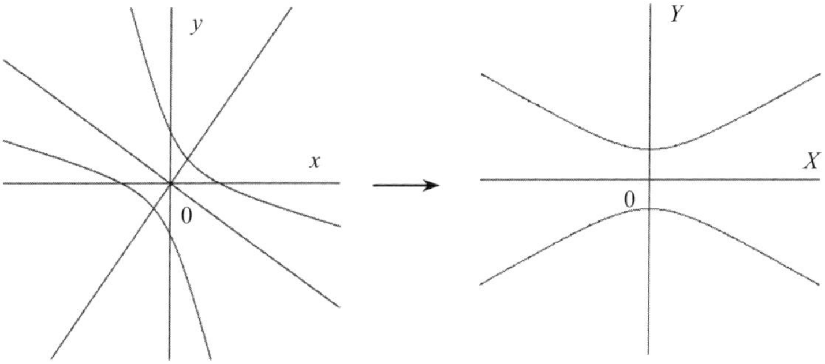

図 8-1　左の 2 次曲線を π/4 だけ反時計まわりに回転させると右図のような標準形になる。

つまり、行列 $\tilde{\boldsymbol{U}}^{-1}$ の作用は、原点を中心に反時計まわりに $\pi/4$ だけ回転する操作となり、図 8-1 のような変換となる。確かに、標準形となることがわかる。

演習 8-25　つぎの 2 次方程式において、図の中心が原点になるような平行移動を施せ。

$$5x^2 - 6xy + 5y^2 - 2x - 18y - 33 = 0$$

解）　つぎの平行移動

$$x = x' - u \qquad y = y' - w$$

を考え、与式に代入する。すると

$$5x'^2 - 6x'y' + 5y'^2 + (-10u + 6w - 2)x' + (-10w + 6u - 18)y'$$
$$+(5u^2 + 5w^2 - 6uw - 33) = 0$$

となる。ここで、x' ならびに y' の項を 0 とするため

$$-10u + 6w - 2 = 0 \qquad -10w + 6u - 18 = 0$$

となるように、u, w を選ぶ。すると

$$u = -2, \ w = -3$$

となる。

したがって、表記の方程式は

$$5x'^2 - 6x'y' + 5y'^2 = 4$$

と変形できる。

この式は、行列とベクトルを使うと

$$(x' \quad y')\begin{pmatrix} 5 & -3 \\ -3 & 5 \end{pmatrix}\begin{pmatrix} x' \\ y' \end{pmatrix} = 4$$

となる。

演習 8-26　つぎの係数行列を対角化せよ。

$$\tilde{\boldsymbol{A}} = \begin{pmatrix} 5 & -3 \\ -3 & 5 \end{pmatrix}$$

解）　固有方程式は

$$\begin{vmatrix} \lambda - 5 & 3 \\ 3 & \lambda - 5 \end{vmatrix} = 0$$

より

$$(\lambda - 5)^2 - 9 = \lambda^2 - 10\lambda + 16 = (\lambda - 2)(\lambda - 8) = 0$$

となり、固有値は、$\lambda = 2,\ 8$ と求められる。

つぎに、これらの固有値に対応した固有ベクトルを求める。まず $\lambda = 2$ に対応した固有ベクトルの条件は

$$\begin{pmatrix} 5 & -3 \\ -3 & 5 \end{pmatrix}\begin{pmatrix} x' \\ y' \end{pmatrix} = 2\begin{pmatrix} x' \\ y' \end{pmatrix} \qquad \begin{pmatrix} 3x' - 3y' \\ -3x' + 3y' \end{pmatrix} = \begin{pmatrix} 0 \\ 0 \end{pmatrix}$$

より $x = y$ となり、正規化固有ベクトルとして

$$\vec{\boldsymbol{e}}_1 = \frac{1}{\sqrt{2}}\begin{pmatrix} 1 \\ 1 \end{pmatrix}$$

が得られる。

つぎに $\lambda = 8$ に対応した固有ベクトルは

$$\begin{pmatrix} 5 & -3 \\ -3 & 5 \end{pmatrix}\begin{pmatrix} x' \\ y' \end{pmatrix} = 8\begin{pmatrix} x' \\ y' \end{pmatrix} \qquad \begin{pmatrix} -3x' - 3y' \\ -3x' - 3y' \end{pmatrix} = \begin{pmatrix} 0 \\ 0 \end{pmatrix}$$

より $x' = -y'$ となり、正規化固有ベクトルとして

$$\vec{\boldsymbol{e}}_2 = \frac{1}{\sqrt{2}}\begin{pmatrix} 1 \\ -1 \end{pmatrix}$$

が得られる。よって変換行列となる直交行列は

$$\tilde{\boldsymbol{U}} = (\vec{\boldsymbol{e}}_1 \quad \vec{\boldsymbol{e}}_2) = \frac{1}{\sqrt{2}}\begin{pmatrix} 1 & 1 \\ 1 & -1 \end{pmatrix}$$

と与えられる。

さらに、この転置行列が逆行列となり

$$\tilde{\boldsymbol{U}}^{-1} = {}^t\tilde{\boldsymbol{U}} = \frac{1}{\sqrt{2}}\begin{pmatrix} 1 & 1 \\ 1 & -1 \end{pmatrix}$$

となる。

これら行列を用いて、行列 $\tilde{\boldsymbol{A}}$ を対角化すると

$$\tilde{\boldsymbol{U}}^{-1}\tilde{\boldsymbol{A}}\tilde{\boldsymbol{U}} = \frac{1}{\sqrt{2}}\begin{pmatrix} 1 & 1 \\ 1 & -1 \end{pmatrix}\begin{pmatrix} 5 & -3 \\ -3 & 5 \end{pmatrix}\frac{1}{\sqrt{2}}\begin{pmatrix} 1 & 1 \\ 1 & -1 \end{pmatrix}$$

$$= \frac{1}{2}\begin{pmatrix} 1 & 1 \\ 1 & -1 \end{pmatrix}\begin{pmatrix} 2 & 8 \\ 2 & -8 \end{pmatrix} = \frac{1}{2}\begin{pmatrix} 4 & 0 \\ 0 & 16 \end{pmatrix} = \begin{pmatrix} 2 & 0 \\ 0 & 8 \end{pmatrix}$$

となる。

これで、最初の 2 次方程式を標準化する準備ができた。

演習 8-27 次の直交変換を利用して $5x'^2 - 6x'y' + 5y'^2 = 4$ を標準形に変換せよ。

$$\begin{pmatrix} X \\ Y \end{pmatrix} = \tilde{\boldsymbol{U}}^{-1} \begin{pmatrix} x' \\ y' \end{pmatrix}$$

解） $5x'^2 - 6x'y' + 5y'^2 = 4$ は

$$\tilde{\boldsymbol{A}} = \begin{pmatrix} 5 & -3 \\ -3 & 5 \end{pmatrix}$$

と置くと

$$(x' \quad y')\, \tilde{\boldsymbol{A}} \begin{pmatrix} x' \\ y' \end{pmatrix} = 4$$

となる。ここで

$$\begin{pmatrix} X \\ Y \end{pmatrix} = \tilde{\boldsymbol{U}}^{-1} \begin{pmatrix} x' \\ y' \end{pmatrix} \qquad \text{から} \qquad (X \quad Y) = (x' \quad y')^t \tilde{\boldsymbol{U}}^{-1} = (x' \quad y') \tilde{\boldsymbol{U}}$$

である。すると

$$(x' \quad y')\, \tilde{\boldsymbol{A}} \begin{pmatrix} x' \\ y' \end{pmatrix} = (x' \quad y')\, \tilde{\boldsymbol{U}} \tilde{\boldsymbol{U}}^{-1} \tilde{\boldsymbol{A}}\, \tilde{\boldsymbol{U}} \tilde{\boldsymbol{U}}^{-1} \begin{pmatrix} x' \\ y' \end{pmatrix}$$

であり

$$(x' \quad y')\, \tilde{\boldsymbol{U}} \tilde{\boldsymbol{U}}^{-1} \tilde{\boldsymbol{A}}\, \tilde{\boldsymbol{U}} \tilde{\boldsymbol{U}}^{-1} \begin{pmatrix} x' \\ y' \end{pmatrix} = (X \quad Y)\, \tilde{\boldsymbol{U}}^{-1} \tilde{\boldsymbol{A}}\, \tilde{\boldsymbol{U}} \begin{pmatrix} X \\ Y \end{pmatrix}$$

となる。

$$\tilde{\boldsymbol{U}}^{-1} \tilde{\boldsymbol{A}} \tilde{\boldsymbol{U}} = \begin{pmatrix} 2 & 0 \\ 0 & 8 \end{pmatrix}$$

から

$$(X \quad Y) \begin{pmatrix} 2 & 0 \\ 0 & 8 \end{pmatrix} \begin{pmatrix} X \\ Y \end{pmatrix} = 4$$

と変形できる。

したがって標準形は

$$2X^2+8Y^2=4 \quad から \quad X^2+4Y^2=2$$

となる。

つまり

$$\frac{X^2}{2}+\frac{Y^2}{1/2}=1 \qquad \frac{X^2}{(\sqrt{2})^2}+\frac{Y^2}{(1/\sqrt{2})^2}=1$$

となって楕円となることがわかる。

ここで行った操作は、図 8-2 に示すように、x 軸に沿って-2、y 軸に沿って-3だけ平行移動して図の中心を原点としたうえで、原点のまわりに回転したものとなる。

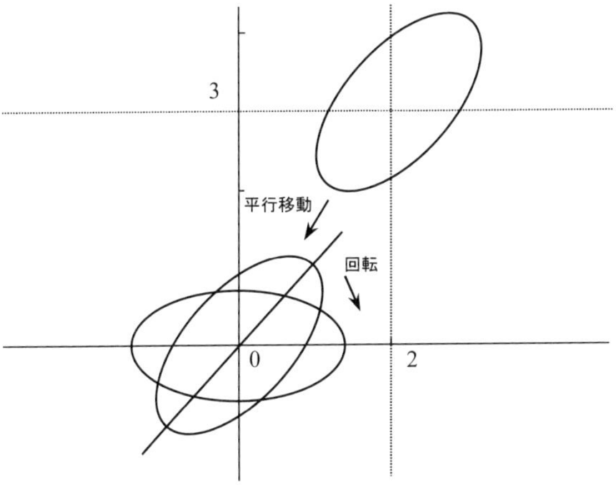

図 8-2　2 次曲線に平行移動と回転操作を施すことで標準形となる。

それでは、どのような回転に相当するのだろうか。この変換に対応した直交行列の

$$\tilde{\boldsymbol{U}}=\tilde{\boldsymbol{U}}^{-1}=\frac{1}{\sqrt{2}}\begin{pmatrix}1 & 1\\ 1 & -1\end{pmatrix}$$

は、実は、単純な回転行列ではなく、第 7 章で求めた

$$\tilde{\boldsymbol{B}} = \begin{pmatrix} \cos\theta & \sin\theta \\ \sin\theta & -\cos\theta \end{pmatrix}$$

に $\theta = \pi/4$ を代入したものとなる。

よって、正しくは、$\pi/4$ だけ時計まわりに回転したのち、x 軸に沿って反転する操作である。いまの例では、楕円が x 軸に沿って対称となるため、反転操作が表に出ないということを付記しておきたい。

まとめると、2 次曲線

$$5x^2 - 6xy + 5y^2 - 2x - 18y - 33 = 0$$

は平行移動

$$x = x' + 2 \qquad\qquad y = y' + 3$$

によって

$$5x'^2 - 6x'y' + 5y'^2 = 4$$

となり、中心が原点の $(x', y') = (0, 0)$ となる。さらに原点を中心にした時計まわりの $\pi/4$ の回転によって

$$X^2 + 4Y^2 = 2$$

となり、標準形に変形することができるのである。

第9章　ジョルダン標準形

行列の対角化手法については、第8章で導入したが、その際、固有方程式が重解を有する場合に対角化できない行列が存在することを紹介した。

ただし、その場合でも、完全な対角化といかないまでも、ほぼ対角化に近いところまで行列を変形する手法がある。この対角行列に準じた形式の行列を**ジョルダン標準形** (Jordan normal form) と呼んでいる。本章では、その手法を紹介する。

9. 1.　対角化できない行列

対角化ができない例として、つぎの2次正方行列を取り上げてみよう。

$$\tilde{\boldsymbol{A}} = \begin{pmatrix} 1 & -1 \\ 1 & 3 \end{pmatrix}$$

固有値を λ と置くと固有方程式は

$$\begin{vmatrix} \lambda - 1 & 1 \\ -1 & \lambda - 3 \end{vmatrix} = 0$$

となる。したがって

$$(\lambda - 1)(\lambda - 3) + 1 = \lambda^2 - 4\lambda + 4 = (\lambda - 2)^2 = 0$$

より、固有値は**重解** (double root) となり

$$\lambda = 2$$

となる。

> **演習 9-1**　2次正方行列 $\tilde{\boldsymbol{A}} = \begin{pmatrix} 1 & -1 \\ 1 & 3 \end{pmatrix}$ の固有ベクトルを求めよ。

解）　固有値 $\lambda=2$ に対応した固有ベクトルを

$$\vec{r}=\begin{pmatrix}x\\y\end{pmatrix}$$

と置く。すると、固有ベクトルは

$$\tilde{A}\vec{r}=\lambda\vec{r}$$

から

$$\begin{pmatrix}1&-1\\1&3\end{pmatrix}\begin{pmatrix}x\\y\end{pmatrix}=2\begin{pmatrix}x\\y\end{pmatrix}\qquad\begin{pmatrix}-1&-1\\1&1\end{pmatrix}\begin{pmatrix}x\\y\end{pmatrix}=\begin{pmatrix}0\\0\end{pmatrix}$$

となり

$$x+y=0\qquad\text{から}\quad x=-y$$

となる。

したがって、固有ベクトルは t を任意の定数として

$$\vec{r}=t\begin{pmatrix}1\\-1\end{pmatrix}$$

と与えられる。

このように、固有値が 1 個しかないので、固有ベクトルも 1 個しかない。このままでは変換行列ができないので、$t=1,3$ として

$$\vec{r}_1=\begin{pmatrix}1\\-1\end{pmatrix}\qquad\vec{r}_2=\begin{pmatrix}3\\-3\end{pmatrix}$$

を列ベクトルに選んでみよう。

そして、変換行列として

$$\tilde{P}=(\vec{r}_1\quad\vec{r}_2)=\begin{pmatrix}1&3\\-1&-3\end{pmatrix}$$

を使い

$$\tilde{P}^{-1}\tilde{A}\tilde{P}$$

という操作を試みる。ところが、この行列の行列式は

$$\left|\tilde{P}\right|=\begin{vmatrix}1&3\\-1&-3\end{vmatrix}=-3-(-3)=0$$

となり、逆行列のない特異行列である。したがって、対角化できないことになる。これは、線形独立な固有ベクトルが 1 個しかないことが原因である。

このような場合、ここであきらめることもできるが、次善の策がある。それは、対角化に近いかたち、つまりジョルダン標準形に変形するという方法である[11]。

9.2.　ジョルダン標準形

線形独立な固有ベクトルが 1 個しかない場合の対処法を考える。このとき、固有ベクトル以外のベクトルを使うことになる。

ここで

$$\tilde{\boldsymbol{A}}\vec{\boldsymbol{r}}_2 = \lambda\,\vec{\boldsymbol{r}}_2 + \vec{\boldsymbol{r}}_1 \quad \text{あるいは} \quad (\tilde{\boldsymbol{A}} - \lambda\tilde{\boldsymbol{E}})\,\vec{\boldsymbol{r}}_2 = \vec{\boldsymbol{r}}_1$$

を満足する新たなベクトル

$$\vec{\boldsymbol{r}}_2 = \begin{pmatrix} x_2 \\ y_2 \end{pmatrix}$$

を考える。成分で書けば

$$\tilde{\boldsymbol{A}}\begin{pmatrix} x_2 \\ y_2 \end{pmatrix} = \lambda\begin{pmatrix} x_2 \\ y_2 \end{pmatrix} + \begin{pmatrix} x_1 \\ y_1 \end{pmatrix} = \begin{pmatrix} \lambda x_2 + x_1 \\ \lambda y_2 + y_1 \end{pmatrix}$$

となる。そのうえで

$$\tilde{\boldsymbol{P}} = (\vec{\boldsymbol{r}}_1 \quad \vec{\boldsymbol{r}}_2) = \begin{pmatrix} x_1 & x_2 \\ y_1 & y_2 \end{pmatrix}$$

という行列をつくる。すると

$$\tilde{\boldsymbol{A}}\tilde{\boldsymbol{P}} = \tilde{\boldsymbol{A}}\begin{pmatrix} x_1 & x_2 \\ y_1 & y_2 \end{pmatrix} = \begin{pmatrix} \lambda x_1 & \lambda x_2 + x_1 \\ \lambda y_1 & \lambda y_2 + y_1 \end{pmatrix}$$

$$= \begin{pmatrix} x_1 & x_2 \\ y_1 & y_2 \end{pmatrix}\begin{pmatrix} \lambda & 1 \\ 0 & \lambda \end{pmatrix} = \tilde{\boldsymbol{P}}\begin{pmatrix} \lambda & 1 \\ 0 & \lambda \end{pmatrix}$$

と変形できる。

この場合 $\tilde{\boldsymbol{P}}$ は特異行列ではなく、逆行列が存在するので

[11] 対角化された行列もジョルダン標準形の一種とみなすこともある。

$$\tilde{\boldsymbol{P}}^{-1}\tilde{\boldsymbol{A}}\tilde{\boldsymbol{P}} = \tilde{\boldsymbol{P}}^{-1}\tilde{\boldsymbol{P}}\begin{pmatrix} \lambda & 1 \\ 0 & \lambda \end{pmatrix} = \begin{pmatrix} \lambda & 1 \\ 0 & \lambda \end{pmatrix}$$

という変換が可能となる。

このように、完全な対角行列ではないが、$(1, 2)$ 成分に 1 が加わった行列ができる。このかたちをジョルダン標準形と呼んでいる。

ここで

$$\tilde{\boldsymbol{A}}\tilde{\boldsymbol{P}} = \tilde{\boldsymbol{P}}\begin{pmatrix} \lambda & 1 \\ 0 & \lambda \end{pmatrix}$$

という式において、 $\tilde{\boldsymbol{P}} = (\vec{\boldsymbol{r}}_1 \quad \vec{\boldsymbol{r}}_2)$ を代入すれば

$$\tilde{\boldsymbol{A}}(\vec{\boldsymbol{r}}_1 \quad \vec{\boldsymbol{r}}_2) = (\vec{\boldsymbol{r}}_1 \quad \vec{\boldsymbol{r}}_2)\begin{pmatrix} \lambda & 1 \\ 0 & \lambda \end{pmatrix} = (\lambda\vec{\boldsymbol{r}}_1 \quad \lambda\vec{\boldsymbol{r}}_2 + \vec{\boldsymbol{r}}_1)$$

となることからも、いまの操作の意味がわかるであろう。

演習 9-2　つぎの 2 次正方行列のジョルダン標準形を求めよ。

$$\tilde{\boldsymbol{A}} = \begin{pmatrix} 1 & -1 \\ 1 & 3 \end{pmatrix}$$

解）　演習 9-1 より固有値は 2 であり、固有ベクトルとして $\vec{\boldsymbol{r}}_1 = \begin{pmatrix} 1 \\ -1 \end{pmatrix}$ を選ぶと

$$\tilde{\boldsymbol{A}}\vec{\boldsymbol{r}}_1 = 2\,\vec{\boldsymbol{r}}_1$$

という関係が成立している。ここで

$$\tilde{\boldsymbol{A}}\vec{\boldsymbol{r}}_2 = 2\,\vec{\boldsymbol{r}}_2 + \vec{\boldsymbol{r}}_1 \qquad \text{（あるいは } (\tilde{\boldsymbol{A}} - 2\tilde{\boldsymbol{E}})\,\vec{\boldsymbol{r}}_2 = \vec{\boldsymbol{r}}_1 \text{ ）}$$

を満足する新たなベクトル

$$\vec{\boldsymbol{r}}_2 = \begin{pmatrix} x_2 \\ y_2 \end{pmatrix}$$

を考える。すると

$$\begin{pmatrix} -1 & -1 \\ 1 & 1 \end{pmatrix}\begin{pmatrix} x_2 \\ y_2 \end{pmatrix} = \begin{pmatrix} 1 \\ -1 \end{pmatrix} \qquad \begin{pmatrix} -x_2 - y_2 \\ x_2 + y_2 \end{pmatrix} = \begin{pmatrix} 1 \\ -1 \end{pmatrix}$$

から

$$x_2 + y_2 = -1$$

という条件が得られる。

ここで $x_2 = 0$ と置くと

$$\vec{\boldsymbol{r}}_2 = \begin{pmatrix} 0 \\ -1 \end{pmatrix}$$

となる。このうえで

$$\tilde{\boldsymbol{P}} = (\vec{\boldsymbol{r}}_1 \quad \vec{\boldsymbol{r}}_2)$$

という変換行列をつくってみる。

すると

$$\tilde{\boldsymbol{P}} = (\vec{\boldsymbol{r}}_1 \quad \vec{\boldsymbol{r}}_2) = \begin{pmatrix} 1 & 0 \\ -1 & -1 \end{pmatrix}$$

となる。逆行列は

$$\tilde{\boldsymbol{P}}^{-1} = \frac{1}{-1-0}\begin{pmatrix} -1 & 0 \\ 1 & 1 \end{pmatrix} = \begin{pmatrix} 1 & 0 \\ -1 & -1 \end{pmatrix}$$

と与えられる。

ここで $\tilde{\boldsymbol{P}}^{-1}\tilde{\boldsymbol{A}}\tilde{\boldsymbol{P}}$ という操作をすると

$$\tilde{\boldsymbol{P}}^{-1}\tilde{\boldsymbol{A}}\tilde{\boldsymbol{P}} = \begin{pmatrix} 1 & 0 \\ -1 & -1 \end{pmatrix}\begin{pmatrix} 1 & -1 \\ 1 & 3 \end{pmatrix}\begin{pmatrix} 1 & 0 \\ -1 & -1 \end{pmatrix} = \begin{pmatrix} 1 & 0 \\ -1 & -1 \end{pmatrix}\begin{pmatrix} 2 & 1 \\ -2 & -3 \end{pmatrix} = \begin{pmatrix} 2 & 1 \\ 0 & 2 \end{pmatrix}$$

となる。

確かに対角成分が固有値の 2 となり、(1,2) 成分が 1 となって、ジョルダン標準形となっている。このように、完全な対角化はできないが、対角行列に準じるかたちに変形できるのである。

9. 3.　2 次正方行列のべき乗

ジョルダン標準形に変形できれば、対角行列に準じて、行列のべき乗計算が簡単になる。

> **演習 9-3**　2 次正方行列 $\tilde{\boldsymbol{B}} = \begin{pmatrix} 2 & 1 \\ 0 & 2 \end{pmatrix}$ の $\tilde{\boldsymbol{B}}^3$ を計算せよ。

解）　行列 $\tilde{\boldsymbol{B}}$ は

$$\tilde{\boldsymbol{B}} = \begin{pmatrix} 2 & 1 \\ 0 & 2 \end{pmatrix} = \begin{pmatrix} 2 & 0 \\ 0 & 2 \end{pmatrix} + \begin{pmatrix} 0 & 1 \\ 0 & 0 \end{pmatrix} = \tilde{\boldsymbol{D}} + \tilde{\boldsymbol{L}}$$

と分解できるので

$$\tilde{\boldsymbol{B}}^3 = \begin{pmatrix} 2 & 1 \\ 0 & 2 \end{pmatrix}^3 = \left\{ \begin{pmatrix} 2 & 0 \\ 0 & 2 \end{pmatrix} + \begin{pmatrix} 0 & 1 \\ 0 & 0 \end{pmatrix} \right\}^3 = (\tilde{\boldsymbol{D}} + \tilde{\boldsymbol{L}})^3$$

となる。ここで $\tilde{\boldsymbol{B}}^3$ は

$$(\tilde{\boldsymbol{D}} + \tilde{\boldsymbol{L}})^3 = \tilde{\boldsymbol{D}}^3 + 3\tilde{\boldsymbol{D}}^2\tilde{\boldsymbol{L}} + 3\tilde{\boldsymbol{D}}\,\tilde{\boldsymbol{L}}^2 + \tilde{\boldsymbol{L}}^3$$

と展開することができる。

第 6 章で紹介したように、通常の行列演算では、掛け算が非可換であるため、このような展開はできない。

ただし、いまの場合は

$$\tilde{\boldsymbol{D}}\,\tilde{\boldsymbol{L}} = \tilde{\boldsymbol{L}}\,\tilde{\boldsymbol{D}}$$

と交換可能であるため、上記の展開が可能となるのである。

さらに、行列

$$\tilde{\boldsymbol{L}} = \begin{pmatrix} 0 & 1 \\ 0 & 0 \end{pmatrix}$$

は

$$\tilde{\boldsymbol{L}}^2 = \begin{pmatrix} 0 & 1 \\ 0 & 0 \end{pmatrix}^2 = \begin{pmatrix} 0 & 1 \\ 0 & 0 \end{pmatrix}\begin{pmatrix} 0 & 1 \\ 0 & 0 \end{pmatrix} = \begin{pmatrix} 0 & 0 \\ 0 & 0 \end{pmatrix} = \tilde{\boldsymbol{O}}$$

のように、べきゼロ行列であり

$$\tilde{\boldsymbol{L}}^3 = \tilde{\boldsymbol{O}}$$

となるので

$$(\tilde{\boldsymbol{D}} + \tilde{\boldsymbol{L}})^3 = \tilde{\boldsymbol{D}}^3 + 3\tilde{\boldsymbol{D}}^2\tilde{\boldsymbol{L}}$$

と簡単なかたちとなる。

よって

$$\begin{pmatrix}2 & 1\\0 & 2\end{pmatrix}^3=\begin{pmatrix}2 & 0\\0 & 2\end{pmatrix}^3+3\begin{pmatrix}2 & 0\\0 & 2\end{pmatrix}^2\begin{pmatrix}0 & 1\\0 & 0\end{pmatrix}=\begin{pmatrix}2^3 & 0\\0 & 2^3\end{pmatrix}+3\begin{pmatrix}2^2 & 0\\0 & 2^2\end{pmatrix}\begin{pmatrix}0 & 1\\0 & 0\end{pmatrix}$$

となり、結局

$$\tilde{\boldsymbol{B}}^3=\begin{pmatrix}2 & 1\\0 & 2\end{pmatrix}^3=\begin{pmatrix}8 & 0\\0 & 8\end{pmatrix}+3\begin{pmatrix}4 & 0\\0 & 4\end{pmatrix}\begin{pmatrix}0 & 1\\0 & 0\end{pmatrix}=\begin{pmatrix}8 & 12\\0 & 8\end{pmatrix}$$

となる。

もちろん、行列を 3 回掛けた結果も同じになる。

$$\begin{pmatrix}2 & 1\\0 & 2\end{pmatrix}^3=\begin{pmatrix}2 & 1\\0 & 2\end{pmatrix}\begin{pmatrix}2 & 1\\0 & 2\end{pmatrix}\begin{pmatrix}2 & 1\\0 & 2\end{pmatrix}=\begin{pmatrix}4 & 4\\0 & 4\end{pmatrix}\begin{pmatrix}2 & 1\\0 & 2\end{pmatrix}=\begin{pmatrix}8 & 12\\0 & 8\end{pmatrix}$$

ところで、いま

$$(\tilde{\boldsymbol{P}}^{-1}\tilde{\boldsymbol{A}}\tilde{\boldsymbol{P}})^3=\tilde{\boldsymbol{B}}^3$$

と置いて、べき乗計算をしたが、実際に計算したいのは

$$\tilde{\boldsymbol{A}}^3=\begin{pmatrix}1 & -1\\1 & 3\end{pmatrix}^3$$

である。ここで、$(\tilde{\boldsymbol{P}}^{-1}\tilde{\boldsymbol{A}}\tilde{\boldsymbol{P}})^3$ は

$$(\tilde{\boldsymbol{P}}^{-1}\tilde{\boldsymbol{A}}\tilde{\boldsymbol{P}})^3=\tilde{\boldsymbol{P}}^{-1}\tilde{\boldsymbol{A}}\tilde{\boldsymbol{P}}\tilde{\boldsymbol{P}}^{-1}\tilde{\boldsymbol{A}}\tilde{\boldsymbol{P}}\tilde{\boldsymbol{P}}^{-1}\tilde{\boldsymbol{A}}\tilde{\boldsymbol{P}}=\tilde{\boldsymbol{P}}^{-1}\tilde{\boldsymbol{A}}^3\tilde{\boldsymbol{P}}$$

と変形できるので

$$\tilde{\boldsymbol{A}}^3=\tilde{\boldsymbol{P}}\begin{pmatrix}2 & 1\\0 & 2\end{pmatrix}^3\tilde{\boldsymbol{P}}^{-1}$$

となる。これが求める式となる。

ここで演習 9-2 より

$$\tilde{\boldsymbol{P}}=\begin{pmatrix}1 & 0\\-1 & -1\end{pmatrix}\quad\text{および}\quad\tilde{\boldsymbol{P}}^{-1}=\begin{pmatrix}1 & 0\\-1 & -1\end{pmatrix}$$

であるから

$$\tilde{\boldsymbol{A}}^3 = \begin{pmatrix} 1 & 0 \\ -1 & -1 \end{pmatrix} \begin{pmatrix} 8 & 12 \\ 0 & 8 \end{pmatrix} \begin{pmatrix} 1 & 0 \\ -1 & -1 \end{pmatrix}$$

となる。したがって

$$\begin{pmatrix} 1 & 0 \\ -1 & -1 \end{pmatrix} \begin{pmatrix} 8 & 12 \\ 0 & 8 \end{pmatrix} = \begin{pmatrix} 8 & 12 \\ -8 & -20 \end{pmatrix}$$

と計算でき、さらに

$$\begin{pmatrix} 8 & 12 \\ -8 & -20 \end{pmatrix} \begin{pmatrix} 1 & 0 \\ -1 & -1 \end{pmatrix} = \begin{pmatrix} -4 & -12 \\ 12 & 20 \end{pmatrix}$$

から

$$\tilde{\boldsymbol{A}}^3 = \begin{pmatrix} -4 & -12 \\ 12 & 20 \end{pmatrix}$$

となる。

演習 9-4　$\tilde{\boldsymbol{B}}^n = \begin{pmatrix} 2 & 1 \\ 0 & 2 \end{pmatrix}^n$ を計算せよ。

解）　ふたたび

$$\tilde{\boldsymbol{B}} = \begin{pmatrix} 2 & 1 \\ 0 & 2 \end{pmatrix} = \begin{pmatrix} 2 & 0 \\ 0 & 2 \end{pmatrix} + \begin{pmatrix} 0 & 1 \\ 0 & 0 \end{pmatrix} = \tilde{\boldsymbol{D}} + \tilde{\boldsymbol{L}}$$

と分解する。

ここで、2 **項定理** (binomial theorem) を使うと

$$(\tilde{\boldsymbol{D}} + \tilde{\boldsymbol{L}})^n = \tilde{\boldsymbol{D}}^n + {}_nC_1\, \tilde{\boldsymbol{D}}^{n-1} \tilde{\boldsymbol{L}} + {}_nC_2\, \tilde{\boldsymbol{D}}^{n-2} \tilde{\boldsymbol{L}}^2 + \cdots + \tilde{\boldsymbol{L}}^n$$

と展開できる。

通常の行列演算ではこのような展開はできないが、いまの場合は

$$\tilde{\boldsymbol{D}}\tilde{\boldsymbol{L}} = \tilde{\boldsymbol{L}}\tilde{\boldsymbol{D}}$$

と交換可能であるため、2 項展開が可能となる。

さらに、行列 $\tilde{\boldsymbol{L}}$ は、べきゼロ行列であり

$$\tilde{\boldsymbol{L}}^2 = \tilde{\boldsymbol{O}} \ , \ \tilde{\boldsymbol{L}}^3 = \tilde{\boldsymbol{O}} \ , \ldots, \ \tilde{\boldsymbol{L}}^n = \tilde{\boldsymbol{O}}$$

となる。したがって

$$(\tilde{\boldsymbol{D}}+\tilde{\boldsymbol{L}})^n=\tilde{\boldsymbol{D}}^n+{}_nC_1\tilde{\boldsymbol{D}}^{n-1}\tilde{\boldsymbol{L}}$$

のように2項しか残らない。

　よって

$$\tilde{\boldsymbol{B}}^n=\begin{pmatrix}2&1\\0&2\end{pmatrix}^n=\begin{pmatrix}2&0\\0&2\end{pmatrix}^n+{}_nC_1\begin{pmatrix}2&0\\0&2\end{pmatrix}^{n-1}\begin{pmatrix}0&1\\0&0\end{pmatrix}$$

$$=\begin{pmatrix}2^n&0\\0&2^n\end{pmatrix}+n\begin{pmatrix}2^{n-1}&0\\0&2^{n-1}\end{pmatrix}\begin{pmatrix}0&1\\0&0\end{pmatrix}$$

$$=\begin{pmatrix}2^n&0\\0&2^n\end{pmatrix}+\begin{pmatrix}0&n2^{n-1}\\0&0\end{pmatrix}=\begin{pmatrix}2^n&n2^{n-1}\\0&2^n\end{pmatrix}$$

となる。

　ちなみに、この一般式に $n=3$ を代入すると

$$\begin{pmatrix}2^3&3\cdot2^2\\0&2^3\end{pmatrix}=\begin{pmatrix}8&12\\0&8\end{pmatrix}$$

となって、演習9-3で求めた解が得られる。このように、対角行列のようにはいかないまでも、ジョルダン標準形の場合にも、行列のべき乗計算が簡単となることがわかる。

演習9-5　$\tilde{\boldsymbol{A}}^n=\begin{pmatrix}1&-1\\1&3\end{pmatrix}^n$ を計算せよ。

解）　演習9-4より

$$\tilde{\boldsymbol{B}}^n=\tilde{\boldsymbol{P}}^{-1}\tilde{\boldsymbol{A}}^n\tilde{\boldsymbol{P}}=\begin{pmatrix}2^n&n2^{n-1}\\0&2^n\end{pmatrix}$$

であるので

$$\tilde{\boldsymbol{A}}^n=\tilde{\boldsymbol{P}}\,\tilde{\boldsymbol{B}}^n\tilde{\boldsymbol{P}}^{-1}=\tilde{\boldsymbol{P}}\begin{pmatrix}2^n&n2^{n-1}\\0&2^n\end{pmatrix}\tilde{\boldsymbol{P}}^{-1}$$

$$=\begin{pmatrix}1&0\\-1&-1\end{pmatrix}\begin{pmatrix}2^n&n2^{n-1}\\0&2^n\end{pmatrix}\begin{pmatrix}1&0\\-1&-1\end{pmatrix}$$

となる。まず

$$\begin{pmatrix} 1 & 0 \\ -1 & -1 \end{pmatrix}\begin{pmatrix} 2^n & n2^{n-1} \\ 0 & 2^n \end{pmatrix}=\begin{pmatrix} 2^n & n2^{n-1} \\ -2^n & -n2^{n-1}-2^n \end{pmatrix}$$

となり、さらに

$$\begin{pmatrix} 2^n & n2^{n-1} \\ -2^n & -n2^{n-1}-2^n \end{pmatrix}\begin{pmatrix} 1 & 0 \\ -1 & -1 \end{pmatrix}=\begin{pmatrix} 2^n-n2^{n-1} & -n2^{n-1} \\ n2^{n-1} & n2^{n-1}+2^n \end{pmatrix}$$

から

$$\tilde{\boldsymbol{A}}^n = 2^{n-1}\begin{pmatrix} 2-n & -n \\ n & 2+n \end{pmatrix}$$

となる。

ちなみに、一般式に $n=3$ を代入すると

$$\tilde{\boldsymbol{A}}^3 = 2^2\begin{pmatrix} 2-3 & -3 \\ 3 & 2+3 \end{pmatrix}=\begin{pmatrix} -4 & -12 \\ 12 & 20 \end{pmatrix}$$

となって、先ほど求めたものと同じ結果が得られる。

9. 4.　3 次正方行列

ジョルダン標準形への変換手法は、3 次以上の正方行列に対してもそのまま適用できる。実際の例で確かめてみよう。

$$\tilde{\boldsymbol{A}}=\begin{pmatrix} 2 & 0 & -1 \\ -2 & 3 & 2 \\ 1 & 0 & 0 \end{pmatrix}$$

の固有方程式は

$$\left|\lambda\tilde{\boldsymbol{E}}-\tilde{\boldsymbol{A}}\right|=\begin{vmatrix} \lambda-2 & 0 & 1 \\ 2 & \lambda-3 & -2 \\ -1 & 0 & \lambda \end{vmatrix}=0$$

となる。1 行目で余因子展開すると

$$(\lambda-2)\begin{vmatrix} \lambda-3 & -2 \\ 0 & \lambda \end{vmatrix}+1\begin{vmatrix} 2 & \lambda-3 \\ -1 & 0 \end{vmatrix}=(\lambda-2)(\lambda-3)\lambda+\lambda-3$$

$$=(\lambda-3)\{(\lambda-2)\lambda+1\}=(\lambda-3)(\lambda-1)^2=0$$

したがって、固有値は

$$\lambda = 3, 1$$

となる。ここで $\lambda = 1$ が重解である。

演習 9-6　上記の 3 次正方行列 $\tilde{A}$ において、固有値 $\lambda = 1$ に対応した固有ベクトル $\vec{r}_1$ を求めよ。

解）　固有値 $\lambda = 1$ に対する固有ベクトルの条件は

$$\tilde{A}\vec{r}_1 = \vec{r}_1$$

から

$$\begin{pmatrix} 2 & 0 & -1 \\ -2 & 3 & 2 \\ 1 & 0 & 0 \end{pmatrix}\begin{pmatrix} x \\ y \\ z \end{pmatrix} = \begin{pmatrix} x \\ y \\ z \end{pmatrix} \qquad \begin{pmatrix} 1 & 0 & -1 \\ -2 & 2 & 2 \\ 1 & 0 & -1 \end{pmatrix}\begin{pmatrix} x \\ y \\ z \end{pmatrix} = \begin{pmatrix} 0 \\ 0 \\ 0 \end{pmatrix}$$

$$\begin{pmatrix} x - z \\ -2x + 2y + 2z \\ x - z \end{pmatrix} = \begin{pmatrix} 0 \\ 0 \\ 0 \end{pmatrix}$$

より

$$x = z \quad \text{および} \quad y = 0$$

となる。よって、固有ベクトルは、t を任意の定数として

$$\vec{r}_1 = t\begin{pmatrix} 1 \\ 0 \\ 1 \end{pmatrix}$$

となる。

固有値 $\lambda = 3$ に対する固有ベクトルの条件は

$$\begin{pmatrix} 2 & 0 & -1 \\ -2 & 3 & 2 \\ 1 & 0 & 0 \end{pmatrix}\begin{pmatrix} x \\ y \\ z \end{pmatrix} = 3\begin{pmatrix} x \\ y \\ z \end{pmatrix} \qquad \begin{pmatrix} -1 & 0 & -1 \\ -2 & 0 & 2 \\ 1 & 0 & -3 \end{pmatrix}\begin{pmatrix} x \\ y \\ z \end{pmatrix} = \begin{pmatrix} 0 \\ 0 \\ 0 \end{pmatrix} \qquad \begin{pmatrix} -x - z \\ -2x + 2z \\ x - 3z \end{pmatrix} = \begin{pmatrix} 0 \\ 0 \\ 0 \end{pmatrix}$$

したがって $x = z = 0$ で、y は任意の数であるから、t を任意の定数として固

有ベクトルは

$$\vec{r}_3 = t\begin{pmatrix} 0 \\ 1 \\ 0 \end{pmatrix}$$

となる。ここで、$\lambda = 1$ が重解であったので

$$\tilde{A}\,\vec{r}_2 = \lambda\,\vec{r}_2 + \vec{r}_1$$

を満足する固有ベクトル $\vec{r}_2$ を求める。

演習 9-7　上記において、固有値 $\lambda = 1$ のときにつぎの関係を満足する固有ベクトル $\vec{r}_2$ を求めよ。

$$\tilde{A}\,\vec{r}_2 = \vec{r}_2 + \vec{r}_1$$

解)

$\vec{r}_2 = \begin{pmatrix} x \\ y \\ z \end{pmatrix}$ と置くと、$\vec{r}_1 = \begin{pmatrix} 1 \\ 0 \\ 1 \end{pmatrix}$ より

$$\begin{pmatrix} 1 & 0 & -1 \\ -2 & 2 & 2 \\ 1 & 0 & -1 \end{pmatrix}\begin{pmatrix} x \\ y \\ z \end{pmatrix} = \begin{pmatrix} 1 \\ 0 \\ 1 \end{pmatrix} \qquad \begin{pmatrix} x - z \\ -2x + 2y + 2z \\ x - z \end{pmatrix} = \begin{pmatrix} 1 \\ 0 \\ 1 \end{pmatrix}$$

となり、条件は

$$x - z = 1 \qquad y = 1$$

となる。このとき $z = 0$ とすると、$x = 1$ となるから t を任意の定数として

$$\vec{r}_2 = t\begin{pmatrix} 1 \\ 1 \\ 0 \end{pmatrix}$$

が得られる。

この結果、つぎの 3 個の線形独立な固有ベクトルがそろう。

$$\vec{r}_1 = t\begin{pmatrix}1\\0\\1\end{pmatrix} \qquad \vec{r}_2 = t\begin{pmatrix}1\\1\\0\end{pmatrix} \qquad \vec{r}_3 = t\begin{pmatrix}0\\1\\0\end{pmatrix}$$

ここで、t は任意であるから 1 と置くと

$$\tilde{\boldsymbol{P}} = (\vec{r}_1 \quad \vec{r}_2 \quad \vec{r}_3) = \begin{pmatrix}1 & 1 & 0\\0 & 1 & 1\\1 & 0 & 0\end{pmatrix}$$

となる。

演習 9-8　つぎの 3 次正方行列のジョルダン標準形を求めよ。

$$\tilde{\boldsymbol{A}} = \begin{pmatrix}2 & 0 & -1\\-2 & 3 & 2\\1 & 0 & 0\end{pmatrix}$$

解）　まず、$\tilde{\boldsymbol{P}}$ の逆行列は

$$\tilde{\boldsymbol{P}}^{-1} = \begin{pmatrix}0 & 0 & 1\\1 & 0 & -1\\-1 & 1 & 1\end{pmatrix}$$

となる。逆行列の導出方法については、第 2 章を参照されたい。$\tilde{\boldsymbol{P}}^{-1}\tilde{\boldsymbol{A}}\tilde{\boldsymbol{P}}$ という操作を行うと

$$\tilde{\boldsymbol{P}}^{-1}\tilde{\boldsymbol{A}}\tilde{\boldsymbol{P}} = \begin{pmatrix}0 & 0 & 1\\1 & 0 & -1\\-1 & 1 & 1\end{pmatrix}\begin{pmatrix}2 & 0 & -1\\-2 & 3 & 2\\1 & 0 & 0\end{pmatrix}\begin{pmatrix}1 & 1 & 0\\0 & 1 & 1\\1 & 0 & 0\end{pmatrix} = \begin{pmatrix}1 & 1 & 0\\0 & 1 & 0\\0 & 0 & 3\end{pmatrix}$$

となる。

このように、対角成分が固有値の $\lambda = 1$ と $\lambda = 3$ となるジョルダン標準形に変形できる。このとき、重解の $\lambda = 1$ が 2 個並んでいる。

9. 5.　3 次行列のべき乗

対角化ができない 3 次正方行列においても、ジョルダン標準形に変形するこ

とができれば、行列のべき乗計算が簡単となる。それを確かめてみよう。

演習 9-9 $\tilde{\boldsymbol{J}}=\begin{pmatrix}1&1&0\\0&1&0\\0&0&3\end{pmatrix}$ のとき $\tilde{\boldsymbol{J}}^3$ を計算せよ。

解） 行列 $\tilde{\boldsymbol{J}}$ は

$$\tilde{\boldsymbol{J}}=\begin{pmatrix}1&1&0\\0&1&0\\0&0&3\end{pmatrix}=\begin{pmatrix}1&0&0\\0&1&0\\0&0&3\end{pmatrix}+\begin{pmatrix}0&1&0\\0&0&0\\0&0&0\end{pmatrix}=\tilde{\boldsymbol{D}}+\tilde{\boldsymbol{L}}$$

と分解できる。ここで、行列 $\tilde{\boldsymbol{L}}$ は

$$\tilde{\boldsymbol{L}}^2=\begin{pmatrix}0&1&0\\0&0&0\\0&0&0\end{pmatrix}^2=\begin{pmatrix}0&1&0\\0&0&0\\0&0&0\end{pmatrix}\begin{pmatrix}0&1&0\\0&0&0\\0&0&0\end{pmatrix}=\begin{pmatrix}0&0&0\\0&0&0\\0&0&0\end{pmatrix}=\tilde{\boldsymbol{O}}$$

となって、べきゼロ行列であるから

$$(\tilde{\boldsymbol{D}}+\tilde{\boldsymbol{L}})^3=\tilde{\boldsymbol{D}}^3+3\tilde{\boldsymbol{D}}^2\tilde{\boldsymbol{L}}$$

より

$$\begin{pmatrix}1&1&0\\0&1&0\\0&0&3\end{pmatrix}^3=\begin{pmatrix}1&0&0\\0&1&0\\0&0&3\end{pmatrix}^3+3\begin{pmatrix}1&0&0\\0&1&0\\0&0&3\end{pmatrix}^2\begin{pmatrix}0&1&0\\0&0&0\\0&0&0\end{pmatrix}$$

$$=\begin{pmatrix}1&0&0\\0&1&0\\0&0&27\end{pmatrix}+3\begin{pmatrix}1&0&0\\0&1&0\\0&0&9\end{pmatrix}\begin{pmatrix}0&1&0\\0&0&0\\0&0&0\end{pmatrix}=\begin{pmatrix}1&3&0\\0&1&0\\0&0&27\end{pmatrix}$$

となる。

演習 9-10 $\tilde{\boldsymbol{J}}^n=\begin{pmatrix}1&1&0\\0&1&0\\0&0&3\end{pmatrix}^n$ を計算せよ。

解） 演習 9-9 と同様に $\tilde{\boldsymbol{D}}$ と $\tilde{\boldsymbol{L}}$ を用いると

$$\tilde{\boldsymbol{J}}^n = \begin{pmatrix} 1 & 1 & 0 \\ 0 & 1 & 0 \\ 0 & 0 & 3 \end{pmatrix}^n = \left\{ \begin{pmatrix} 1 & 0 & 0 \\ 0 & 1 & 0 \\ 0 & 0 & 3 \end{pmatrix} + \begin{pmatrix} 0 & 1 & 0 \\ 0 & 0 & 0 \\ 0 & 0 & 0 \end{pmatrix} \right\}^n = (\tilde{\boldsymbol{D}} + \tilde{\boldsymbol{L}})^n$$

となる。

ところで、$\tilde{\boldsymbol{L}}$ はべきゼロ行列であるから

$$\tilde{\boldsymbol{L}}^2 = \tilde{\boldsymbol{O}} \ , \ \tilde{\boldsymbol{L}}^3 = \tilde{\boldsymbol{O}} \ , \dots , \ \tilde{\boldsymbol{L}}^n = \tilde{\boldsymbol{O}}$$

である。したがって

$$(\tilde{\boldsymbol{D}} + \tilde{\boldsymbol{L}})^n = \tilde{\boldsymbol{D}}^n + {}_nC_1 \tilde{\boldsymbol{D}}^{n-1} \tilde{\boldsymbol{L}}$$

から

$$\begin{pmatrix} 1 & 1 & 0 \\ 0 & 1 & 0 \\ 0 & 0 & 3 \end{pmatrix}^n = \begin{pmatrix} 1 & 0 & 0 \\ 0 & 1 & 0 \\ 0 & 0 & 3 \end{pmatrix}^n + n \begin{pmatrix} 1 & 0 & 0 \\ 0 & 1 & 0 \\ 0 & 0 & 3 \end{pmatrix}^{n-1} \begin{pmatrix} 0 & 1 & 0 \\ 0 & 0 & 0 \\ 0 & 0 & 0 \end{pmatrix} = \begin{pmatrix} 1 & n & 0 \\ 0 & 1 & 0 \\ 0 & 0 & 3^n \end{pmatrix}$$

となる。

このように、ジョルダン標準形においては、対角行列とべきゼロ行列の和に分解できるため、対角行列に準じてべき乗計算が簡単となるのである。

演習 9-11　つぎの行列 $\tilde{\boldsymbol{A}}$ の $\tilde{\boldsymbol{A}}^n$ を求めよ。

$$\tilde{\boldsymbol{A}} = \begin{pmatrix} 2 & 0 & -1 \\ -2 & 3 & 2 \\ 1 & 0 & 0 \end{pmatrix}$$

解）　演習 9-10 より

$$\tilde{\boldsymbol{P}}^{-1} \tilde{\boldsymbol{A}}^n \tilde{\boldsymbol{P}} = \begin{pmatrix} 1 & n & 0 \\ 0 & 1 & 0 \\ 0 & 0 & 3^n \end{pmatrix}$$

となるので

$$\tilde{\boldsymbol{A}}^n = \tilde{\boldsymbol{P}} \begin{pmatrix} 1 & n & 0 \\ 0 & 1 & 0 \\ 0 & 0 & 3^n \end{pmatrix} \tilde{\boldsymbol{P}}^{-1}$$

ここで

$$\tilde{\boldsymbol{P}} = \begin{pmatrix} 1 & 1 & 0 \\ 0 & 1 & 1 \\ 1 & 0 & 0 \end{pmatrix} \quad \text{および} \quad \tilde{\boldsymbol{P}}^{-1} = \begin{pmatrix} 0 & 0 & 1 \\ 1 & 0 & -1 \\ -1 & 1 & 1 \end{pmatrix}$$

であるから

$$\tilde{\boldsymbol{A}}^n = \begin{pmatrix} 1 & 1 & 0 \\ 0 & 1 & 1 \\ 1 & 0 & 0 \end{pmatrix} \begin{pmatrix} 1 & n & 0 \\ 0 & 1 & 0 \\ 0 & 0 & 3^n \end{pmatrix} \begin{pmatrix} 0 & 0 & 1 \\ 1 & 0 & -1 \\ -1 & 1 & 1 \end{pmatrix}$$

となる。これを計算すると

$$\begin{pmatrix} 1 & 1 & 0 \\ 0 & 1 & 1 \\ 1 & 0 & 0 \end{pmatrix} \begin{pmatrix} 1 & n & 0 \\ 0 & 1 & 0 \\ 0 & 0 & 3^n \end{pmatrix} = \begin{pmatrix} 1 & n+1 & 0 \\ 0 & 1 & 3^n \\ 1 & n & 0 \end{pmatrix}$$

となり

$$\tilde{\boldsymbol{A}}^n = \begin{pmatrix} 1 & n+1 & 0 \\ 0 & 1 & 3^n \\ 1 & n & 0 \end{pmatrix} \begin{pmatrix} 0 & 0 & 1 \\ 1 & 0 & -1 \\ -1 & 1 & 1 \end{pmatrix} = \begin{pmatrix} n+1 & 0 & -n \\ 1-3^n & 3^n & 3^n-1 \\ n & 0 & -n+1 \end{pmatrix}$$

となる。

このように、ジョルダン標準形を用いることで、対角化ができない行列においても、その n 乗を求めることが可能となる。

9. 6.　固有値が 3 重解の場合

実は、3 次正方行列によっては、固有値が 3 重解となる場合もある。このとき、固有値は 1 個しか得られない。それでは、具体例でジョルダン標準形への変形を確かめてみよう。

演習 9-12　つぎの行列 $\tilde{\boldsymbol{A}}$ の固有値を求めよ。

$$\tilde{\boldsymbol{A}} = \begin{pmatrix} 1 & 0 & 0 \\ -1 & 1 & 1 \\ -2 & 0 & 1 \end{pmatrix}$$

解）　固有方程式は

$$\left|\lambda\tilde{\boldsymbol{E}} - \tilde{\boldsymbol{A}}\right| = \begin{vmatrix} \lambda-1 & 0 & 0 \\ 1 & \lambda-1 & -1 \\ 2 & 0 & \lambda-1 \end{vmatrix} = 0$$

となる。第1行目の成分で余因子展開すると

$$(\lambda-1)\begin{vmatrix} \lambda-1 & -1 \\ 0 & \lambda-1 \end{vmatrix} = (\lambda-1)^3 = 0$$

であるから、固有値は3重解で

$$\lambda = 1$$

となる。

つぎに、固有ベクトル $\vec{\boldsymbol{r}}_1$ を求める。その条件は

$$\tilde{\boldsymbol{A}}\,\vec{\boldsymbol{r}}_1 = \begin{pmatrix} 1 & 0 & 0 \\ -1 & 1 & 1 \\ -2 & 0 & 1 \end{pmatrix}\begin{pmatrix} x_1 \\ y_1 \\ z_1 \end{pmatrix} = \begin{pmatrix} x_1 \\ y_1 \\ z_1 \end{pmatrix} \qquad \begin{pmatrix} x_1 - x_1 \\ -x_1 + z_1 \\ -2x_1 \end{pmatrix} = \begin{pmatrix} 0 \\ 0 \\ 0 \end{pmatrix}$$

より、$x_1 = 0,\ z_1 = 0$ で y_1 は任意の数である。

したがって、固有ベクトルとして

$$\vec{\boldsymbol{r}}_1 = \begin{pmatrix} 0 \\ 1 \\ 0 \end{pmatrix}$$

を採用する。実は、線形独立な固有ベクトルは、この1個しかない。

そこで、ベクトル $\vec{\boldsymbol{r}}_2$ は、固有ベクトル $\vec{\boldsymbol{r}}_1$ を使って

$$\tilde{\boldsymbol{A}}\vec{\boldsymbol{r}}_2 = \lambda\,\vec{\boldsymbol{r}}_2 + \vec{\boldsymbol{r}}_1$$

という条件を満足するように選ぶ。

$\lambda = 1$ より

$$\begin{pmatrix} 0 & 0 & 0 \\ -1 & 0 & 1 \\ -2 & 0 & 0 \end{pmatrix}\begin{pmatrix} x_2 \\ y_2 \\ z_2 \end{pmatrix} = \begin{pmatrix} 0 \\ 1 \\ 0 \end{pmatrix} \qquad \begin{pmatrix} 0 \\ -x_2 + z_2 - 1 \\ -2x_2 \end{pmatrix} = \begin{pmatrix} 0 \\ 0 \\ 0 \end{pmatrix}$$

となる。よって

$x_2 = 0$, $z_2 = 1$ で y_2 は任意の数であるから、固有ベクトルとして

$$\vec{\boldsymbol{r}}_2 = \begin{pmatrix} 0 \\ 0 \\ 1 \end{pmatrix}$$

を選ぶことができる。

それでは、もう1個のベクトルはどうしたらよいのだろうか。ここで、いままでの手法を援用する。つまり、ベクトル $\vec{\boldsymbol{r}}_3$ は $\vec{\boldsymbol{r}}_2$ を使って

$$\tilde{\boldsymbol{A}}\vec{\boldsymbol{r}}_3 = \lambda\vec{\boldsymbol{r}}_3 + \vec{\boldsymbol{r}}_2 = \vec{\boldsymbol{r}}_3 + \vec{\boldsymbol{r}}_2$$

という条件 ($\lambda = 1$) を満足するように選ぶのである。

すると

$$\begin{pmatrix} 0 & 0 & 0 \\ -1 & 0 & 1 \\ -2 & 0 & 0 \end{pmatrix}\begin{pmatrix} x_3 \\ y_3 \\ z_3 \end{pmatrix} = \begin{pmatrix} 0 \\ 0 \\ 1 \end{pmatrix} \qquad \begin{pmatrix} 0 \\ -x_3 + z_3 \\ -2x_3 \end{pmatrix} = \begin{pmatrix} 0 \\ 0 \\ 1 \end{pmatrix}$$

よって $x_3 = -1/2$, $z_3 = -1/2$ で y_3は任意の数であるから固有ベクトルとして

$$\vec{\boldsymbol{r}}_3 = \begin{pmatrix} -1/2 \\ 0 \\ -1/2 \end{pmatrix}$$

を選ぶことができる。

演習 9-13　行列 $\tilde{\boldsymbol{P}} = (\vec{\boldsymbol{r}}_1 \quad \vec{\boldsymbol{r}}_2 \quad \vec{\boldsymbol{r}}_3)$ を利用して、行列 $\tilde{\boldsymbol{A}}$ のジョルダン標準形への変形を試みよ。

$$\tilde{\boldsymbol{A}} = \begin{pmatrix} 1 & 0 & 0 \\ -1 & 1 & 1 \\ -2 & 0 & 1 \end{pmatrix}$$

解）

$$\tilde{\boldsymbol{P}} = (\vec{\boldsymbol{r}}_1 \quad \vec{\boldsymbol{r}}_2 \quad \vec{\boldsymbol{r}}_3) = \begin{pmatrix} 0 & 0 & -1/2 \\ 1 & 0 & 0 \\ 0 & 1 & -1/2 \end{pmatrix}$$

となる。この逆行列は

$$\tilde{\boldsymbol{P}}^{-1} = \begin{pmatrix} 0 & 1 & 0 \\ -1 & 0 & 1 \\ -2 & 0 & 0 \end{pmatrix}$$

となる。第 2 章で紹介した手法で求めているので、演習の意味で、実際に確かめてほしい。したがって

$$\tilde{\boldsymbol{P}}^{-1}\tilde{\boldsymbol{A}}\tilde{\boldsymbol{P}} = \begin{pmatrix} 0 & 1 & 0 \\ -1 & 0 & 1 \\ -2 & 0 & 0 \end{pmatrix} \begin{pmatrix} 1 & 0 & 0 \\ -1 & 1 & 1 \\ -2 & 0 & 1 \end{pmatrix} \begin{pmatrix} 0 & 0 & -1/2 \\ 1 & 0 & 0 \\ 0 & 1 & -1/2 \end{pmatrix}$$

となる。よって

$$\begin{pmatrix} 0 & 1 & 0 \\ -1 & 0 & 1 \\ -2 & 0 & 0 \end{pmatrix} \begin{pmatrix} 1 & 0 & 0 \\ -1 & 1 & 1 \\ -2 & 0 & 1 \end{pmatrix} = \begin{pmatrix} -1 & 1 & 1 \\ -3 & 0 & 1 \\ -2 & 0 & 0 \end{pmatrix}$$

から

$$\tilde{\boldsymbol{P}}^{-1}\tilde{\boldsymbol{A}}\tilde{\boldsymbol{P}} = \begin{pmatrix} -1 & 1 & 1 \\ -3 & 0 & 1 \\ -2 & 0 & 0 \end{pmatrix} \begin{pmatrix} 0 & 0 & -1/2 \\ 1 & 0 & 0 \\ 0 & 1 & -1/2 \end{pmatrix} = \begin{pmatrix} 1 & 1 & 0 \\ 0 & 1 & 1 \\ 0 & 0 & 1 \end{pmatrix}$$

となる。

このように、線形独立な固有ベクトルが 1 個しかない場合には、ジョルダン標準形は

$$\begin{pmatrix} \lambda & 1 & 0 \\ 0 & \lambda & 1 \\ 0 & 0 & \lambda \end{pmatrix}$$

となる。このとき

$$\tilde{\boldsymbol{A}}\vec{\boldsymbol{r}}_1 = \lambda\vec{\boldsymbol{r}}_1 \qquad \tilde{\boldsymbol{A}}\vec{\boldsymbol{r}}_2 = \lambda\vec{\boldsymbol{r}}_2 + \vec{\boldsymbol{r}}_1 \qquad \tilde{\boldsymbol{A}}\vec{\boldsymbol{r}}_3 = \lambda\vec{\boldsymbol{r}}_3 + \vec{\boldsymbol{r}}_2$$

という関係となっている。ここで

$$\tilde{A}\tilde{P} = \tilde{P}\begin{pmatrix} \lambda & 1 & 0 \\ 0 & \lambda & 1 \\ 0 & 0 & \lambda \end{pmatrix}$$

という関係にあるが

$$\tilde{P} = (\vec{r}_1 \quad \vec{r}_2 \quad \vec{r}_3)$$

であるので

$$\tilde{A}(\vec{r}_1 \quad \vec{r}_2 \quad \vec{r}_3) = (\vec{r}_1 \quad \vec{r}_2 \quad \vec{r}_3)\begin{pmatrix} \lambda & 1 & 0 \\ 0 & \lambda & 1 \\ 0 & 0 & \lambda \end{pmatrix}$$

が成立する。右辺を計算すると

$$\tilde{A}(\vec{r}_1 \quad \vec{r}_2 \quad \vec{r}_3) = (\lambda\vec{r}_1 \quad \lambda\vec{r}_2 + \vec{r}_1 \quad \lambda\vec{r}_3 + \vec{r}_2)$$

となっていて、固有ベクトルではない $\vec{r}_2$, $\vec{r}_3$ に施した修正が反映されて、ジョルダン標準形となっていることがわかる。

9. 7.　べき乗計算

固有ベクトルが 1 個の場合の 3 次正方行列のジョルダン標準形においても、べき乗の計算は簡単となる。それを確かめてみよう。

演習 9-14　$\tilde{J} = \begin{pmatrix} \lambda & 1 & 0 \\ 0 & \lambda & 1 \\ 0 & 0 & \lambda \end{pmatrix}$ のとき、$\tilde{J}^n$ を計算せよ。

解）　行列 $\tilde{J}$ を分解すると

$$\tilde{J}^n = \begin{pmatrix} \lambda & 1 & 0 \\ 0 & \lambda & 1 \\ 0 & 0 & \lambda \end{pmatrix}^n = \left\{\begin{pmatrix} \lambda & 0 & 0 \\ 0 & \lambda & 0 \\ 0 & 0 & \lambda \end{pmatrix} + \begin{pmatrix} 0 & 1 & 0 \\ 0 & 0 & 1 \\ 0 & 0 & 0 \end{pmatrix}\right\}^n = (\tilde{D} + \tilde{L})^n$$

となる。ここで $\tilde{L}$ は

$$\tilde{\boldsymbol{L}}^2=\begin{pmatrix}0&1&0\\0&0&1\\0&0&0\end{pmatrix}^2=\begin{pmatrix}0&1&0\\0&0&1\\0&0&0\end{pmatrix}\begin{pmatrix}0&1&0\\0&0&1\\0&0&0\end{pmatrix}=\begin{pmatrix}0&0&1\\0&0&0\\0&0&0\end{pmatrix}$$

から

$$\tilde{\boldsymbol{L}}^3=\begin{pmatrix}0&1&0\\0&0&1\\0&0&0\end{pmatrix}^3=\tilde{\boldsymbol{L}}^2\tilde{\boldsymbol{L}}=\begin{pmatrix}0&0&1\\0&0&0\\0&0&0\end{pmatrix}\begin{pmatrix}0&1&0\\0&0&1\\0&0&0\end{pmatrix}=\begin{pmatrix}0&0&0\\0&0&0\\0&0&0\end{pmatrix}=\tilde{\boldsymbol{O}}$$

となり、べきゼロ行列である。よって

$$\tilde{\boldsymbol{L}}^3=\tilde{\boldsymbol{L}}^4=....=\tilde{\boldsymbol{L}}^n=\tilde{\boldsymbol{O}}$$

となる。

したがって、2項定理において $\tilde{\boldsymbol{L}}^3$ より高次の項が消え

$$(\tilde{\boldsymbol{D}}+\tilde{\boldsymbol{L}})^n=\tilde{\boldsymbol{D}}^n+{}_nC_1\,\tilde{\boldsymbol{D}}^{n-1}\tilde{\boldsymbol{L}}+{}_nC_2\,\tilde{\boldsymbol{D}}^{n-2}\tilde{\boldsymbol{L}}^2$$

となり

$$\tilde{\boldsymbol{J}}^n=\begin{pmatrix}\lambda&0&0\\0&\lambda&0\\0&0&\lambda\end{pmatrix}^n+{}_nC_1\begin{pmatrix}\lambda&0&0\\0&\lambda&0\\0&0&\lambda\end{pmatrix}^{n-1}\begin{pmatrix}0&1&0\\0&0&1\\0&0&0\end{pmatrix}+{}_nC_2\begin{pmatrix}\lambda&0&0\\0&\lambda&0\\0&0&\lambda\end{pmatrix}^{n-2}\begin{pmatrix}0&0&1\\0&0&0\\0&0&0\end{pmatrix}$$

と与えられる。

よって

$$\tilde{\boldsymbol{J}}^n=\begin{pmatrix}\lambda^n&0&0\\0&\lambda^n&0\\0&0&\lambda^n\end{pmatrix}+{}_nC_1\begin{pmatrix}\lambda^{n-1}&0&0\\0&\lambda^{n-1}&0\\0&0&\lambda^{n-1}\end{pmatrix}\begin{pmatrix}0&1&0\\0&0&1\\0&0&0\end{pmatrix}$$

$$+{}_nC_2\begin{pmatrix}\lambda^{n-2}&0&0\\0&\lambda^{n-2}&0\\0&0&\lambda^{n-2}\end{pmatrix}\begin{pmatrix}0&0&1\\0&0&0\\0&0&0\end{pmatrix}$$

となる。さらに

$${}_nC_1\begin{pmatrix}\lambda^{n-1}&0&0\\0&\lambda^{n-1}&0\\0&0&\lambda^{n-1}\end{pmatrix}\begin{pmatrix}0&1&0\\0&0&1\\0&0&0\end{pmatrix}=\begin{pmatrix}0&{}_nC_1\lambda^{n-1}&0\\0&0&{}_nC_1\lambda^{n-1}\\0&0&0\end{pmatrix}$$

であり

$$ {}_nC_2\begin{pmatrix} \lambda^{n-2} & 0 & 0 \\ 0 & \lambda^{n-2} & 0 \\ 0 & 0 & \lambda^{n-2} \end{pmatrix}\begin{pmatrix} 0 & 0 & 1 \\ 0 & 0 & 0 \\ 0 & 0 & 0 \end{pmatrix} = \begin{pmatrix} 0 & 0 & {}_nC_2\lambda^{n-2} \\ 0 & 0 & 0 \\ 0 & 0 & 0 \end{pmatrix} $$

より

$$ \tilde{\boldsymbol{J}}^n = \begin{pmatrix} \lambda^n & {}_nC_1\lambda^{n-1} & {}_nC_2\lambda^{n-2} \\ 0 & \lambda^n & {}_nC_1\lambda^{n-1} \\ 0 & 0 & \lambda^n \end{pmatrix} $$

となる。

---

2 項係数は、${}_nC_1 = n$, ${}_nC_2 = \dfrac{n(n-1)}{2}$ であるので、任意の n を上式に代入すればよい。

演習 9-15　$\tilde{\boldsymbol{A}} = \begin{pmatrix} 1 & 0 & 0 \\ -1 & 1 & 1 \\ -2 & 0 & 1 \end{pmatrix}$ のとき $\tilde{\boldsymbol{A}}^n$ を求めよ。

解）　演習 9-13 より

$$ \tilde{\boldsymbol{P}}^{-1}\tilde{\boldsymbol{A}}\tilde{\boldsymbol{P}} = \begin{pmatrix} 1 & 1 & 0 \\ 0 & 1 & 1 \\ 0 & 0 & 1 \end{pmatrix} $$

であったので、2 項定理を用いて

$$ \tilde{\boldsymbol{P}}^{-1}\tilde{\boldsymbol{A}}^n\tilde{\boldsymbol{P}} = \begin{pmatrix} 1 & 1 & 0 \\ 0 & 1 & 1 \\ 0 & 0 & 1 \end{pmatrix}^n = \begin{pmatrix} 1 & {}_nC_1 & {}_nC_2 \\ 0 & 1 & {}_nC_1 \\ 0 & 0 & 1 \end{pmatrix} $$

となる。したがって

$$ \tilde{\boldsymbol{A}}^n = \tilde{\boldsymbol{P}}\begin{pmatrix} 1 & {}_nC_1 & {}_nC_2 \\ 0 & 1 & {}_nC_1 \\ 0 & 0 & 1 \end{pmatrix}\tilde{\boldsymbol{P}}^{-1} $$

となる。

$$\tilde{\boldsymbol{P}} = \begin{pmatrix} 0 & 0 & -1/2 \\ 1 & 0 & 0 \\ 0 & 1 & -1/2 \end{pmatrix} \quad \text{および} \quad \tilde{\boldsymbol{P}}^{-1} = \begin{pmatrix} 0 & 1 & 0 \\ -1 & 0 & 1 \\ -2 & 0 & 0 \end{pmatrix}$$

であったから

$$\tilde{\boldsymbol{A}}^n = \begin{pmatrix} 0 & 0 & -1/2 \\ 1 & 0 & 0 \\ 0 & 1 & -1/2 \end{pmatrix} \begin{pmatrix} 1 & {}_nC_1 & {}_nC_2 \\ 0 & 1 & {}_nC_1 \\ 0 & 0 & 1 \end{pmatrix} \begin{pmatrix} 0 & 1 & 0 \\ -1 & 0 & 1 \\ -2 & 0 & 0 \end{pmatrix}$$

となる。まず

$$\begin{pmatrix} 0 & 0 & -1/2 \\ 1 & 0 & 0 \\ 0 & 1 & -1/2 \end{pmatrix} \begin{pmatrix} 1 & {}_nC_1 & {}_nC_2 \\ 0 & 1 & {}_nC_1 \\ 0 & 0 & 1 \end{pmatrix} = \begin{pmatrix} 0 & 0 & -1/2 \\ 1 & {}_nC_1 & {}_nC_2 \\ 0 & 1 & {}_nC_1 - 1/2 \end{pmatrix}$$

よって

$$\tilde{\boldsymbol{A}}^n = \begin{pmatrix} 0 & 0 & -1/2 \\ 1 & {}_nC_1 & {}_nC_2 \\ 0 & 1 & {}_nC_1 - 1/2 \end{pmatrix} \begin{pmatrix} 0 & 1 & 0 \\ -1 & 0 & 1 \\ -2 & 0 & 0 \end{pmatrix} = \begin{pmatrix} 1 & 0 & 0 \\ -{}_nC_1 - 2{}_nC_2 & 1 & {}_nC_1 \\ -2{}_nC_1 & 0 & 1 \end{pmatrix}$$

となる。

2 項係数は

$$-{}_nC_1 - 2{}_nC_2 = -n - n(n-1) = -n^2$$

と計算でき

$$\tilde{\boldsymbol{A}}^n = \begin{pmatrix} 1 & 0 & 0 \\ -n^2 & 1 & n \\ -2n & 0 & 1 \end{pmatrix}$$

となる。

本書では、2 次と 3 次正方行列のジョルダン標準形を紹介したが、行列の次数が 4 次 5 次と増えても、基本的な考え方は同じである。

つまり、正方行列の固有値が重解となるとき、線形独立な固有ベクトルが何個選べるかによって、対角化か可能かどうかが決まる。

そして、対角化が不可能な場合

$$\tilde{A}\vec{r}_2 = \lambda\vec{r}_2 + \vec{r}_1 \quad \text{あるいは} \quad (\tilde{A} - \lambda\tilde{E})\vec{r}_2 = \vec{r}_1$$

という方法で、固有ベクトルではないが、線形独立な新たなベクトル $\vec{r}_2$ を選んで、行列 $\tilde{P} = (\vec{r}_1 \ \vec{r}_2)$ をつくればジョルダン標準形に変換できる。

9. 8.　ジョルダン細胞

9. 8. 1.　2 次正方行列のジョルダン細胞

2 次正方行列において、固有値 λ が重解となる場合、そのジョルダン標準形は

$$\begin{pmatrix} \lambda & 1 \\ 0 & \lambda \end{pmatrix}$$

となる。

このようなブロックを**ジョルダン細胞** (Jordan block) と呼んでいる。つまり、これが 2 次正方行列のジョルダン標準形の基本単位となる。

9. 8. 2.　3 次正方行列のジョルダン標準形

3 次正方行列の場合、固有方程式が

$$(\lambda - \lambda_1)(\lambda - \lambda_2)^2 = 0$$

と与えられるとき、ジョルダン標準形は

$$\begin{pmatrix} \lambda_1 & 0 & 0 \\ 0 & \lambda_2 & 1 \\ 0 & 0 & \lambda_2 \end{pmatrix}$$

となる。

変換行列の列ベクトルの並べ方を変えると

$$\begin{pmatrix} \lambda_2 & 1 & 0 \\ 0 & \lambda_2 & 0 \\ 0 & 0 & \lambda_1 \end{pmatrix}$$

というかたちのジョルダン標準形も得られる。

このとき、これを 1 個のジョルダン細胞とは考えずに

$$\begin{pmatrix} \lambda_2 & 1 \\ 0 & \lambda_2 \end{pmatrix} \quad と \quad (\lambda_1)$$

という 2 つのジョルダン細胞からなるとみなす。

それでは、3 次正方行列のジョルダン細胞はどのようなものなのだろうか。それは

$$\begin{pmatrix} \lambda & 1 & 0 \\ 0 & \lambda & 1 \\ 0 & 0 & \lambda \end{pmatrix}$$

となる。

3 次正方行列の固有値が 3 重解の場合には、固有方程式は

$$(\lambda - \lambda_1)^3 = 0$$

となり、固有ベクトルが 1 個しかない場合には

$$\begin{pmatrix} \lambda_1 & 1 & 0 \\ 0 & \lambda_1 & 1 \\ 0 & 0 & \lambda_1 \end{pmatrix}$$

となるのであった。

実は、固有値が 3 重解の場合でも、固有ベクトルを 2 個選ぶことができることもある。この違いは、何に由来するのであろうか。

9. 8. 3.　解の自由度

重解の場合の固有ベクトルの個数は、第 6 章で紹介した係数行列の階数と解の自由度によって理解できる。そこで、固有ベクトルを与える $\tilde{\boldsymbol{A}} - \lambda\tilde{\boldsymbol{E}}$ を係数行列とみなして、その階数を見る。$\lambda = 2$ が 3 重解となる次の行列を考える。

$$\tilde{\boldsymbol{A}} = \begin{pmatrix} 3 & 0 & -1 \\ 1 & 2 & -1 \\ 1 & 0 & 1 \end{pmatrix}$$

すると、固有ベクトルを与える係数行列は

$$\tilde{\boldsymbol{A}} - 2\tilde{\boldsymbol{E}} = \begin{pmatrix} 3-2 & 0 & -1 \\ 1 & 2-2 & -1 \\ 1 & 0 & 1-2 \end{pmatrix} = \begin{pmatrix} 1 & 0 & -1 \\ 1 & 0 & -1 \\ 1 & 0 & -1 \end{pmatrix}$$

となるが、行基本変形により

$$\begin{pmatrix} 1 & 0 & -1 \\ 0 & 0 & 0 \\ 0 & 0 & 0 \end{pmatrix}$$

となるので、行列の階数は 1 となる。よって、解の自由度は $3-1=2$ となり、線形独立な固有ベクトルを 2 個選ぶことができる。

このとき、ジョルダン標準形は

$$\begin{pmatrix} 2 & 1 & 0 \\ 0 & 2 & 0 \\ 0 & 0 & 2 \end{pmatrix}$$

となるのである。

9. 8. 4. 対角化可能性

さて、いままでは、3 次正方行列の固有値が重解の場合には、対角化ができないということを前提に話を進めてきた。しかし、2 重解の場合でも、固有ベクトルが 2 個とれるのであれば、対角化は可能となるのではないだろうか。それを実際に確かめてみよう。

演習 9-16　つぎの行列 $\tilde{\boldsymbol{A}}$ の固有値を求めよ。

$$\tilde{\boldsymbol{A}} = \begin{pmatrix} 3 & -2 & -1 \\ 1 & 0 & -1 \\ 0 & 0 & 2 \end{pmatrix}$$

解）　固有方程式は

$$\left|\lambda\tilde{\boldsymbol{E}} - \tilde{\boldsymbol{A}}\right| = \begin{vmatrix} \lambda-3 & 2 & 1 \\ -1 & \lambda & 1 \\ 0 & 0 & \lambda-2 \end{vmatrix} = 0$$

となる。第 1 列目で余因子展開すると

$$(\lambda-3)\begin{vmatrix} \lambda & 1 \\ 0 & \lambda-2 \end{vmatrix} + 1\begin{vmatrix} 2 & 1 \\ 0 & \lambda-2 \end{vmatrix} = (\lambda-3)\lambda(\lambda-2) + 2(\lambda-2)$$

$$= (\lambda-2)(\lambda^2-3\lambda+2) = (\lambda-1)(\lambda-2)^2 = 0$$

したがって、固有値は

$$\lambda = 1 \quad と \quad \lambda = 2$$

となり、$\lambda = 2$ が重解となる。

このように、固有値に重解があるので、対角化はできないものと考えられるがどうであろうか。

まず、固有ベクトルを求めてみる。$\lambda = 1$ に対応した固有ベクトルは

$$\begin{pmatrix} 3 & -2 & -1 \\ 1 & 0 & -1 \\ 0 & 0 & 2 \end{pmatrix} \begin{pmatrix} x_1 \\ y_1 \\ z_1 \end{pmatrix} = \begin{pmatrix} x_1 \\ y_1 \\ z_1 \end{pmatrix}$$

から

$$\begin{pmatrix} 2 & -2 & -1 \\ 1 & -1 & -1 \\ 0 & 0 & 1 \end{pmatrix} \begin{pmatrix} x_1 \\ y_1 \\ z_1 \end{pmatrix} = \begin{pmatrix} 0 \\ 0 \\ 0 \end{pmatrix} \qquad \begin{pmatrix} 2x_1 - 2y_1 - z_1 \\ x_1 - y_1 - z_1 \\ z_1 \end{pmatrix} = \begin{pmatrix} 0 \\ 0 \\ 0 \end{pmatrix}$$

となるので、固有ベクトルは、任意定数を t として

$$\vec{r}_1 = \begin{pmatrix} x_1 \\ y_1 \\ z_1 \end{pmatrix} = t \begin{pmatrix} 1 \\ 1 \\ 0 \end{pmatrix}$$

と置ける。

演習 9-17　固有値 $\lambda = 2$ に対応した固有ベクトルを求めよ。

解）　固有ベクトルは

$$\begin{pmatrix} 3 & -2 & -1 \\ 1 & 0 & -1 \\ 0 & 0 & 2 \end{pmatrix} \begin{pmatrix} x \\ y \\ z \end{pmatrix} = 2 \begin{pmatrix} x \\ y \\ z \end{pmatrix}$$

という式を満足する。

係数行列を行基本変形により変形すると

$$\begin{pmatrix} 1 & -2 & -1 \\ 0 & 0 & 0 \\ 0 & 0 & 0 \end{pmatrix}$$

となり、階数は 1 となり、解の自由度は 2 となる。このとき、変数は 3 個あるが、方程式は

$$x - 2y - z = 0$$

の 1 個となり、2 個の固有ベクトルを選ぶことができる。たとえば

$$\vec{\boldsymbol{r}}_2 = \begin{pmatrix} 2 \\ 1 \\ 0 \end{pmatrix} \qquad \vec{\boldsymbol{r}}_3 = \begin{pmatrix} 1 \\ 0 \\ 1 \end{pmatrix}$$

が線形独立な固有ベクトルとなる。

つまり、固有値 $\lambda = 2$ は重解ではあるが、対応する固有ベクトルを 2 個選べることになる。結局、表記の行列は対角化可能となるのである。それを、実際に確かめてみよう。 変換行列を

$$\tilde{\boldsymbol{P}} = (\vec{\boldsymbol{r}}_1 \quad \vec{\boldsymbol{r}}_2 \quad \vec{\boldsymbol{r}}_3) = \begin{pmatrix} 1 & 2 & 1 \\ 1 & 1 & 0 \\ 0 & 0 & 1 \end{pmatrix}$$

とすると、その逆行列は

$$\tilde{\boldsymbol{P}}^{-1} = \begin{pmatrix} -1 & 2 & 1 \\ 1 & -1 & -1 \\ 0 & 0 & 1 \end{pmatrix}$$

となり

$$\tilde{\boldsymbol{P}}^{-1}\tilde{\boldsymbol{A}}\tilde{\boldsymbol{P}} = \begin{pmatrix} -1 & 2 & 1 \\ 1 & -1 & -1 \\ 0 & 0 & 1 \end{pmatrix}\begin{pmatrix} 3 & -2 & -1 \\ 1 & 0 & -1 \\ 0 & 0 & 2 \end{pmatrix}\begin{pmatrix} 1 & 2 & 1 \\ 1 & 1 & 0 \\ 0 & 0 & 1 \end{pmatrix} = \begin{pmatrix} 1 & 0 & 0 \\ 0 & 2 & 0 \\ 0 & 0 & 2 \end{pmatrix}$$

のように、対角行列に変換できる。

つまり、固有値が重解であっても、固有ベクトルが 2 個選べるときには、対角化が可能となるのである。

おわりに

これで、線形代数の基礎と応用の紹介は終わりとなる。もちろん、本書はあくまでも導入編であり、今後、専門の勉強をする過程で、より高度な線形代数に触れ、その知識を得る機会もあるだろう。ただし、常に、基本の大切さを忘れずに精進してほしい。そして、時間のあるときには、本書を読み返して欲しい。

線形代数の醍醐味は、その基本的な考えが、量子力学の建設に大きな貢献を果たしたという点が挙げられる。行列力学という名称が示すように、初期の量子力学では、物理量が行列で表現されていた。いまは、シュレーディンガーによる波動力学が主流であるが、行列力学で培われた概念は、現代の量子力学でも生きている。

行列力学では、物理量が行列という話をしたが、実際には、行列に固有ベクトルを作用させることで、物理量である固有値が得られるというのが正しい。

興味のある方は、行列力学の入門書が飛翔舎より刊行予定なので、ぜひ挑戦してほしい。線形代数応用の実践の場としても興味深いはずだ。

そして、量子力学だけでなく、多くの理工学の専門書をひも解くと、行列や行列式を含めた線形代数で登場する式が頻繁に顔を出す。そのとき、線形代数の有用性にあらためて気づくはずだ。

本書が、「線形代数」を理解する一助になることを期待して筆を置きたい。

Bon voyage!

著者紹介

村上　雅人

理工数学研究所　所長　工学博士
情報・システム研究機構　監事
2012 年より 2021 年まで芝浦工業大学学長
2021 年より岩手県 DX アドバイザー
現在、日本数学検定協会評議員、日本工学アカデミー理事
技術同友会会員、日本技術者連盟会長
著書「大学をいかに経営するか」（飛翔舎）
「なるほど生成消滅演算子」（海鳴社）
など多数

鈴木　絢子

理工数学研究所　研究員
芝浦工業大学　工学修士
専門は超伝導工学

小林　忍

理工数学研究所　主任研究員
著書「超電導の謎を解く」（C&R 研究所）
「低炭素社会を問う」（飛翔舎）
「エネルギー問題を斬る」（飛翔舎）
「SDGs を吟味する」（飛翔舎）
監修「テクノジーのしくみとはたらき図鑑」（創元社）

―理工数学シリーズ―

線形代数

2024 年　2月　4 日　第 1 刷　発行

発行所：合同会社飛翔舎 https://www.hishosha.com
住所：東京都杉並区荻窪三丁目 16 番 16 号
電話：03-5930-7211　FAX：03-6240-1457
E-mail: info@hishosha.com

編集協力：小林信雄、吉本由紀子
組版：井上和朗
印刷製本：株式会社シナノパブリッシングプレス

ISBN:978-4-910879-12-3　　C3041

落丁・乱丁本はお買い上げの書店でお取替えください。